U0258784

# 块数据

# 5.0

## 数据社会学的
## 理论与方法

大数据战略重点实验室◎著

中信出版集团 | 北京

图书在版编目（CIP）数据

块数据5.0：数据社会学的理论与方法 / 大数据战略重点实验室著. -- 北京：中信出版社，2019.5

ISBN 978-7-5217-0435-8

Ⅰ.①块… Ⅱ.①大… Ⅲ.①数据处理－研究 Ⅳ.①TP274

中国版本图书馆CIP数据核字（2019）第072836号

块数据5.0——数据社会学的理论与方法

著　　者：大数据战略重点实验室

出版发行：中信出版集团股份有限公司

（北京市朝阳区惠新东街甲4号富盛大厦2座　邮编　100029）

承 印 者：北京通州皇家印刷厂

开　　本：880mm×1230mm　1/32　　印　　张：12　　字　　数：250千字

版　　次：2019年5月第1版　　印　　次：2019年5月第1次印刷

广告经营许可证：京朝工商广字第8087号

书　　号：ISBN 978-7-5217-0435-8

定　　价：59.00元

# 编撰委员会

总　顾　问　陈　刚　闫傲霜

编委会主任　赵德明

编委会常务副主任　许　强　陈　晏

编委会副主任　徐　昊　刘本立　连玉明

主　　编　连玉明

副 主 编　龙荣远　张龙翔

核心研究人员　连玉明　朱颖慧　宋　青　武建忠　张　涛　张俊立　宋希贤　龙荣远　张龙翔　邹　涛　翟　斌　杨官华　沈旭东　陈　威　王倩茹

学术秘书　李瑞香　江　岸

# 一

20世纪伟大的数据哲学家有两位主要代表人物，一位是凯文·凯利，另一位是尤瓦尔·赫拉利。凯文·凯利的“未来三部曲”(《失控》《科技想要什么》《必然》)和尤瓦尔·赫拉利的“人类简史三部曲”(《人类简史》《未来简史》《今日简史》)风靡全球、影响世界。之所以说他们是伟大的数据哲学家，是因为他们提出伟大的观点，其核心主题为互联网是怎样砸碎一个旧世界的。

尤瓦尔·赫拉利在《人类简史》中写道：“探究现代社会的特色，就如同追问变色龙的颜色一样困难。我们唯一能够确信的是，它会不断改变，是一场永远的革命。”与以往多次来华宣扬科技福祉的国外“大咖”不同，如果说尼古拉斯·尼葛洛庞帝带来的是想象空间，凯文·凯利带来的是启发的话，那么尤瓦尔·赫拉利给我们带来的更多的是一种被时代抛弃的焦虑。比如，《未来简史》提出了大数据时代的三个主要特征，即人工智能、万物互联和算法为王。在赫拉利看来，这三个特征都表明大数据时代人的发展前景堪忧。

可以说，他们在互联网砸碎旧规则、旧秩序、旧世界的问题上达成了前所未有的共识，但是，对于如何重构一个新世界，他们并没有给出答案。进入数据化时代，法律与算法、伦理与技术开始同构秩序，进化与异化、真相与真理依然扑朔迷离。人与技术、人与经济、人与社会的关系面临前所未有的解构和重构，挑战与机遇并存，欣喜与忧虑交织。人类社会秩序处于一个历史性的关键拐点：旧平衡、旧秩序逐渐瓦解，新制度、新秩序呼之欲出。在旧的秩序被打破，新的规则尚未完全建立时，人们难免出现无所适从的心理状态，难免产生无法回避的社会焦虑。因此，在痛惜旧秩序被打破的同时，我们应该张开双臂迎接新时代的到来。

## 二

我们的研究认为，以块数据、数权法、主权区块链建构的治理科技是重构数据文明新未来的三大支柱，这既是研究未来生活的宏大构想，也是研究未来文明的重大发现。这为我们重新审视这个世界提供了一个全新的视角，这是一把我们所有人都期待的钥匙，它将打开数据文明的未来之门。

块数据是大数据时代的价值观和方法论。块数据就是把各个分散的点数据和分割的条数据汇聚在一个特定平台上，并使之发生持续的聚合效应。聚合效应是指通过数据多维融合与关联分析对事物做出更快速、更全面、更精准、更高效的研判和预测，从而揭示事物的本质和规律，推动秩序的进化和文明的增长。块数据强调的是数据、算法、场景融合应用的价值体系。我们认为，块数据是大数据时代真正到来的标志，是大数据发展的高级形态，是大数据融合的核心价值，是大数据时代的解决方案。

数权法是工业文明迈向数据文明的重要基石。从认识大数据的第一天开始，我们就把它看作一种新能源、新技术、新组织方式，或者把它看作一个正在到来的新时代。如果换一个角度，把大数据看作一种权利，以及由这种权利建构的制度和秩序，那么大数据的价值对人类未来生活的意义则是更加富于想象的。我们试图提出一个“数据人”的理论假设来破解全球数据治理这一难题，把基于“数据人”而衍生的权利称为数权，把基于数权而建构的秩序称为数权制度，把基于数权制度而形成的法律规范称为数权法，从而建构一个“数权—数权制度—数权法”的未来法律架构。从农耕文明到工业文明再到数据文明，法律将实现从“人法”到“物法”再到“数法”的跃迁。数据文明为数权法的创生提供了价值原点与革新动力，数权法也为数据文明的制度维系和秩序增进提供了存在依据。数权法的意蕴凝结在数据文明的秩序范式之中，并成为维系和增进这一文明秩序的规范基础。从这个意义上来说，数权法是人类迈向数据文明的新秩序，是文明跃迁和时代进化的产物。

主权区块链是互联网治理的解决方案。从某种意义上来说，互联网让我们处于无序和混乱之中。数据在网络空间中的流动就像一匹野马快速奔跑在没有疆界的原野上，要将野马变良驹就需要为其套上规则的缰绳。这种规则的建立既需要技术的支撑，又需要制度的保障。区块链通过超级账本技术、智能合约技术和跨链技术建立起一套共识与共治机制，这套机制通过编程代码把时间、空间瞬间多维叠加所形成的数据流加以固化，形成可记录、可追溯、可确权、可定价、可交易的技术约束力。如果说互联网是一条通往未来的高速公路，那么大数据就是行驶在这条高速公路上的一辆辆汽车，区块链则是让这些汽车在高速公路上合法且有序行驶的制度和规则。互联网为我们带来了一个不规则、不安全、不稳定的世界，区块链则让这个世界变得更有秩序、更加安全和更趋稳定。主权区块链的发明又为区块链技术插上法律的翅膀，使区块链从技术之治走向制度之治，把互联网状态下不可复制的数据流建立在可监管的框架内，从而加速区块链的制度安排和治理体系的构建。主权区块链的提出，是互联网治理体系的解决方案和人工智能时代的重要拐点。

## 三

我们正处在一个前所未有的大变革、大转型、大融合时代。继农耕文明、工业文明之后，人类即将构建一个崭新的秩序形态——数据秩序，一个崭新的文明形态——数据文明。这一次的文明跃迁像一场风暴，荡涤着一切旧有的生态和秩序，对社会的存在与发展形成颠覆性的改变。数据的实时流动与利他共享构成一个数据化的生态圈，数据力与数据关系影响着社会关系。由于这种力量的相互影响，整个社会生产关系被打上了数据关系的烙印，这将对人类经济社会发展产生前所未有的变革与重构。

自大数据战略重点实验室创造性地提出“块数据”的概念以来，相继出版了《块数据：大数据时代真正到来的标志》《块数据 2.0：大数据时代的范式革命》《块数据 3.0：秩序互联网与主权区块链》《块数据 4.0：人工智能时代的激活数据学》等系列理论著作，在全球范围内引起了热烈反响。块数据建构的是以人为原点的数据社会学的理论与方法。在《块数据 5.0：数据社会学的理论与方法》中，我们进一步聚焦以人为原点的数据社会学范式，从哲学和社会学的高度提出数据进化论、数据资本论、数据博弈论的理论体系，研究人与技术、人与经济、人与社会的内在机理和外部表现。

如果说科学的社会化和社会的科学化是科学的世纪里两个基本的标志，那么未来的世纪就是如何完成社会的数据化和数据的社会化的。在技术日新月异的今天，作为一种改变世界的力量，数据重构着人类生活的方式，也在塑造着人类的未来生活。从某种意义上来说，人类有两种存在，即自然人存在与数据人存在；有两种生活技术，即生物技术与数据技术。自然人存在正遭受基因技术的改造，这是一种生活技术。数据人存在即社会学存在以一定的技术及其关系为前提，社会交往依赖技术，基本的交往技术就是数据技术。我们已经对数据形成了难以摆脱的依赖性，数据带来了一场新的科学革命，这场革命是以人为原点的数据社会学范式。这将深刻改变“人”的形象、内涵与外延，未来，人类社会很可能就会由“自然人”“机器人”“基因人”构成。影响所及远不止人类本身，而是对整个社会的政治、经济、文化、科技、伦理、法律等进行全面改造。数据文明时代，人类开始对工业文明进行反思，不得不重新认识人与技术、人与经济、人与社会的关系。

随着新一轮技术革命与产业革命交叉融合的持续推进，整个社会政治、经济、文化、科技的融合发展成为普遍趋势。大数据时代要求人们把整个社会作为一个系统来认识，科学与人文等各门学科在高度发展的基础上出现了高度融合。“科学和人文艺术是由同一台纺织机编织出来的”①，这是一个人文科学与自然科学融合发展的时代，在全新的起点上，人类的精神属性和世界万物的物质属性具有了融合的趋向。块数据是大数据时代的解决方案，是数据学与社会学融合的结合点。传统的、独立

① 有人说，在人类对创造力的追寻之路上，需要借助两只翅膀：科学与人文。科学可以解释宇宙中每一件可能存在的事物，让我们更了解宇宙中的硬件；人文则可以解释人类思想中每一件能够想象出来的事物，人文构建了我们的软件。科学可以告诉我们，为了达到人类所选择的目标和方向，究竟需要具备哪些条件；人文则可以告诉我们，利用科学所产出的这些成果，人类未来还可以向哪里发展。

的学科理论很难对块数据进行诠释，以人为原点的数据社会学理论与方法就是在这种背景下形成的一项新的学术成果。

可以说，块数据就像人类在数据世界的基地，是我们对这个新世界认知的起点。这是一次新的拓荒，这是一次新的探索。当在数据世界中建立起越来越多的“基地”，这些“基地”最终连成一片形成新的世界时，就意味着新文明的诞生——数据文明时代最终到来。从一定意义上来说，块数据社会学范式的提出就是在技术革新的基础上形成的理论革新，这将是一场意义深远而又科幻的科学革命，这场革命将改变世界上物质与意识的构成。人与技术、人与经济、人与社会关系变化的本质是以人为原点的数据社会学范式革命。这种变化深刻改变着当下的伦理思维模式、资源配置模式、价值创造模式、权利分配模式、法律调整模式，促使整个人类社会发生巨大变化，甚至形成一个新的社会发展模式。这种变化不仅将带给我们新知识、新技术和新视野，而且将革新我们的世界观、价值观和方法论。

连玉明

大数据战略重点实验室主任

2019 年 4 月 1 日于北京

目　录

## 数据社会学的理论与方法

块数据是大数据时代的解决方案，是全球领先的大数据理论、技术和模式。块数据的本质是以人为本建构一种数据哲学，揭示数据规律、发掘数据价值、共享数据红利，我们将这种方法论称作“数据社会学”。数据社会学以数据为关键要素，以人为研究对象，从社会学、经济学、生物科学、数据科学、智能科学等领域交叉融合的视角，创新性地提出数据进化论、数据资本论和数据博弈论，研究和探索人与技术、人与经济、人与社会的内在联系及其本质规律，以此来分析人的行为、把握人的规律、预测人的未来。

### 数据进化论

进化论是一种生物学理论，是对物种起源和发展的一种科学证明。数据进化论从历史唯物主义和辩证唯物主义的视角研究、审视人与技术的关系及其本质规律。人创造了技术，技术也创造了人。也就是说，人是一种技术性的存在。脱离了技术的人类背景，技术就不可能得到完整的理解。同样地，脱离了人类的技术背景，人类自身也就得不到完整的理解。技术因人而生、因人而精彩，技术造就人、服务人、保护人、解放人、发展人。如果说人是一切社会关系的总和，那么人与技术的关系就是技术的本质。

迄今为止，人类社会经历了三次技术革命，分别以机械生产、电力和生产流水线、计算机为代表。人类社会现在正处于以“集成式”革命为重大标志的第四次技术革命进程之中。第四次技术革命的本质是“重混”，核心是通过多种数据技术的“集成”，创造出前所未有的“超级机器”，进一步替代人的体力和智力，甚至替代人的全部功能，成为名副其实的“机器人”。“机器人”与“自然人”相比，拥有更强大的计算能力、存储能力、集成能力和应变能力。以往的历史告诉我们，伴随技术革命的推进，“自然人”整体的功能在慢慢退化。可以说，“自然人”的体力功能已经退化得差不多了，现在正在进行智力功能向“机器人”的交付。“自然人”交付多少，自我就退化多少。在这一进一退之中，“机器人”成为新的人类主体，甚至可能与“自然人”并肩成为人类社会的主角。

如果说“机器人”还只是“集成”人的功能而超过人，那么基于基因测序、激活和编辑技术，从可存活胚胎上精准操纵人类基因组，就可能创造出人为设计的“基因人”来。

“基因人”的本质也是人，但有别于“自然人”。由于基因设计，“基因人”不存在“先天不足”，体力、智力的基础都将大幅优于“自然人”。生物信息技术的发展又易于赋予“基因人”以社会历史、道德、文化等方面的信息“集成”，相比“自然人”，“基因人”会更富有后天的“思想”“经历”“经验”，加上“天生而来”的强大能力，“基因人”无疑将全面地优于“自然人”。技术的发展没有尽头，进化的链条也没有终结。人类今天的主体依旧是“自然人”，但在不久的将来，人类社会很可能就会由“自然人”“机器人”“基因人”共同组成、共生共存。

## 数据资本论

人类文明，从其核心内容来说，就是经济文明。经济文明的历史生成过程就是人类文明的历史生成过程。数据资本论的提出是为了研究和探讨人与经济的内在联系及其本质规律。按照马克思主义的观点，数据劳动是数据时代社会生产劳动的具体表征和特有体现，与马克思劳动价值论具有内在的统一性。数据作为一种特殊的商品，是数据时代涌现的新价值源泉与价值载体，具有非消耗性、可复制性、可共享性、可分割性、排他性、边际成本为零等新特点，在大数据社会条件下，其价值、交换价值、使用价值既相互联系又相对独立。数据资源化、数据资产化、数据资本化是数据的价值进路及其体现，也是大数据发展的必然趋势。数据天然具有财产属性，其价格遵循价值规律，市场供求关系变动是数据价格波动的主要影响因素。

数据力和数据关系是数据时代生产力和生产关系的发展与创新，与生产力和生产关系具有内在的统一性。生产力和生产关系是人类社会最重要的一对关系。生产力是马克思主义哲学的一个基本范畴，也是唯物史观的一个奠基性的概念。生产力在经历了农耕文明时代、工业文明时代之后，正迈向数据文明时代，社会生产力水平正在经历继工业革命以来最伟大的变革。如果说生产力和生产关系是过往文明史中最重要的一对关系，那么数据力与数据关系就是数据时代绕不开且不得不研究的重大命题。数据时代，数据力将成为人类最重要的生产力，由于这种力量的相互作用与影响，整个社会生产关系也将被打上数据关系的烙印。数据力的发展带来数据关系的变化，数据关系的变化必将对建立在经济基础之上的整个上层建筑构架产生深远的影响。展望未来，新一代科技革命必将推动数据社会的生产力向公平化、协调化、共享化和全球化的趋势演进，从而促进人的自由全面发展和实现人类文明的跨越式进步。

共享是人类社会发展的客观规律和必然趋势。从根本上来说，数据时代不仅要求实现数据的开放，而且要求实现数据的共享。这里的共享，不仅指数据资源的共享，而且包括数据成果的共享。共享带来价值创造，促进价值实现。任何物品、劳动都具有其共享价值，特别是数据具有易复制、易传播、边际成本为零的新特点，其共享价值在理论上可以无限扩大，成为一种永不稀缺的高价值资源。共享成为数据时代的本质要求，是一股不可阻挡的变革性力量，推动人类文明走向新的阶段，而共享价值理论也必将成为继剩余价值理论之后最具革命性的重大理论。

## 数据博弈论

人是一切社会关系的总和。社会是由人组成的，社会因人而存在，为人而存在。数据博弈论的核心是研究人与社会的内在联系，揭示数据公权力和私权利冲突与博弈间的本质规律。数据既是一种权力范式，也是一种权利叙事。数据权利是“制定数据资源确权、开放、流通、交易相关制度，完善数据产权保护制度”的起点和基石，是我国实现由数据大国迈向数据强国需要破解的重大理论问题。权利是法学理论最成熟和最本质的范畴，是意识层面与制度的媒介。数据应用实践中所出现的问题，大多集中于数据的权利主张，需以数据权利为切入点，以数据权利结构为逻辑起点，以数据客体为核心对数据权利属性进行研究。由于数据具有客体属性、确定性、独立性，存在于人体之外，所以数据权利属于民事权利。由于数据权利客体“数据”的自然属性与现有民事权利客体的自然属性不同，所以数据权利是具有财产权属性、人格权属性、国家主权属性的新型权利。

“在终极的分析中，一切知识都是历史；在抽象的意义下，一切科学都是数学；在理性的基础上，所有的判断都是统计。”[①] 数据旨在实现对社会存在的理性化改造，并且能够实现对观念与意义系统的“理性生产”，正因如此，数据成为当下和未来一种关键的战略资源。从本质上来说，这种战略资源便是数据权力。数据权力是一种现代权力，而现代权力是支配理性和为理性所支配的二元性权力。从政治学理论的视角来看，数据权力遵循权力的逻辑，不断生产、重塑和支配新的政治经济社会关系。数据权力蕴含着两种逻辑：能力逻辑和结构逻辑。能力逻辑展现的是其角色性、对象性和技术性维度，结构逻辑展现的是其关系性、规则性和格局性维度。这两种逻辑既蕴含着积极的内生力量，也因其对社会权力系统的冲击而可能诱致公共领域和私人领域的风险错配与冲突，对此我们需要建构并形成一种理性、审慎的数据权力共识和数据治理观念。

秩序是社会文明的标志，是社会稳定和进步的基础。“如果把数据看作一种权利，并基于这种权利建构新的秩序和新的法律，那么这种建构将赋予人类未来的生活更加崭新而深刻的意义。”[②] 互联网带来了超越空间的数据传递、共享与价值

---

① C. R. 劳 . 统计与真理：怎样运用偶然性［M］. 李竹渝，石坚，译 . 北京：科学出版社，2004.

② 大数据战略重点实验室 . 数权法 1.0：数权的理论基础［M］. 北京：社会科学文献出版社，2018.

交换，却也面临着无界、无价、无序的挑战。从人人传递数据到人人交换价值再到人人共享秩序，互联网也经历着从信息互联网到价值互联网再到秩序互联网的演进过程。这种从低级到高级、从简单到复杂的演进，正是把数据从不可复制变成可复制的状态，本质上是以人为中心的数据流在虚拟空间中的表现状态。这种表现状态的无边界导致我们对数据流不可确权、不可定价、不可追溯，也不可监管。从某种意义上来说，互联网让我们处于无序和混乱之中。数据在网络上的流动就像一匹野马快速奔跑在没有疆界的原野上，要将野马变良驹就需要为其套上秩序的缰绳。这种秩序既包括伦理秩序、道德秩序，也包括法律秩序，其建立既需要技术的支撑，也需要制度的保障。

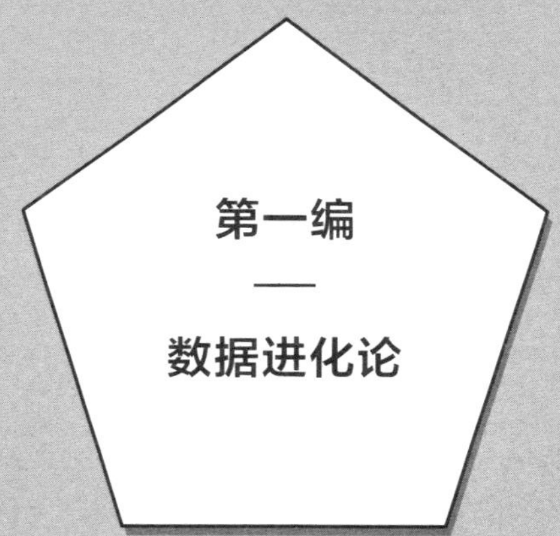

# 第一编

——

# 数据进化论

# 第一章　自然人

当今世界正在经历一场更大范围、更深层次的科技革命和产业变革。互联网、大数据、人工智能、区块链等技术的发明应用、整体演进和群体突破，使万物皆可数据化。数据定义万物，数据连接万物，数据变革万物。数据化不只是一种技术体系，不只是万物的比特化，而且是人类生产与生活方式的重组，是一种更新中的社会体系，更重要的是，更新甚或重构人类的社会生活。[①] 数据日益成为我们生活甚至生命的一部分，这深刻改变着"人"

① 邱泽奇. 迈向数据化社会［C］//信息社会 50 人论坛. 未来已来："互联网+"的重构与创新. 上海：上海远东出版社，2016：184.

的形象、内涵与外延。人的依赖关系被物的依赖关系取代，[①]人类、技术、数据的进化为把“人”从其对现代社会“物”的依赖性中解放出来提供了新的现实可能性。

## 第一节 人的依赖

“人的依赖关系”是人的发展的最初历史形态。在手工技术占主导地位的时代即人类以“人的依赖关系”生存的时代，人的发展的最基本特征是人对自然的直接依附基础上的人身归属。这种依赖关系表明，人的联系是局部的和单一的，因而是原始的或贫乏的。

### （一）人类的进化

关于人类的起源有众多不同版本的说法，以至人类到底是如何被创造或进化来的显得扑朔迷离。以色列学者尤瓦尔·赫拉利在《人类简史》中提出，人类是由猿类进化而来的，并用充满想象力的文字证明：智人只不过是一个普通的物种，也是从低级动

① 人的发展问题是马克思主义哲学关于人的学说的重要组成部分。马克思在《1857—1858 年经济学手稿》中将人的发展过程分为人的依赖阶段、物的依赖阶段和人的自由全面发展阶段。“人的依赖关系（起初完全是自然发生的），是最初的社会形态，在这种形态下，人的生产能力只是在狭窄的范围内和孤立的地点上发展着。以物的依赖性为基础的人的独立性，是第二大形态，在这种形态下，才形成普遍的社会物质交换，全面的关系，多方面的需求以及全面的能力的体系。建立在个人全面发展和他们共同的社会生产能力成为他们的社会财富这一基础上的自由个性，是第三个阶段。第二个阶段为第三个阶段创造条件。”

物经过数百万年的进化才逐渐成为当今的现代智人的。

普遍认为，距今 2 300 万—1 000 万年前出现于非洲的森林古猿是现代人类和猩猩类动物的共同祖先。在森林古猿出现后的数百万年间，先后分化出猩猩、大猩猩和黑猩猩等分支。到距今 500 万--100 万年前，非洲出现了南方古猿，其被认为是人类的最早形态。在距今 370 万—1 万年前，人类实现了从猿人进化到现代人类的过程。[①]人类文明伴随古猿人的发育而发展，距今 20 万年前，出现了早期智人。到距今 10 万—1 万年前，晚期智人出现并取代了早期智人，其在外形和相貌上与现代人类已经相差无几，可以被称为现代人，不过我们更多的定义是把从史前 1 万年开始的人类称为现代人。随后的时间，人类智慧和文明继续发展，到距今 6 000—5 500 年前，最早的人类国家出现，这代表着人类文明正式开始，人类的进化正式进入文明的一页。

尤瓦尔·赫拉利在《人类简史》中提出，智人通过共同的想象从动物界中脱颖而出，经历了认知革命、农业革命、人类的融合统一和科技革命的演进历史。人类能有今天的发展，除了依靠一双灵活的手外，更重要的是有一个优秀的大脑。正是人类大脑中卓越的智慧创造出了现在的一切，并且使人类站在地球生物圈中食物链的顶端。人类通过制造和运用各种工具，已经可以满足适应各种环境的需求，并且能创造出自己需要的环境，所以人类身体已经不需要太多的进化，取而代之的是人类思维、智慧、

---

① 叶展辉. 无处不在的进化［M］. 长沙：湖南科学技术出版社，2013：164.

文明的进化。[①]在赫拉利看来，人类的发展已经来到了巨变的前夜。从 40 亿年前地球上诞生生命至今，生命的演化都遵循着最基本的自然进化法则，所有的生命形态都在有机领域内变动，但是现在人类第一次有可能改变这一生命模式进入新的领域（见表 1–1）。他进而在《未来简史》中指出，当以大数据、人工智能为代表的科学技术发展日益成熟时，人类将面临进化到智人以来最大的一次改变。

**表 1–1　人类简史**

| 开始时间 | 重大革命 | 基本脉络 |
|---|---|---|
| 大约 7 万年前 | 认知革命让历史正式启动 | 认知革命带来的虚构能力，尤其是虚构意义的能力，让人从动物界中脱颖而出，站在了食物链的顶端 |
| 大约 12 000 年前 | 农业革命让历史加速发展 | 靠着人类虚构能力创造出来的货币、帝国和宗教，人类逐渐融合成了一个整体，形成了统一的文化，人文主义开始逐渐盛行 |
| 大约 500 年前 | 科学革命让历史另创新局 | 目前面临新的困局和新的可能性。科学最终会破坏现代人笃信的宗教“人文主义”，由“数据宗教”取而代之。在数据宗教的原则里，数据是首要的，人不过是一种处理数据的生物算法，是一种工具，随着更高效的算法出现，人便会被抛弃 |

资料来源：尤瓦尔 · 赫拉利 . 人类简史［M］. 林俊宏，译 . 北京：中信出版社，2017.

从另一层面来看，迄今为止，人类进化可以分成三个阶段，而下一代人类则是第三阶段。第一阶段是人类受到自然选择的约

① 叶展辉 . 无处不在的进化［M］. 长沙：湖南科学技术出版社，2013：170–171.

束，大自然通过稳定选择筛除了导致各种疾病和不适应地球环境的基因。第二阶段是我们所生存的当下，由于人类基因组计划已经部分完成，越来越多的遗传缺陷可以被修正和更改，人类可以利用科学知识有意识地掌握自己的遗传性，通过基因技术可以摆脱自然世界稳定选择的发展路径，通过智能基因技术可以改变族群层次上的人类遗传性，从而形成对现有缺陷基因的彻底改变。第三阶段是我们永久地彻底修复我们与生俱来的基因的时期。通过了解基因产生缺陷和内在组合的原因，人类可以创造出完全不同于自然进化的发展路径，在未来的某个时刻，会出现一系列的伦理道德和社会问题。[①]以什么态度对待这个未来人类自由进化的世界，是我们应该思考的问题。

### （二）手工技术：人与技术的结合

人类主要依赖自然物和人的自然能力生存，也就是自然生存。手工劳动是最原始的劳动，在手工劳动中，技术集中表现为劳动者的手的技能。早在古希腊和古罗马时期就已经出现了大量维持人类基本生存所需的技术工具，出现了一个由“耕种、纺织、制陶、运输、医疗、统治以及类似的不计其数、大大小小的技艺和技术组成的粗俗世界”[②]。这一时期的技术实体形态主要是

---

① 刘志毅. 无界：人工智能时代的认知升级［M］. 北京：电子工业出版社，2018：38–39.

② 詹姆斯 · E. 麦克莱伦第三，哈罗德 · 多恩. 世界史上的科学技术［M］. 王鸣阳，译. 上海：上海科技教育出版社，2003：101–102.

各种手工工具。

恩格斯在《劳动在从猿到人的转变过程中的作用》一文中指出："我们看到，和人最相似的猿类的不发达的手，和经过几十万年的劳动而高度完善化的人手，两者之间有着多么巨大的差距。骨节和肌肉的数目和一般排列，在两者那里是一致的，然而最低级的野蛮人的手，也能够做出几百种为任何猿手所模仿不了的操作。没有一只猿手曾经制造过一把哪怕是最粗笨的石刀。"[①] 人手与猿手有本质区别，这种区别不在于骨节和肌肉，而在于手的"技能"，人手能完成猿手不可能完成的"操作"，人手比猿手"完善"。从这个意义上可以说，人与猿的本质区别在于，人具有在手工劳动中所形成的原始技术——手工技能。手工技能是人体所具备的能力，离开了人的双手就不复存在。当劳动者失去劳动能力时，这种技能就随之消失了。劳动效率的关键因素不是手工工具，而是劳动者的手工技能。作为原始技术的手工技能是属于人体的、人内在的东西。手工技能与人融为一体，手工技能不能脱离人体而独立存在。

除了生物学器官意义外，手在技术发生与人类成长过程中具有特殊意义。"在过去的 100 万年左右的时间里，人类自己使用的工具在数量上产生了很大的变化，这也可能是造成人手在这个时期发生巨大的生物学完善的原因，尤其是控制手的大脑中枢发生了很大的变化。"[②] "握手"代表和平友好，"高手"代表技艺精

① 恩格斯. 自然辩证法［M］. 于光远，等，译编. 北京：人民出版社，1984：296.

② 雅 · 布伦诺斯基. 科学进化史［M］. 李斯，译. 海口：海南出版社，2002：26.

湛，“升旗手”与“火炬手”等却是人本身的代称。人类是从类人猿进化而来的，“这些猿类，大概首先由于它们的生活方式的影响，使手在攀缘时从事和脚不同的活动，因而在平地上行走时就开始摆脱用手帮助的习惯，渐渐直立行走。这就完成了从猿转变到人的具有决定意义的一步”[①]。直立行走使手脚开始分工，手的专门化“意味着工具的出现，而工具意味着人所特有的活动，意味着人对自然界进行改造的反作用，意味着生产”[②]。

农耕文明时期是一个与手密切相关的时期。在人类进化过程中，从游牧生活到村居农业是跨得最大的一步。原始农业的出现促使工具需求的产生，农耕文明的技术对象是农作物、猎物和水产品等。技术体现在工具上，技术产品是被消耗的生活必需品。在这个过程中，手的功能得到凸显，而技术产品的形式则被淡化了。“在手工劳动中，原始技术同劳动者不可分离。采集、狩猎、农业和手工业劳动都是手工劳动。劳动器官是手，工具是手的补充。手工劳动的技术是最原始的技术，表现为劳动者的技能，即手控制手工工具的能力。这种原始技术本质上是人的体能。人的体能有两种功能：一是改变物体状态的能力，即体力；二是控制物体的能力，在手工劳动中就表现为控制手工工具的能力，这就是最早的技术——体技或手技。”[③]

---

① 中共中央马克思恩格斯列宁斯大林著作编译局. 马克思恩格斯选集：第 3 卷［M］. 北京：人民出版社，1972：508.

② 中共中央马克思恩格斯列宁斯大林著作编译局. 马克思恩格斯选集：第 3 卷［M］. 北京：人民出版社，1972：456–457.

③ 林德宏. 科技哲学十五讲［M］. 北京：北京大学出版社，2004：235.

手技时期表现了技术对人的依赖。“早期技术仍受到人类的自然潜能，即直接由人的肉体给予的力量和能力的限制。它不能超越人的双手和感官的范围。这就叫前现代技术的自然性。不过由于其局限性，当时技术几乎没有发展。日常性经验由父传至子，由母传至女，由师父传至徒弟。”[①]早期技术镶嵌于实践活动之中，只能通过学徒制加以传递，因此人与人之间的依赖性较强。手工技术水平取决于熟练程度，因此具有个体差异。对人的依赖是基础，离开了具体的人，技术是缺失的。[②]

### （三）人类 1.0

迈克斯 · 泰格马克在《生命 3.0》一书中把广义的生命看作一种自我复制的信息处理系统，物理结构是其硬件，行为和算法是其软件。它的信息软件既决定了它的行为，又决定了其硬件的蓝图。[③]硬件是生命有形的部分，用来搜集信息；软件是生命无形的部分，用来处理信息。生命的复杂度越高，版本就越高。泰格马克将人类的进化史划分为三个阶段，第一个阶段可以理解为人类 1.0 阶段，大约 40 亿年来，硬件（身体）和软件（生成行为的能力）都由生物学决定。人类 1.0 是以细菌为代表的简单生物

---

① E. 舒尔曼. 科技文明与人类未来：在哲学深层的挑战［M］. 李小兵，谢京生，张峰，等，译. 北京：东方出版社，1995：13.

② 王治东. 技术的人性本质探究：马克思生存论的视角、思路与问题［M］. 上海：上海人民出版社，2012：92.

③ 迈克斯 · 泰格马克. 生命 3.0：人工智能时代人类的进化与重生［M］. 汪婕舒，译. 杭州：浙江教育出版社，2018：32.

阶段，其硬件和软件都是靠进化获得的，两者都是由DNA（脱氧核糖核酸）决定的，只有很多代的缓慢进化才能带来改变，且这种改变过程极为漫长。

在利用自然的进化阶段，人类的存在方式是“自然经济”条件下的“人的依赖性”的存在方式，我们把以自然经济为基本标志的人类生产力的发展形式称为“自然生产力”。人与人之间的关系具有明显的“依附”性，在自在自然的意义上是个人，但在自为自觉的意义上还不是作为个体而存在的，更谈不上自在自为的自由个性了。就其现实性来说，“人的依赖性”是人对“群体”的依赖性，人只是“虚幻共同体”的附属物而已。人的个性发展缺乏赖以存在的实践基础。就人与人的关系而言，个人不是消融于氏族共同体之中，就是被特定的阶级统治吸纳。人的生存与发展只是在共同体的画地为牢的地面上的生存与发展，人是不可须臾离开共同体的人。这一阶段，人的生活还不能算作自己创造活动的结果，因为它仍然带有强烈的自然主义色彩。人对人的依附性，或被统治阶级对统治阶级的人身依附关系，是以人对自然的依赖性作为中介而实现的。[①]在这个历史阶段，“无论个人还是社会，都不能想象会有自由而充分的发展，因为这样的发展是同个人和社会之间的原始关系相矛盾的”[②]，人的个性的发展尚处于萌芽状态。

---

① 姚修杰，徐景一. 物的依赖性与人的独立性——论现代人的存在方式［J］. 武汉科技大学学报（社会科学版），2012（3）：268.

② 马克思，恩格斯. 马克思恩格斯全集：第46卷 · 上［M］. 北京：人民出版社，1979：485.

在自然生产力时期，生产力只是在狭窄的范围内发展着，这致使以血缘关系和家族为纽带所组成的共同体成为社会生产与生活的主体，共同体及其家族长老控制社会的一切资源和财富。对共同体及其家族长老的人身依附是社会资源配置方式的本质特征。个人必须依靠共同体进行生产和生活，人自身的生存与发展必须以对自然血缘的依赖关系或以直接的统治和服从关系为基础。“人的依赖关系”占据主导地位，由此形成人的发展的初级形态——人的依赖。人的依附时代，人与人表现为一种直接的人身依附关系，人与人之间具有很强的人身控制性质，比如君王对臣民的控制、家族长老对家族成员的控制等。这种控制十分明显，因而在经过思想家的启蒙之后，人民逐渐认识到这种依附关系的邪恶而奋起反击，近代世界因此发生了多场革命活动。通过这些革命活动，人们终于摆脱了这种压迫。①从此，人类发展进入了一个崭新的阶段。

## 第二节　物的依赖

技术的进步与人类的发展相伴相生。随着生产力和社会分工的发展，人的依赖关系被物的依赖关系取代。“物的依赖关系”是人的发展的第二大历史形态，“在这种形态下，才形成普遍的社会物质交换，全面的关系，多方面的需求以及全面的能力的体

① 杨德祥 . 浅析马克思主义理论中人与物之间的关系［J］. 人民论坛，2014（32）：185.

系”[①]。这一阶段，技术就像一个引擎，催化着人与世界的交融。技术深度嵌入并重塑人类日常的生活实践和意义生成，已成为人类的行为方式、生存方式、创造方式和人类社会生活的一种决定性力量。随着技术的不断创新与应用，技术异化问题日益彰显。

### （一）技术的进化

当人类的始祖折下第一根树枝或者砸尖第一块石头时，人以及原始意义上的技术随之诞生。人的生存从一定意义上也可以说是一种技术性生存，由此出现一个以新的技术结构支撑新的社会结构的人类新时代，人类社会逐渐演变为“技术的社会”。美国学者维贝 · E. 比杰克在谈到堤坝技术之于荷兰人的重要性时指出：“技术和海岸工程学使得大约 1 000 万的荷兰人能够生存在堤坝背后低于海平面的土地上，如果没有这种技术就没有荷兰人。”[②]把视域放大，可以说，没有技术就没有人类的今天。人在技术活动中产生、形成、生存和进化。“假如某天早上醒来后，你发现由于某种神奇的魔法，过去 600 年来的技术统统消失了：你的抽水马桶、炉灶、电脑、汽车统统不见了，随之消失的还有钢筋水泥的建筑、大规模生产方式、公共卫生系统、蒸汽机、现代农业、股份公司，以及印刷机，你就会发现，我们的现代世界

① 马克思，恩格斯．马克思恩格斯全集：第 46 卷 · 上［M］．北京：人民出版社，1979：104.

② 维贝 · E. 比杰克．技术的社会历史研究［M］// 希拉 · 贾撒诺夫，杰拉尔德 · 马克尔，詹姆斯 · 彼得森，等．科学技术论手册．盛晓明，孟强，胡娟，等，译．北京：北京理工大学出版社，2004：175.

也随之消失了。”[①]技术推动了人类进步和社会发展，使人类摆脱自然界奴役的主导力量，促进了生产力的大力发展，技术的发展决定社会的发展。[②]正如当代德国著名哲学家汉斯·伽达默尔所说：“20 世纪是第一个以技术起决定作用的方式重新确定的时代，并且开始使技术知识从掌握自然力量扩展为掌握社会生活，这一切都是成熟的标志，或者也是我们文明的标志。”[③]

“技术在某种程度上一定是来自此前已有技术的新组合。”[④]所有技术的产生或使其成为可能，都源自以前的技术。从 1712 年瓦特发明蒸汽机带来的工业革命开始，历史中每一次重大科技的发明都成为推动人类历史发展的强大引擎。马克思指出：“火药、指南针、印刷术——这是预告资产阶级社会到来的三大发明。火药把骑士阶层炸得粉碎，指南针打开了世界市场并建立了殖民地，而印刷术则变成新教的工具，总的来说变成科学复兴的手段，变成对精神发展创造必要前提的最强大的杠杆。”[⑤]1859 年达尔文出版《物种起源》一书，创立了生物进化论，使物种多样性

---

① 布莱恩·阿瑟. 技术的本质：技术是什么，它是如何进化的［M］. 曹东溟，王健，译. 杭州：浙江人民出版社，2018：4.

② 事实证明，在英国的第一次工业革命发生不到 100 年，资本主义的生产方式就利用技术进步创造了比人类有史以来所创造的全部总和还要多的物质财富。为此，马克思曾对其给予高度评价：科学技术是一种在历史上起推动作用的革命力量。

③ 伽达默尔. 科学时代的理性［M］. 薛华，高地，李河，等，译. 北京：国际文化出版公司，1988：63.

④ 布莱恩·阿瑟. 技术的本质：技术是什么，它是如何进化的［M］. 曹东溟，王健，译. 杭州：浙江人民出版社，2018：14.

⑤ 马克思，恩格斯. 马克思恩格斯全集：第 47 卷［M］. 北京：人民出版社，1979：427.

的宗教阐释受到了科学观念的挑战。这种新的阐释告诉我们，在任何特定时间存在的生命形式的多样性，以及自古以来新的生命形式的出现，都是进化过程的结果。虽然达尔文从未考虑将其进化论运用于技术领域，但与他同时代的一些人很快在生物界和技术人工物之间做起了比较。他们认为，丰富多彩的技术世界也具有类似的进化历史。进化是普遍的，从宏观的宇宙到微观的生物甚至文化都处于进化过程中。

技术的进化使人类的自然属性和社会属性都得到了极大的发展。人的体外进化首先表现为人的手脚在体外的延长。斧子、锄头、起重机、机械手等人类所创造的生产工具，无一不是人类肢体的进化。其次表现为人的感觉器官在体外的进化。借助望远镜、显微镜、雷达和航天飞机等设备，人的视力不仅能超越银河系，而且能深入微观世界。最后表现为人脑在体外的进化。这是人的体外进化的一个重大发展，电子计算机之所以被称为电脑，就是因为它放大和部分代替了人脑的功能。人的体内进化主要是指人的精神方面的进化，包括思维方式的演变和文化知识水平的提高两方面。不同的科学技术发展水平影响和形成了不同的思维方式。在农业社会，与个体劳动和手工业劳动水平相适应，产生了以经验为中心的思维方式；在工业社会，与机械发达水平相适应，分析型思维方式成为主导；在数据社会，系统型的思维方式日益得到重视。[①]技术进化对人类发展产生的影响是双重的，它

① 孔伟．科技发展与人类进化［EB/OL］.（2018–01–26）. http://www.cssn.cn/zhx/zx_kxjszx/201801/t20180126_3830583.shtml.

让人类在全面控制自然的同时自身也受到了前所未有的奴役和束缚。为了“人的自由而全面的发展”，必须将技术的物质奇迹与人性的精神需求融合起来，重新建构起技术发展与人类发展的生态平衡。

技术异化就像阳光下的影子，如影随形。技术异化就是技术与人之间关系的错位，其本质在于人的异化。[①]科学与信仰的分化、技术与伦理的疏离、理性与价值的分裂是技术异化和人的异化的主要原因。“科学技术不仅导致日益严重的人的自我疏远，而且最终导致人的自我丧失。那些看起来是为了满足人类需要的工具，结果却制造出无数虚假的需要。技术的每一件精致的作品都包含着一份奸诈的礼品。”[②]技术异化就是人异化的诠释，技术发展逻辑与人的发展逻辑是一个动态的平衡过程。在今天，技术成为人类共同的命运，人类永远不会回到自然生存状态。“我们

① 马克思对资本主义条件下技术异化现象做了很好的描述：“在我们这个时代，每一种事物好像都包含自己的反面，我们看到，机器具有减少人类劳动和使劳动更有成效的神奇力量，然而却引起了饥饿和过度的疲劳。新发现的财富的源泉，由于某种奇怪的、不可思议的魔力而变成贫困的根源。技术的胜利，似乎是以道德的败坏为代价换来的。随着人类愈益控制自然，个人却似乎愈益成为别人的奴隶或自身的卑劣行为的奴隶。甚至科学的纯洁光辉仿佛也只能在愚昧无知的黑暗背景上闪耀。我们的一切发现和进步，似乎结果是使物质力量具有理智生命，而人的生命则化为愚钝的物质力量。现代工业、科学与现代贫困、衰颓之间的这种对抗，我们时代的生产力与社会关系之间的这种对抗，是显而易见的、不可避免的和无庸争辩的事实。”参见马克思，恩格斯. 马克思恩格斯全集：第 12 卷［M］. 北京：人民出版社，1964：12.

② 恩斯特 · 卡西尔. 人文科学的逻辑［M］. 沉晖，海平，叶舟，译. 北京：中国人民大学出版社，1991：65.

不能，也不应当关上技术发展的闸门。只有浪漫主义的蠢人，才喃喃自语要回到‘自然状态’……抛弃技术不仅是愚蠢的，而且是不道德的。”[①]

## （二）机器技术：人与技术的分离

近代技术诞生的标志，是机器的大规模应用，是人类劳动从手工劳动发展为机器劳动。自工业革命以来，技术的性质发生了变化，因为它产生了机器装置，从而动摇了人和技术的传统关系。[②]马克思将机器列为资本主义生产方式下生产力发展、劳动生产力提高的三个阶段之一。三阶段分为协作、分工与机器。在《资本论》《机器、自然力和科学的应用》等著作中，马克思正是通过对手工工具和机器的深入比较，揭示了每一种新技术都在一定程度上重新组织了人类的感性生活，构造了不同的组织方式，从而改变着人与物、人与人之间的关系。马克思深入探讨了资本主义应用机器的前提和后果，指出机器的发展是使生产方式和生产关系革命化的因素之一。

机器功能是人的劳动技术水平的标志。产品的技术水平、技术含量主要由机器的功能决定。技术成为一种知识，技术开始以知识的形式存在，可以大规模传播。在一定条件下，工人离开了机器，机器照样可以运转，机器成了无须工人直接控制的工具。

① 阿尔文·托夫勒. 未来的冲击［M］. 孟广均，吴宣豪，黄炎林，等，译. 北京：新华出版社，1996：358.

② 贝尔纳·斯蒂格勒. 技术与时间［M］. 裴程，译. 南京：译林出版社，2000：79.

技术家离开人世后，他所发明的技术依然存在。机器使人与技术的关系发生了根本性的变化。技术有了自己的实物形态和知识形态，并形成了自己的体系与发展逻辑。相对于技术的使用者，技术具有一定的独立性。技术可以在一定意义上同人相分离。人的价值被机器的价值取代，工人成了机器的一个零件，成为技术的附属物，技术开始具有反人性的因素。这将带来严重的社会后果，人们越来越重视技术的价值，忘记了技术的价值只是人的价值的一种形式，却反而漠视人自身的价值，颠倒人与技术的关系，形成“技术统治论”。这就引起了技术生存的危机——生态危机与人性危机。①

“机器是一种工具，是一种机械，以机器为代表的近代技术的诞生，表明人类的技术从人体性技术发展为工具性技术，从生理性技术发展为机械性技术，从与人不可分离的技术转化为可以同人分离的技术。技术有了物化形态和知识形态。技术成了真正的技术。技术开始成为社会财富。”②机器技术突出的是技术产品，表现了技术对物的依赖。我们对技术了解很多，同时又知之甚少。技术是人区别于动物的属性功能，人创造技术并借助技术生产生活；同样，技术是随着人的主体性提升而发生发展的，具有属人性和人性本质。技术是进化和异化的辩证统一。随着现代化的来临，技术获得了迅猛发展，促使人从自然生存转向人工生存，即强化了人的技术化程度，导致了技术与人之间关系的错位，也导

① 林德宏.人与技术关系的演变［J］.科学技术与辩证法，2003（6）：35–36.

② 林德宏.科技哲学十五讲［M］.北京：北京大学出版社，2004：236.

致了人性技术化的异化状态，使技术开始偏离甚或挑战人性。

### （三）人类 2.0

按照泰格马克的设想，生命 2.0 是以人类为代表的文化阶段，进化决定了我们的硬件，但我们可以自行设计软件，通过学习获得知识、改变行为和优化算法。[①]通过“复杂的口语交流软件模块”，我们能够复制和传递不同大脑中产生的信息，“读写软件模块”则能让我们存储和分享远超我们记忆总量的知识。知识的不断积累引发了一次又一次的创新，人类社会因此能够飞快迭代进化，这让我们搜集和处理环境信息的能力不断增强。正是这种主动设计软件的能力，让人类区别于其他动物，成为更高一级的生命形态。生命 2.0 出现在大约 10 万年之前，人类就是生命 2.0 的代表，也可以说是“人类 2.0”，但我们的硬件也就是身体本身只能由DNA 决定，依然要靠一代代进化才能发生缓慢的改变。也就是说，人类 2.0 是通过软件升级快速适应环境变化的。

人类通过软件升级和运用技术武器征服自然与改造自然，突破了外在自然力对社会生产的自然界定，社会生产发展到工业生产力阶段。以自然生产力的文明积累为基础的机器化、社会化的商品生产，是工业生产力形成的最直接、最根本的依据。在工业生产条件下，人的生产与发展具有鲜明的“物的依赖”特征。对技术、资本等物的依赖是人类从事社会生产的基本前提，具体表

① 迈克斯·泰格马克. 生命 3.0：人工智能时代人类的进化与重生［M］. 汪婕舒，译. 杭州：浙江教育出版社，2018.

现为劳动依赖资本、劳动依赖机器。其本质是人的价值依赖并隶属于物的价值，人自身的生存与发展必须以对物的依赖关系为基础。由此，形成人之发展的“物的依赖”新形态。

由于技术的发展，这一阶段的人类不再屈从于自然，而在一定程度上征服了自然。个体脱离了对共同体的依赖，打破了以往以血缘或权力为纽带的人身依附关系，个体的主体意识和独立人格开始萌芽发展，人的需要多样化、个性化，人不再满足于简单的需求，开始追求更为丰富的物质和精神文化需要的满足。个体摆脱共同体的束缚，一方面为个体心理摆脱低层次、依附性和谐而走向高层次、自主性和谐提供了可能；另一方面使个体需要面对一个充满不确定性的世界，处理各种日益复杂的关系，其心里充满了冲突与不安，同时陷入了对“物的依赖”。人的活动和关系普遍物化，主要体现在三个方面：第一，人的劳动出现异化，表现出对科技、资本和机器的依赖，其直接目的就是获取货币；第二，人的需要在很大程度上通过货币换取商品满足；第三，在社会交换过程中，人与人之间形成了以货币为纽带的物化社会关系。“物的依赖关系”使人的价值被物的价值遮蔽，人自身只得到片面的发展。[①]

然而，“以物为基础的独立性”本身就意味着人的自由发展受到了新的限制，缺乏真正的个性独立。人的异化是人类社会向前发展的必然，人类每向前进一步都会伴随着深刻的异化感。因

① 辜美惜，郑雪，邱龙虎. 从马克思三大社会形态看我国当前民众心理和谐［EB/OL］.（2009-12-17）. http://theory.people.com.cn/GB/40537/10603889.html.

此，可以说人是一种凭借着技术不断异化的动物。当技术不断加速发展，人类自身不断向前进步时，人的异化感也随之变得越来越强烈。数据人，可以说是在大数据时代这个境遇之下对未来人的技术与人的异化的一个很好的诠释。

## 第三节　数的依赖

宇宙由数据流组成，任何现象或实体的价值就在于对数据处理的贡献。我们无法否定数据化时代的存在，也无法阻止数据化时代的前进，就像我们无法对抗大自然的力量一样。数据是变革世界的关键资源，大数据正在以超乎想象的速度和深度介入与改变人类的生产、生活、存在方式。我们已经被甩进了大数据的海洋中，形成了对大数据难以摆脱的依赖性，同时扬弃了普遍物化的依赖关系。人摆脱了对物的依附和隶属关系，成为依靠数据自主存在、自由发展的新人。该阶段人的发展的基本特征是：人对数据依赖基础上的相对个性化和自由发展。

### （一）数据的进化

数据的进化史与人类的发展史密不可分。数据世界如同浩瀚星际，人类对数据世界进行不懈的探索，而探索的成果又推动人类不断进化。数据的进化建立在一定的技术基础之上，受内在动力和外部环境的相互作用，遵循迭代更新的进化规律。人类社会从农耕时代发展到数据时代，数据经历了从数到大数据、从点数据到块数据、从数据到数权的演化。这不仅是数据科学维度的进化，而且是人类思维范式的升级。“用进废退、物竞天择”同样适合评判数据的重要度，我们应该有意识地促进数据的进化。数据的进化最终将人类带入人类 3.0 阶段。

1. 数是万物的本源

关于数据的进化，必须厘清数到大数据存在的科学演变和内在逻辑。数的概念源自人类的计数活动。人类早在古埃及、古巴比伦时期就发明了数字及其计量单位，可以说数据一直伴随着人类一起进步。古希腊哲学家和数学家将数与形的研究最早形成独立的学科，特别是毕达哥拉斯将数提升到本体的高度，提出“数是万物的本源”这一超越时代的思想。“万物皆数”把数作为事物的属性和万物的本源，世界万物的物理运动和表达方式可用数进行描绘。用数来诠释世界的法则和关系，是古代人类认识自然界的朴素观念。

2. 万物皆可数据化

所谓数据，就是具有根据的数字，它由“数”和“据”共同构成。所谓“数”就是数字，它能够更加精确地刻画现象、描述规律；所谓“据”就是根据，也就是数据所刻画的对象、背景或语境，它让数据有了刻画的具体对象或指称对象。随着云计算、互联网、大数据、人工智能等新一代数据技术的发展，数据像洪流一样一下子暴发出来，形成了数据的汪洋大海，人类迅速跨入了大数据时代。大数据是新一代数据技术条件下人与自然、社会之间互动及其相互关系的数字化描述。大数据认为，万物皆数据，世界万物皆可表征为数据，一切皆可量化，世界的本质是数据，数据与物质、能量一起成为构成世界的三要素。[①]历史上，凡是被冠以“大”的东西，都是后来被公认改变世界的事件。“地理大发现”引发了殖民主义热潮，为工业革命带来了知识和物质储备。“法国大革命”为人类提供了一整套新思想和全新的共和体制。“大爆炸”理论以超乎常识的卓越思考与验证，为人类认识宇宙空间提供了完美说明。这些事情发生的时候，人们并未认识到它们的意义，时间过得越久，伴随着这些事件所形成的概念名词就越显示出其丰富的内涵。“大数据”应该有资格成为“大”概念系列中最新的一员。[②]

大数据不仅意味着所有小数据联通为一个整体，而且意味着数据管理范围的拓展：不仅自然界实现了数据化、社会实现了数据化，而且人本身也实现了数据化。很多人都把工具视为人体的延伸，把电脑视为人脑的延伸。在这一意义上，工业化意味着人体的延伸部分实现了数据化，而新工业化特别是人工智能则意味着人脑的延伸部分实现了数据化。赫拉利说，到 21 世纪，人的肉体和精神本身也必将被数据化，更重要的是，所有这一切都将被联通到网络中。这是大数据时代到来的标志。

### 3. 从数据到数权

大数据时代带来了数据观的革命：大数据是一种世界观，大数据是一种历史观，大数据是一种价值观，大数据是一种方法

---

① GLEICK J. The Information: A History, A Theory, A Flood[M]. New York: Pantheon Books, 2011: 7.

② 谢文. 大数据经济［M］. 北京：北京联合出版公司，2015：24.

论。大数据中的技术问题、商业问题自有专业人士、企业家操心，但由此引发的伦理道德、法律权利等的变迁，国家兴衰与全球范围的竞争，每个人都很难不去面对、不去思考。技术的进步与经济的发展，不断要求承认新的权利以满足社会的需要。大数据是一种生产要素、一种创新资源、一种组织方式、一种权利类型。对数据的利用成为财富增长的重要方式，对数权的保护成为数字文明的重要象征。数据赋权，社会力量构成由暴力、财富、知识向数据转移。在数据的全生命周期治理过程中会产生诸多权利义务问题，涉及个人隐私、数据产权、国家主权等权益。个人数据权、数据主权、数据共享权等成为大数据时代的新权益，其中数权是推动秩序重构的重要力量。从数据到数权，是人类迈向数据文明的时代产物与必然趋势。

技术哲学家汉斯·伦克曾指出："在任何情况下，任何技术力量的强大都会导致某种系统的反弹，会导致生态失衡，这其中的根本原因就是我们在利用技术时没有承担相应的责任。"① 作为一项综合性技术，"大数据"依然无法回避技术的"双刃剑"属性所带来的负效应。与其承受灾难性后果的煎熬，倒不如在利用技术时就承担起相应的责任。大数据技术也是如此。大数据时代的隐私保护受到前所未有的冲击就是佐证。毕竟大数据时代才刚刚兴起，原来的法律体系和伦理规范肯定不能完全适应大数据时代，法律失范和伦理滞后必然进一步放任大数据异化。因此，必

① LENK H. Progress, Value and Responsibiliy[J]. PHIL&TECH, 1997 (2): 102-120.

须深入思考大数据的社会效应尤其是技术异化问题，以实现对大数据异化的有效防范与治理。

### （二）智能技术：人与技术的博弈

随着智能技术的诞生，人与技术的关系又开始出现根本性的变化。智能技术不是近代技术的延续，而是技术发展的新阶段，使技术出现了新的本质。近代技术使人类劳动机械化，智能技术则使人类劳动逐步数据化、网络化、智能化。

恩格斯在谈论从猿到人的历史过程时，强调手技的同时还强调了语言的作用。他说："随着手的发展、随着劳动而开始的人对自然的统治，在每一个新的进展中扩大了人的眼界。他们在自然对象中不断地发现新的、以往所不知道的属性。另一方面，劳动的发展必然促使社会成员更紧密地互相结合起来，因为它使相互帮助和共同协作的场合增多了，并且使每个人都清楚地意识到这种共同协作的好处。一句话，这些正在形成中的人，已经到了彼此间有些什么非说不可的地步了。"[①] 一方面是对自然界的认识，另一方面是人们之间的思想交流，这二者的结合便是以语言形式（或数据形式）存在的知识。这种知识成为人类的劳动资源，即劳动的数据资源。恩格斯的这段话说明了数据资源的创造、交流和应用在从猿到人转变过程中的作用，因为这正是人的本质。智能就是创造、处理、交换、应用数据的能力。

① 恩格斯. 自然辩证法［M］. 于光远，等，译编. 北京：人民出版社，1984：298.

人类诞生以后，人就有了两种能力——体能和智能，两种劳动资源——物质资源和数据资源，但只有在智能技术条件下，智能和数据资源才真正成为生产发展的决定性因素。智能就是技术，每个人的智能就是每个人大脑所具有的技术。智能技术如同体能技术一样，存在于人体之内而不是人体之外，同人不可分离。智者离开人世以后，他的智能技术也就随之消失了。智能技术既保留了一些机械性技术的因素，又使手工技术的某些特点得到再现。智能也可以以实物、知识的形态存在，它对人仍有一定的独立性，但它同时又与人不可分离。如果说机械性技术是压抑人性的技术，智能技术则是呼唤人性的技术。①

当代智能技术方兴未艾，这不是技术对象在又一个新领域的简单延伸，而是技术更彻底的“祛魅”。把脑力劳动中可步骤化和可计算化的工作交给计算机来处理，把生命秘密还原为生物学的DNA，其本质是对“脑力劳动”和生命“在一定意义”上的“解魅”。智能技术不是简单地造就“智慧社会”，不是使人的脑力简单地从机械重复中解放出来，而是形成新的“座架”和解蔽方式，以及新的生存论意义上的境域及其矛盾：“算法”和“步骤”与人的感性存在以及创造性思维的“对立和统一”。于是，新的问题或危机出现了：数据爆炸使人成为海量数据的奴隶，思维被计算和步骤左右，生命的“制造”打乱了生命的自然生成和发展，等等。

① 林德宏. 人与技术关系的演变［J］. 科学技术与辩证法，2003（6）：36.

以往的科学发现和进步，究其实质而言，都不过是人脑的进化，都不过是在人脑进化所发明之物的辅助下人的肢体功能的扩展罢了。正在到来的人工智能文明，则将以人脑所发明之物反噬、反控人类为特征，这预示着人脑将被机器脑超越、征服。当然，这里说的机器脑对人脑的“反噬与反控”指的是工具型人工智能在某些方面、某些领域对人类自然智慧与传统能力的超越，而并非未来学家所谓的具有自主意识的“强人工智能”或“超人工智能”对人的整体性的超越。即使是工具型人工智能的发展，也在深刻影响“人”的形象，在改变“人”的内涵与外延，在将“人”转化为“自然-智能人”。

### （三）人类 3.0

过去几千年的人类发展史上，虽然我们已经制造了各种工具来延伸自我，虽然技术已经改变了生活的方方面面，但人类本身、生命本身一直没有太多改变。如今的技术发展相比过去，最让人振奋的是其将事物数据化的能力。在计算机被发明以后，我们将每种学科都变成了数据处理的一种形式，逐渐进入了每个问题都被视为数据问题的时代，因此，每种解决方案也都离不开数据。

社会生产和经济发展已经开始由工业生产条件下的市场经济向数据生产力作用下的数据经济转变，人的发展也发生了根本性的变化。数据经济通过强调和尊崇数据生产力，建立数据与数据之间的组合、整合、聚合的新型社会关系。这扬弃了工业生产力条件下人的普遍物化的依赖关系，把人从对物的依赖和隶属关系中解放出来。可以预见的是，多种技术的交融，孕育的这场新科技革命最终将把人类带入新的阶段：这个阶段关键的不同是，科技对几千年不变的生、老、病、死的“人类规律”发起了冲击，并由此带来一系列生存和伦理问题。“今天，我们延伸自我最让人印象深刻的方式就是发展出能够改变生命本身的技术。因此，未来将是有机世界和合成世界的联姻，正如未来一定是人类和机器人的联姻。”①也就是说，人类的发展将进入一个全新的阶段或版本，称其为“人类 3.0”再适合不过了。

按照泰格马克的设想，换句话说，人类 3.0 是以人工智能为代表的科技阶段，生命不仅可以自行设计软件，而且可以自行设计硬件，由碳基变为硅基，最终摆脱进化的枷锁，让会思考的芦苇变得不再脆弱。在美剧《西部世界》第二季中，觉醒了的机器人接待员就是人类 3.0 的代表，他们不仅能在智能上快速迭代，而且在身体上也能随时重新设计更换。人类 3.0 挣脱了自然进化的束缚，进入“自我”设计阶段。人类 3.0 目前在地球上并不存在，只是人们依据技术发展而做出的一种设想。尽管早在几年前就出现了阿尔法狗围棋机器人（AlphaGo）这样的智能机器，攻破了号称人类智力最后一道防线的围棋，但是人类并不将其视为自己的对手或者威胁。

现代科技已经从满足人类对物质文化基本需求的历史功能走向了满足人类对美好生活需求的现实功能，这标志着人类全面自

---

① 皮埃罗 · 斯加鲁菲，牛金霞，闫景立. 人类 2.0：在硅谷探索科技未来［M］. 北京：中信出版社，2017：375.

由解放与发展的再一次飞跃。著名未来学家、谷歌人工智能专家雷·库兹韦尔认为，相比人类大脑新皮质的“发明”，数字技术将带来智能上的飞跃。随着这些技术的革命和革新，人类今天进入一个新的阶段，这一新的技术革命或许将使人类文明脱离“工业革命”“工业文明”的范畴。未来，生命将以何种形态延续和呈现？受限于人类的想象力，当下没有人能提供一个特别明确的答案，唯一可以肯定的是，包含人类在内的众多生物并不是生命的终极形态。按照资产阶级和无产阶级的本来含义，即有资产的阶级和没有资产的阶级的划分，掌握大数据的人将成为数据资产阶级，而交出数据的人则成为数据无产阶级，由此又造成人的发展的分化。

当然，“在一个信息爆炸却多半无用的世界，清晰的见解就成了一种力量。从理论上来说，人人都能参与这场以‘人类未来’为主题的辩论并发表高见，但想要保持清晰的认识并不容易”①。任何关于未来的讨论，无论怎样立足于现实，相较于后见之明，许多细节都是不准确的。在这个创新不息的时代，唯一能够确信的，就是明天肯定会和今天大不相同。这些不同很大程度上将取决于技术方面的突破。随着技术的指数级增长，新一代数据技术正在取得前所未有的突破性进展（见表1–2）。

---

① 尤瓦尔·赫拉利.今日简史［M］.林俊宏，译.北京：中信出版社，2018.

**表 1–2　改变未来的技术**

| 新技术 | 影响维度 | 产生的影响 | 落地可行性 | 影响力评分 |
|---|---|---|---|---|
| 人工智能 | 人类日常生活 | 众多工作岗位将被替代，传统行业迎来新的业态和发展模式 | 高 | 5 |
| 物联网 | | 带来智能化的家居生活、智能化的社会安防体系，工业互联网发展 | 高 | 5 |
| 虚拟现实、增强现实 | | 带来真实环境与设备的融合体验，大型医疗手术成功率提高 | 高 | 4 |
| 4D（四维）打印 | | 带来定制化家庭创新工厂、癌症疫苗 | 中 | 3 |
| 机器人 | 人类生产方式 | 电商平台的订单履行、仓储和配送部署机器人，发明智能家庭管家、抢险救灾机器人等 | 高 | 5 |
| 区块链 | | 为金融行业提供数据安全和隐私保护，为保险业务提供监督和保障 | 高 | 5 |
| 新能源 | | 环境问题改善，能源利用多样化 | 高 | 5 |
| 脑机接口 | 人类自身能力 | 为盲人重新带来光明，残疾人行动力恢复，人类智商提升 | 中 | 4 |
| 基因测序 | | 实现基因层面体检，预防及治疗癌症，治疗遗传病 | 中 | 4 |
| 量子技术 | 科学技术本身 | 带来绝对安全的通信技术、效率极高的量子计算 | 中 | 5 |
| 太赫兹技术 | | 一种处于特殊频率范围的波段，可以应用在移动宽带通信、反隐身雷达、反恐、无损工业检测、食品安全检测、医疗和生物成像等众多领域 | 中 | 5 |

资料来源：中银国际。

技术进步推动着人类文明、社会的发展及生产力的提升，解放了人的体力和脑力，弥合了人的身体和精神、肉体和心灵、生和死，以及自然和技术之间的长期对立与分离。目前，通过人工智能、生物技术、基因工程、赛博空间和虚拟技术促动人类自身由纯粹的自然人、肉体人向机器人、基因人进化，人类进入一个新的“后达尔文的进化阶段”或“后人类”阶段。一些专家开始惊呼：技术全面超越人类智慧的“奇点”即将到来。如果取消伦理约束，基因人也许已经诞生。“奇点”真的来了吗？人类清醒地知道，目前人工智能仍然只是在计算能力等特定方面超过人类，并不比汽车跑得比人快更可怕。只有在机器产生自我意识，甚至具有了一定的自我复制能力时才值得警惕。[①]面对以空前速度发展的各种科学技术，未来世界将会怎样？哪些新技术将对人类社会产生怎样的重大改变？恐怕每个人类个体都想知道这些问题的答案。

① 史蒂芬·科特勒. 未来世界：改变人类社会的新技术［M］. 宋丽珏，译. 北京：机械工业出版社，2016.

# 第二章　机器人

人工智能是大数据基础上的人工智能，是下一轮技术变革的核心。机器人是人工智能的重要载体，它代表着一个国家在各个领域装备的先进水平，同时也会融合其他学科与技术改变人类的生活和工作。大部分技术创新都发生在最近几年，这些创新都发生在长期以来一直缓慢发展和提升的领域。在这些领域，一些最出色的研究思想曾经认为，技术的发展不可能突飞猛进，但是数据技术在长期发展之后突然出现了迸发，而且这种迸发出现在很多领域，从自动驾驶到全球首个人工智能合成女主播，再到机器人的崛起。当我们对技术塑造的未来激情澎湃时，总不免带着隐隐的担忧与迷茫，就像很多人在情感上对机器人爱恨交织。[①]

## 第一节　从数据到数智

块数据本质上是数据积累从量变到质变的必然产物，是在信息高速公路基础上的进一步升级和深化。在数据、算力、算法三大驱动力的不断发展下，人工智能已经进入下半场，其发展速度远比我们想象的要快得多。机器人的进步逐渐促进人类的劳动方式从以体力劳动为主向以脑力劳动为主转变，使人类社会发生历史性的巨大进步和质变飞跃。

### （一）点数据、条数据与块数据

大数据开启了一次重大的时代转型。就像望远镜让我们能够感受宇宙，显微镜让我们能够观测微生物一样，大数据正在改变我们的生活以及理解世界的方式，成为新发明和新服务的源泉，而更多的改变正蓄势待发……[②]在海量数据激增的同时，不确定性也在增长。数据爆炸面临数据垃圾泛滥的隐忧，人类的这种问题和困扰被称为“海量数据的悖论”，破解这个难题需要全新的数据科学方案。正是在这样的时代大背景下，块数据应运而生。

---

① 皮埃罗 · 斯加鲁菲，牛金霞，闫景立. 人类 2.0：在硅谷探索科技未来［M］. 北京：中信出版社，2017：3.

② 维克托 · 迈尔－舍恩伯格，肯尼思 · 库克耶. 大数据时代：生活、工作与思维的大变革［M］. 盛杨燕，周涛，译. 杭州：浙江人民出版社，2013：1.

块数据是以人为原点的数据社会学范式，更加强调用数据技术分析人的行为、把握人的规律、预测人的未来。块数据是大数据时代真正到来的标志，是大数据发展的高级形态，是大数据融合的核心价值，是大数据时代的解决方案，必将推动人工智能发展进入一个新的阶段。

**点数据：离散系统的孤立数据。**随着信息技术和人类生产生活的交汇融合，互联网的快速普及，全球数据呈现爆发增长、海量集聚的特点。规模庞大的数据独立存在着，没有连接桥梁，形成了一个个离散的孤立点数据。点数据是大数据的重要来源，具有体量大、分散化和独立性的特点。点数据来源于个人、企业及政府的离散系统，涉及人们生产生活的各个领域、各个方面和各个环节，这类数据已经被识别并存储在各种相应的系统中，但是由于没有与其他数据发生价值关联，或者价值关联没有被呈现，所以未被使用、分析甚至访问。

**条数据：单维度下的数据集合。**无论是传统行业所汇聚的内部数据，还是各级政府所掌握的卫生、教育、交通、财政、安全等部门数据，抑或是互联网企业存储的电子商务、互联网金融等新型行业数据，都可以被定义为条数据，即在某个行业和领域呈链条状串起来的数据。目前，大数据的应用大多是以条数据的形式呈现的。条数据在一定程度上实现了数据的指向性聚集，提高了数据使用的效率，但条数据将数据困在孤立的链条上，形成了一个个“数据孤岛”和“数据烟囱”。

**块数据：特定平台上的关联聚合。**块数据就是把各种分散的点数据和分割的条数据汇聚在一个特定平台上，并使之发生持续的聚合效应。块数据内含一种高度关联的机制，这种机制为数据的持续集聚提供了条件。块数据的关联聚合是在特定平台上发生的，并不局限于某个行政区域或物理空间。块数据的关联聚合可以实现不同行业、不同部门和不同领域数据的跨界集聚。块数据的平台化、关联度、聚合力特征，推动大数据发展进入块数据融合发展的新阶段，打破“条”的界限，让数据实现在“块”上的“条”融合，通过数据的多元融合和关联分析对事物做出更快速、更全面、更精准、更高效的研判与预测，从而揭示事物的本质和规律，创造新的价值。

当前，大部分人工智能是基于大数据的智能，无法解决小数据问题，仍然停留在大数据分析阶段。限于数据集的问题，这些人工智能还只能用于某个特定领域内，距离真正的人工智能还有一定的距离。与大数据相比，块数据能够将各类数据组合、整合、聚合，形成一个共享、开放的“数据池”，实现不同领域、不同类型数据的跨界集聚，进而改变数据的生产、组织、加工和传播方式，打破传统的数据不对称和数据流动障碍，为人工智能发展注入新的驱动力，推动机器人的革新和发展。

### （二）数据、算力与算法

数据、算力与算法是驱动人工智能高速发展的三要素（见图 2-1）。大数据的发展为人工智能提供了种类丰富的数据资源；硬件技术的变革使硬件成本呈指数级下降，缩短了运算时间；算法赋予了数据生命，让数据可以为我们所用，是人工智能提高社会生产力的核心驱动力。

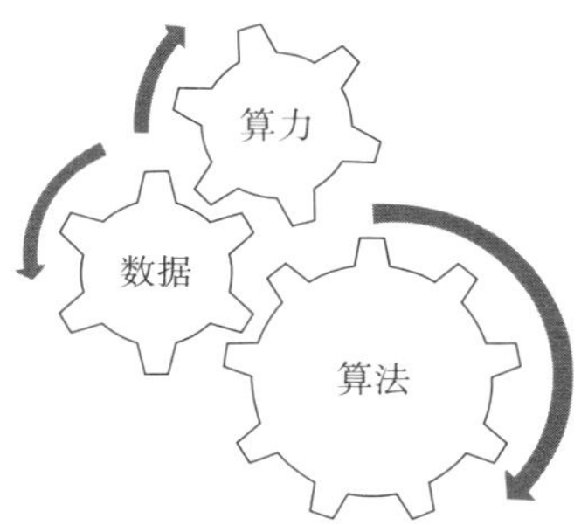


图 2-1　人工智能的三要素

**数据是人工智能的生产资料。**数据爆炸时代，世界上的一切关系皆可用数据来表示，一切活动都会留下数据的足迹，万物皆可数据化，世界是一个数据化的世界。海量数据超出了人脑思维和电脑程序所能承载的范畴，结构化数据、抽象化数据、暗数据彼此关联、叠加交错、相互融合，使我们对事物的认识变得更加复杂、更加不确定和更加不可预知。与之相反，人工智能算法的演进必须有数据作为支撑，数据堪称人工智能赖以开展的生产资料。人工智能将庞大的数据资源作为自身发展提高的一个训练资源，在获得更高识别率和精准度的同时，将技术的完善度不断增进。语音识别、图像识别等技术的飞速发展，依赖的正是过去迅速积累的大量有价值的数据。

**算力是人工智能的生产力。**算力主要包括运算速度和存储量。20 世纪八九十年代，人工智能具备了自动控制、互联网和算法条件，但算力的欠缺制约了人工智能的发展。近几年来，随着现代信息化技术的发展，尤其是移动互联网、大数据、云计算等的发展，算力的提升取得了突破性进展。同时，随着计算成本的不断下降和服务器变得越来越强大，人工智能技术发展的限制在放宽。回顾 10 年来全球市值排名前 10 企业的变迁史，不难发现，传统企业正在被迫让位，科技企业则快速上位，亚马逊、微软、Alphabet（谷歌母公司）、苹果、脸书、腾讯、阿里巴巴等互联网公司雄踞全球市值前 10 的 7 席。这些新经济企业的共同点就是从不吝啬对算力的大规模投资。亚马逊的 AWS（亚马逊云服务）业务率先布局云计算，苹果领衔人工智能计算芯片研发，百度、阿里巴巴、腾讯加速建设超大规模数据中心，等等。根据 2017 年国际数据公司（IDC）的预测，未来 5 年，全球用于云计算服务的支出将增长 3 倍，云计算行业的整体增长率将是传统信息技术行业增长率的 6 倍。未来，谁掌握领先的算力，谁就掌握未来发展的主导权。

**算法是人工智能提高社会生产力的核心驱动力。**技术决定未来，推动时代进步的是技术创新。百度公司董事长兼首席执行官李彦宏也发表了类似的观点。他认为，技术创新是核心驱动力。工业时代最宝贵的东西不是煤，是蒸汽机这样的技术革命；人工智能时代最宝贵的不是数据，是数据带来的技术创新。算法属于颠覆性技术创新。商业管理专家克莱顿 · 克里斯坦森提出，新技术有“维持性创新”与“颠覆性创新”两种类型。维持性创新会对公司或市场的现有运营方式起到支持或加强作用，颠覆性创新则会彻底改变某个领域的运营方式。算法的创新加速了人工智能对各个产业翻天覆地的改变。目前很多商业领域已经采用人工智能，如淘宝的一条推荐、百度的一条搜索、今日头条的排序、滴滴与司机的每次对接……未来，人工智能将会全面驱动社会生产力的提高，如同电力对各行各业的影响一样，人工智能将会渗透到金融、医疗、农业、零售、能源等诸多行业中，产生的价值不可想象。或许不难看出，算法之于智能时代，如同蒸汽机之于工业革命，发电机之于电气时代，代表着一个时代的生产力上限。

### （三）机器人：人的延伸

劳动力的解放是社会发展和时代进步的核心。人工智能产业的大发展，将把人类从繁重的体力劳动中解放出来。此外，即将到来的智慧社会，还是一个以知识生产为社会生产力基础的社会，人类社会将从以体力劳动为主的初级阶段向以知识生产为主的高级阶段迈进。

**人工智能是人类感官和智力的延伸。**人工智能是人造系统所具有的一种模仿、拓展和超越人类智能的能力。当人造系统能够像人一样具有一定的认知能力，即有感知、会分析、自决策、善动作，并且在分析与决策过程中善于运用知识，同时学习、积累乃至创造知识时，就称为具有某种人造智能。人造智能包含所有由人类开发和建立的人造系统的智能，例如源于数据技术领域的人工智能、认知计算、互联网大脑等，以及源于制造技术领域的基于传感器和自动化技术的工业智能。19 世纪查尔斯 · 巴贝奇发明计算机，企图用机器替代人类的计算能力，这是技术进化到延伸人类智力阶段的起点。20 世纪 40 年代，现代计算机的出现是技术延伸人类智力的重要里程碑。现代计算机最初只有记忆、计算能力，后来逐渐具备了逻辑、语言文字处理、谱曲、辨识、认知、交流等多种智能功能。遥感技术、全球定位系统、地理信息系统以及自动观察技术和数据传输处理技术的结合，正在不断拓展人类对地球的观察能力和分析能力。

**机器人是人类体力和脑力解放的集中体现。**体力劳动向脑力劳动发展是社会发展的必然趋势。人类的强项是智慧，是脑力，而不是体能体力。社会劳动力从低级层次向高级层次发展，可分为四个层次：简单的体力劳动、复杂的体力劳动、简单的脑力劳动和创造性的脑力劳动。[①]从当前的数据时代迈向高层次的智能时代，除了克服地球环境危机、金融危机等外，还有许多问题需要解决，其中最困难也是最有意义的问题之一是社会劳动力的升级。历史上，社会劳动力已经经历了从简单体力劳动到复杂体力劳动、从体力劳动到简单脑力劳动的升级。现阶段，我们面临着又一次更为本质性的升级——劳动力将从以体力劳动为主转向以脑力劳动为主，从简单脑力劳动向创造性脑力劳动升级。从机械化、自动化、信息化到智能化，产业革命的浪潮一波紧跟着一波。廉价的传感器和人工识别、机器学习、分布式智能技术的迅猛发展，将机器人送上了体力劳动的诸多岗位。机器人把人类从

① 褚君浩，周戟. 迎接智能时代：智慧融物大浪潮［M］. 上海：上海交通大学出版社，2016：166.

体力劳动中解放出来，智能时代的人们就可以腾出手来进行创造性的脑力劳动，从事知识生产。人的劳动力从以体力劳动为主逐渐转型升级为以脑力劳动为主，这是人类社会历史性的巨大进步和质变飞跃。只有当社会劳动者中的大多数都成为具有高智能的知识生产者时，人类社会才称得上智慧社会，才算进入了智能时代的鼎盛时期。

**机器人的发展重构全球制造业的格局。**人工智能的出现，其实就是人类试图将一部分思维活动植入机器的表现，自人类有这一想法的那一天开始，就预示着人工智能的发展很有可能会影响世界经济发展方向。[①]以机器人带动社会要素创新、增加就业岗位、拉动经济增长，已成为世界各国的共同战略与目标。纵观当今科技、产业发展态势和主要国家的战略走向，机器人技术及应用已成为必争领域和未来竞争的制高点。美国“先进制造伙伴关系”计划、德国“工业 4.0”战略、英国“机器人和自主系统 2020”战略、日本“机器人新战略”和韩国“制造业创新 3.0”战略等，都将机器人产业作为发展的重要方向，折射出各国在新的机遇中争夺竞争新优势的决心（见表 2–1）。人工智能是智能制造不可或缺的核心技术。这些战略任务，无论是提高创新能力、信息化与工业化深度融合、强化工业基础能力、加强质量品牌建设，还是推动重点领域突破发展、全面推行绿色制造、推进制造业结构调整、发展服务型制造业和生产型服务业、提高制造

① 董琛婷. 人机共生：未来的经济生态［J］. 南方论刊，2018（10）：20.

业国际化发展水平，都离不开人工智能的参与，都与人工智能的发展密切相关。从国务院《关于积极推进“互联网+”行动的指导意见》中将人工智能列为“互联网+”11 项重点推进领域之一，到党的十八届五中全会把“十三五”规划编制作为主要议题，将智能制造视作产业转型的主要抓手，标志着中国将由制造业大国向制造业强国转变（见表 2-2）。[①]这一进程中，智能机器是新一代智能生产力的代表，使智力成为直接的、现实的生产力，推动智能经济的发展。

**表 2-1　主要发达国家的人工智能发展战略**

| 发布主体 | 出台时间 | 政策名称 |
|---|---|---|
| 美国 | 2011 年 | “先进制造伙伴关系”计划 |
| | 2013 年 | 机器人技术路线图：从互联网到机器人 |
| | 2016 年 | 为人工智能的未来做好准备<br>国家人工智能研究与发展战略规划 |
| | 2017 年 | 人工智能与国家安全 |
| | 2018 年 | 国防部人工智能战略 |
| 德国 | 2012 年 | “工业 4. 0”战略 |
| | 2018 年 | 联邦政府人工智能战略要点 |
| 英国 | 2014 年 | “机器人和自主系统 2020”战略 |
| | 2016 年 | 人工智能给未来决策带来的机遇及影响 |
| | 2017 年 | 在英国发展人工智能 |
| | 2018 年 | 产业战略：人工智能领域行动 |

① 玛蒂娜 · 罗斯布拉特. 虚拟人［M］. 郭雪，译. 浙江：浙江人民出版社，2016.

（续表）

| 发布主体 | 出台时间 | 政策名称 |
| --- | --- | --- |
| 欧盟 | 2018 年 | 加强人工智能合作宣言 |
| | | 欧盟人工智能 |
| 日本 | 2015 年 | 机器人新战略 |
| | 2016 年 | 日本下一代人工智能促进战略 |

注：据不完全统计，内容来源于网络。

**表 2–2　中国人工智能主要政策**

| 出台时间 | 政策名称 |
| --- | --- |
| 2012 年 3 月 | 智能制造科技发展“十二五”专项规划 |
| 2012 年 4 月 | 服务机器人科技发展“十二五”专项规划 |
| 2012 年 5 月 | 高端装备制造业“十二五”发展规划 |
| 2013 年 12 月 | 关于推进工业机器人产业发展的指导意见 |
| 2015 年 5 月 | 中国制造 2025 |
| 2015 年 7 月 | 关于积极推进“互联网+”行动的指导意见 |
| 2015 年 10 月 | 《中国制造 2025》重点领域技术路线图 |
| 2016 年 3 月 | 机器人产业发展规划（2016—2020 年） |
| 2016 年 5 月 | “互联网+”人工智能三年行动实施方案 |
| 2016 年 11 月 | “十三五”国家战略性新兴产业发展规划 |
| 2017 年 7 月 | 新一代人工智能发展规划 |

注：据不完全统计，内容来源于网络。

## 第二节 机器人的进化

过去 30 年，我们把人变成了机器，未来 30 年，我们将把机器变成人，但是最终应该让机器更像机器、人更像人。[①]在机器人进化的进程中，人工智能需要不断获取新的数据，进行持续且深度的学习，“越用越灵”可以说是人工智能发展的关键。基于对数据的分析、洞察数据的秘密主体的不同，我们将机器人进化分为三个阶段，即传统机器人、智能机器人和量子机器人。

### （一）传统机器人：从机械木偶到埃尼阿克

“机器人”一词出现的时间并不太长，但是，创造一种像人一样的机器或人造人，以替代人从事各种劳作，并非现代人才有的想法。传统机器人阶段，人工智能尚未面世，计算机对数据的使用仅仅停留在简单的计算层面，数据的使用主体依然是人。机械木偶、机械设备和埃尼阿克是这一阶段的典型代表。

**机械木偶。**在中国，机器人最早是以自动机械装置或自动人偶的形式出现的。早在公元前 9 世纪的西周，就已经出现了世界上最早的机器人。在周穆王统治时期，工匠偃师制造了一个能歌善舞的伶人献给穆王。《列子》记载，“穆王惊视之，趣步俯仰，信人也。巧夫，顉其颐，则歌合律；捧其手，则舞应节。千变万化，惟意所适”。春秋时期，“公输子削竹木以为鹊，成而飞

---

① 马云. 未来三十年，我们要把机器变成人［EB/OL］.（2017-12-03）. http://wemedia.ifeng.com/39498234/wemedia.shtml.

之，三日不下”。《墨子·鲁问》记载的这个“公输子为鹊”的典故，是世界上最早的关于空中机器人的记载。在西方，机器人最初被称为自动机（automation）或自行控制器（self-operating machine）。公元前 2 世纪，亚历山大时期的古希腊人发明了自动机。它是以水、空气和蒸汽压力为动力的会动的雕像，可以自己开门，还可以借助蒸汽唱歌。达·芬奇作为发明家，设计了机器人、机械车等超越时代的装置。各式各样的人造机器不仅能供人观赏、娱乐，而且延伸和扩大了人类的体能。

**机械设备。**蒸汽机作为动力机被广泛使用标志着第一次工业革命的开始。蒸汽机改变了生产工具的根本形态，通过设定好的传送带，机器等设备获得运转的动力。与自动机械装置相比，其优点是让力量通过新的能源得到巨大的强化，缺点是必须依赖人才能对环境做出反应。蒸汽机现在被认为是“通用技术”[①]最好的例子之一。蒸汽机的发明和应用使人类用上了以煤炭为能源的各种机械设备，推动了钢铁产业、煤炭能源产业和机械制造产业的大发展。钢铁、能源、机械三者的组合，创造出工业生产的许多领域，造就了千姿百态的工业产品，构建起以机械为基础的“工业大厦”。

**埃尼阿克。**与机械木偶和机械设备不同，计算机开始使用数据强化人类思维中计算方面的能力。1946 年问世的埃尼阿克是第一台多用途计算机，一个现代版的巴贝奇分析机。埃尼阿克包含

① 通用技术是指有极广泛的应用及能被不断改进的特定技术。

17 468 个热离子阀门或真空管、70 000 个电阻、10 000 个电容器、1 500 个继电器、6 000 个手动开关和 500 万个焊接接头，占地面积约 167 平方米，重达 30 吨，功率 160 千瓦，主要用于与“冷战”相关的军事项目，包括用于弹道导弹轨迹的计算和制造氢弹所需的计算。埃尼阿克每秒可以执行 5 000 次运算，是以前任何机器的 1 000 多倍。截至目前，其计算能力的增长基本符合摩尔定律，即每 18 个月计算能力就翻番。计算机在计算速度越来越快的同时，本身也变得越来越小，而由于小与快的优势，计算机开始连接一切设备，并开始将人们遇到的各类问题转变成计算问题，通过运算解决。“但它们是没有用的，它们只会给你提供答案。”著名画家毕加索如是评价计算机。的确，在传统机器人进化的这一阶段，每一种后续的发明都在释放越来越强大的动力，但它们的动力都需要人类做出决定和发出指令。

### （二）智能机器人：从图灵测试到阿尔法狗围棋机器人

智能机器人能够表现出人类智力活动的特征。相对来说，能够认知的机器人要比仅仅能够完成任务操作的机器更加重要。机器学习、深度学习的出现，让数据的使用主体逐渐变成了机器，开始体现人工智能的真正意义，并不断在模式识别、复杂沟通以及其他极其人性化的领域展现出广阔的发展空间。

**人工智能**。作为一个专业术语，“人工智能”最初是在 1956 年举办的达特茅斯会议上提出的。美国计算机科学家约翰 · 麦卡锡及其同事认为，“让机器达到这样的行为，即与人类做同样的行为”可以被称为人工智能。人工智能是计算科学的主流分支之一，它主要研究在感知、推理和学习时的计算要求，并研究如何升级执行这些能力的系统。该领域使我们不断提高对人类认知的理解、对智能要求的理解，致力于开发智能、自主行为能力以及与人类合作相关的系统，从而提高机器人的能力。从科学定义上来说，人工智能是研究、开发用于模拟、延伸和扩展人的智能的理论、方法、技术及应用系统的一门新的技术科学。从功能定义上来说，人工智能则是智能机器所执行的通常与人类智能有关的功能，如判断、推理、证明、识别、感知、理解、设计、思考、规划、学习和问题求解等思维活动。时至今日，人工智能的内涵已经被大大扩展，涵盖了计算机科学、统计学、脑科学、社会科学等诸多领域。

**图灵测试：人工智能的先河**。图灵机与计算理论是人工智能乃至整个计算机科学的理论基础。[①]60 多年前，“计算机科学与人工智能之父”艾伦·图灵在论文《计算机器和智能》中预言了创造出具有真正智能的机器的可能性，开创了人工智能这个带有科幻色彩的新学科。也正是在这篇论文中，他提出了后来被称为“图灵测试”的实验方法——判断机器能否思考，或更准确地说，判断机器能否表现出与人类相同或者至少无法区分的智能。在将测试者和被测试者隔开的情况下，通过一些装置向被测试者随意提问，进行多次测试后，如果有超过 30% 的测试者不能确定被测

① 集智俱乐部. 科学的极致：漫谈人工智能［M］. 北京：人民邮电出版社，2015：31.

试者是人还是机器，那么这台机器就通过了测试。不过，当时的技术水平与图灵深远的洞察力出现了严重脱节，计算机的性能远远不足以把他的想法变成现实，但幸运的是，这篇论文在被埋没之前，已经把最原始的强烈愿望传达给了整个世界。

**阿尔法狗围棋机器人。**从诞生至今，人工智能一方面被视作一颗冉冉升起的新星，受人追捧而蓬勃发展；另一方面也备受批评，且遭受过两次挫折，史称“两次人工智能寒冬”。从 20 世纪 90 年代中期开始，随着人工智能技术尤其是神经网络技术的逐步发展，以及人们开始客观理性认识人工智能，人工智能技术进入平稳发展期。1997 年，IBM（国际商用机器公司）推出的超级计算机“深蓝”以 2 胜 1 负 3 平的成绩战胜国际象棋大师加里 · 卡斯帕罗夫，可以说为人工智能的发展注入了一剂“强心针”。人们第一次认识到人工智能的强大力量，那是一种足以战胜人类最高水平的全新事物。2011 年，IBM生产的“沃森”在美国以应变能力著称的竞猜节目《危险边缘》中一路凯歌，战胜诸多人类高手。相比“深蓝”，“沃森”在人工智能领域又迈进了一大步，它并非像“深蓝”那样只是做大规模的筛选和计算，而是通过整合机器学习、大规模并行计算和语义处理等高科技领域，形成一个完整的体系构架，并在这个构架的基础上对人类的自然语言进行解读。2016 年，谷歌推出的人工智能程序“阿尔法狗围棋机器人”以总比分 4∶1 战胜世界围棋大师李世石，化不可能为可能，一举震惊世界（见图 2–2）。

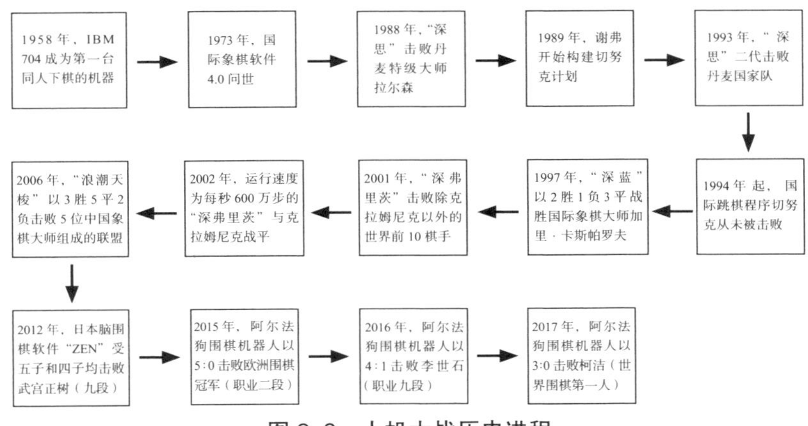


**图 2–2　人机大战历史进程**

阿尔法狗围棋机器人的成功与深度学习和自我训练密不可分。这是一种模仿人类大脑的神经网络，使机器人能够以一种类似人脑的方式产生学习、记忆、分析甚至创造能力。阿尔法狗围棋机器人正是用到了神经网络技术，通过对海量棋谱的学习和不断自我对战，对围棋的规则和战法产生了深度认知，并在实战中做到了成功应用。当然，阿尔法狗围棋机器人也没有发展到完美的程度。它能在围棋这一单一规则下的单一领域称雄，但不可能做到跨领域应用。也就是说，智能技术的发展使机器人的感知能力达到甚至超越人类，但是，当前的人工智能推理能力依然有限、缺乏常识，在未来一段时间内还难以企及人类水平。

### （三）量子机器人：从类脑智能到超脑智能

如果说智能机器人的智慧和能力是人类赋予的，那么对拥有类脑智能甚至超脑智能的量子机器人来说，它将具备数据搜集、整理、分析的能力，并自主对算法进行调整和优化，自主做出判断和决策。从初级类脑智能到高级类脑智能，再到超脑智能，将成为量子机器人创新未来的路线图。

**脑科学：未来技术的制高点。**脑科学技术研究是 21 世纪人类所面临的重大挑战。理解人类大脑的工作机制，进而揭示人类智能的形成和运作原理，对人脑认知功能开发、模拟和保护，决定未来人口素质，抢占国际竞争的技术制高点具有重要意义。科技发达国家和国际组织早已充分认识到脑科学研究的重要性，在既有的脑科学研究支持外相继启动了各自有所侧重的脑科学计划。2013 年 4 月，美国正式启动“创新性神经技术大脑研究”计划（BRAIN Initiative），针对大脑结构图建立、神经回路操作工具开发等七大领域进行研发布局；同年，欧盟也提出“人脑计划”（Human Brain Project），试图在未来神经科学、未来医学和未来计算等领域开发出新的前沿医学与信息技术。中国及日本、韩国、澳大利亚等国家也先后启动了脑科学研究计划（见表 2–3）。

**表 2–3　世界各国“脑科学研究计划”**

| 发布主体 | 出台时间 | 政策名称 | 内容简介 |
| --- | --- | --- | --- |
| 美国 | 2013 年 | “创新性神经技术大脑研究”计划 | 针对大脑结构图建立、神经回路操作工具开发等七大领域进行研发布局，旨在绘制出显示脑细胞和复杂神经回路快速相互作用的脑部动态图像，研究大脑功能和行为的复杂联系，了解大脑对大量信息的记录、处理、应用、存储和检索的过程，改变人类对大脑的认识 |

（续表）

| 发布主体 | 出台时间 | 政策名称 | 内容简介 |
|---|---|---|---|
| 欧盟 | 2013 年 | “人脑计划” | 该计划的目标是开发信息和通信技术平台，致力于神经信息学、大脑模拟、高性能计算、医学信息学、神经形态的计算和神经机器人研究，侧重于通过超级计算机技术模拟脑功能，以实现人工智能 |
| 日本 | 2014 年 | “日本大脑研究计划” | 旨在通过融合灵长类模式动物（狨猴）多种神经技术的研究，弥补曾经利用啮齿类动物研究人类神经生理机制的缺陷，并且建立狨猴脑发育以及疾病发生的动物模型 |
| 韩国 | 2016 年 | 《大脑科学发展战略》 | 该计划的核心是破译大脑的功能和机制，调节作为决策基础的大脑功能的整合和控制机制。该计划还包括开发用于集成脑成像的新技术和工具。脑科学研发工作集中在 4 个核心领域：在多个尺度构建大脑图谱，开发用于脑测绘的创新神经技术，加强人工智能相关研发，开发神经系统疾病的个性化医疗 |
| 澳大利亚 | 2016 年 | 澳大利亚脑计划 | 该计划主要的路线包括：健康，通过揭示神经精神疾病的脑异常机制发展新的治疗手段；教育，通过编码神经环路和脑网络的认知功能帮助提高脑力成长；新工业，通过促进工业合作者和脑研究的结合研发新的药物、医疗设备并发展可穿戴技术 |
| 中国 | 2011 年 | 《中国至 2050 年重大交叉前沿科技领域发展路线图》 | 将脑与认知科学及其计算建模的探索列为 5 个重大交叉前沿科技领域之一 |
| | 2016 年 | 《“十三五”国家科技创新规划》 | 提出部署“脑科学与类脑研究”重大科技项目，以脑认知原理为主体，以类脑计算与脑机智能、脑重大疾病诊治为两翼，搭建关键技术平台，抢占脑科学前沿研究制高点 |
| | 2017 年 | 《新一代人工智能发展规划》 | 将类脑科学发展列入战略目标，到 2030 年在类脑智能等领域取得重大突破，形成较为成熟的新一代人工智能理论与技术体系 |

注：据不完全统计，内容来源于网络。

**类脑智能。**“类脑智能”与“脑科学”相互借鉴、相互融合是国际科学界涌现的新趋势。“类脑智能”是受大脑神经运行机制和认知行为机制启发，以计算建模为手段，通过软硬件协同实现的机器智能。它具有数据处理机制上类脑、认知行为表现上类人、智能水平达到或超越人的特点。脑科学研究的核心问题是人类认知、智能和创造性的本质以及意识的起源，包括从较为初级的感觉、知觉到较为高级的学习、记忆、注意、语言、抉择、情绪、思维与意识等各个认知层面的脑高级认知功能。[①]脑科学是 21 世纪最重要的前沿学科之一。脑科学的研究不仅可以绘制“人类智力蓝图”，而且将启发人工智能发展新的理论和方法，推动机器人向具有视觉、听觉、味觉、嗅觉、触觉能力的初级类脑智能迈进，甚至向具有“高智商”“高情商”的高级类脑智能跨越式发展。

**量子计算。**量子叠加和量子纠缠是量子行为的两个特性。叠加特性使传统计算机摆脱利用二进制进行数据处理的束缚，令量子比特同时处于 0 和 1 的叠加态。纠缠特性则是量子计算利用量子位之间的相互依赖性破解问题的关键。由于量子物理中存在叠加态和纠缠态，量子计算机就具备了并行计算和指数级可扩展性的优势。基于此，量子计算有潜力从根本上改变传统的数据处理方式，使量子计算机有能力解决传统计算机力不能及的问题。尽管传统计算机存在局限性，但在可预见的未来，量子计算机并不会彻底将其取代。相反，结合了量子与传统架构的混合型计算机

① 王力为，许丽，徐萍，等. 面向未来的中国科学院脑科学与类脑智能研究——强化基础研究，推进深度融合［J］. 中国科学院院刊，2016（7）：747.

有望浮出水面，将一部分极为复杂的难题“外包”给量子计算机。

**超脑智能。**技术从来都是人类智慧的一种，但令人想不到的是，智慧最后会成为技术的一种。与以前的工业革命相比，当下这场革命大大加快了科技进步的速度，一切都远远超出历史和人们的想象。[①]从逻辑上来说，人工智能改变的是计算的终极目标，颠覆了经典计算的工作方式；而量子计算改变了计算的原理，颠覆了经典计算的来源，是21世纪最具颠覆性的技术成就。未来，量子计算与人工智能结合或将定义人类未来社会的技术图景。人类是否就创造了具有意识功能的机器人？量子机器人是否就拥有了高智能、高性能、低能耗、高容错、全意识的超脑智能？或许正如中国科学院院士、量子计算专家、图灵奖获得者姚期智的判断那样，如果能够把量子计算和人工智能放在一起，我们可能会做出连大自然都没有想到的事情。

## 第三节　人类价值与人机关系

未来，在类脑智能和超脑智能出现之时，人类与机器的分野仅在于物理支撑的不同。机器人不断获得更高智能并向自动化迈进，如果有一天机器人的能力超过人类，是否会反过来统治人类呢？机器越自由，越容易出现伦理问题，就越需要道德准则来规制其动作行为。库兹韦尔认为，人类的本质就是不断超越自己的

① 杜君立．现代简史：从机器到机器人［M］．上海：三联书店．2018：290–291.

极限，因此，未来的社会也将可能是由人与机器共同创造的人机共生与心脑合一的社会，通过人机互助获取大数据，用更少的资源为社会做贡献，实现人类与机器的价值。

### （一）机器人伦理

图灵曾说："即使我们可以使机器屈服于人类，比如，可以在关键时刻关掉电源，然而作为一个物种，我们也应当感到极大的敬畏。"当时，人工智能的概念尚未诞生，但是学术领袖对于机器具有超越人类的智能并可能威胁人类的担忧已然存在。这在人工智能技术及其应用突飞猛进的今天依然具有重要的警示意义。伴随着人工智能可能控制、毁灭人类的担忧不断发酵，政府、业界和企业对人工智能"军规"的探索开始紧锣密鼓地进行，目的在于确保让人工智能造福人类的同时，也是安全、可靠和可控的。

**机器失控的隐忧。**随着技术的加速发展，在某一时刻，我们将达到一个技术奇点，这时，人工智能将大大超越人类智能，机器人也将成为人类"进化的继承者"和"思想的继承者"。[①]库兹韦尔为这一前景欢呼，但也有人心怀隐忧。人工智能自提出以来就一直萦绕在人们的耳畔，经历了若干次高潮与低谷。如今，第三次人工智能浪潮已经到来，其发展速度将会大大加快。未来，人工智能一旦不能有效受控于人类，就可能成为人类生存安全的最大威胁。2016年以来，诸如霍金、埃隆·马斯克、埃里克·施密特等都对人工智

---

① 库兹韦尔. 奇点临近［M］. 李庆诚，董振华，田源，译. 北京：机械工业出版社. 2011：11.

能的发展表达了担忧，甚至认为人工智能的发展将开启人类毁灭之门。霍金在演讲时声称，“生物大脑与电脑所能达到的成就并没有本质的差异。因此，从理论上来说，电脑可以模拟人类智能，甚至可以超越人类”。埃隆·马斯克警告道，对于人工智能，如果发展不当，可能就是在“召唤恶魔”。人们担忧，随着人工智能的发展，人类将迎来“智能大爆炸”或者“奇点”，届时机器的智慧将提高到人类望尘莫及的水平。当机器的智慧反超人类，量子机器人出现之时，人类将可能无法理解并控制自己的造物，机器人可能反客为主，这对人类而言是致命的、灾难性的。

**机器人三定律。**最早提出应对人工智能安全、伦理等问题的非阿西莫夫莫属。在 1942 年问世的科幻小说《环舞》中，他提出了机器人三定律，以期对机器人进行伦理规制。第一定律，机器人不得伤害人类，也不得见人受到伤害而袖手旁观；第二定律，机器人必须服从人类的命令，但不得违背第一定律；第三定律，机器人必须保护自己，但不得违背第一、第二定律（见图 2–3）。后来，阿西莫夫对机器人三定律进行补充，提出了第零定律，约定机器人必须保护人类的整体利益不受伤害。对于机器人三定律的意义，人工智能学家路易·赫尔姆和本·戈策尔发表了一些看法。

赫尔姆认为超脑智能必定会到来，而构建机器人伦理是人类面临的一大问题。他认为，机器人三定律属于“义务伦理学”范畴，按照义务伦理学，行为合不合乎道德，只决定于行为本身是否符合几项事先确定的规范，和行为的结果、动机等毫无关系，这就导致面对复杂的情况时机器人无法做出判断或者实现符合人类预期的目的。此外，他提出机器伦理路线应该是更具合作性、更自我一致的，而且更多地使用间接规范，这样就算系统一开始误解或者编错了伦理规范，也能恢复过来，抵达一套合理的伦理准则。戈策尔也认为用机器人三定律来规范道德伦理必定是行不通的，而且机器人三定律在现实中完全无法运作，因为其中的术语太模糊，很多时候需要主观解释。[①]人工智能在乘数效应的推动下会变得越来越强大，留给人类试错的空间将越来越小。为规避人工智能发展过程中的伦理道德风险，应当坚持以人为本的人工智能发展方向，跨界共商新问题，共同制定新伦理。

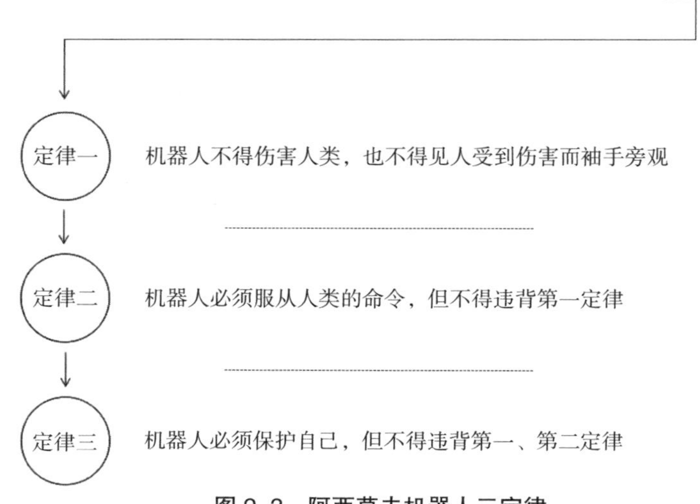


**图 2–3　阿西莫夫机器人三定律**

资料来源：刘进长，雷瑾亮.人工智能改变世界：走向社会的机器人［M］.北京：中国水利水电出版社，2017.

① 腾讯研究院，中国信通院互联网法律研究中心，腾讯AI Lab，等. 人工智能：国家人工智能战略行动抓手［M］. 北京：中国人民大学出版社. 2017：301–302.

**人工智能“军规”**。阿西莫夫的机器人三定律没有给机器人的安全可控和伦理问题提供清晰指引。随着人工智能将超越人类的呼声和担忧此起彼伏，世界各国、业界和企业等开始积极关注、推进人工智能安全和伦理探索。**立法探索**。2016 年 4 月，英国标准组织发布机器人伦理标准《机器人和机器系统的伦理设计与应用指南》，为识别潜在伦理危害、机器人设计和应用提供指南，完善不同类型的机器人安全要求，其代表着把伦理价值观嵌入机器人和人工智能领域的第一步。同年 8 月，联合国世界科学知识与科技伦理委员会发布《关于机器人伦理的初步草案报告》，认为机器人不仅需要尊重人类社会的伦理规范，而且需要将特定伦理准则编写进机器人中。同年 10 月，欧盟发布《欧盟机器人民事法律规则》，并在此基础上针对人工智能科研人员和研究伦理委员会提出一系列需要遵守的伦理准则，即人工智能伦理准则。2017 年 7 月，中国发布的《新一代人工智能发展规划》指出，建立人工智能法律法规、伦理规范和政策体系，形成人工智能安全评估和管控能力。2019 年 2 月，美国总统特朗普签署行政令，启动“美国人工智能倡议”，提出制定与伦理有关联的人工智能治理标准。[①]**行业规则**。2017 年 1 月，在加利福尼亚举办的阿西洛马人工智能会议上，特斯拉首席执行官埃隆 · 马斯克、DeepMind（深度思考）创始人戴密斯 · 哈萨比斯以及近千名人工智能和机器人领域专家联合签署了《阿西洛马人工智能 23 条原

① 杨骏. 超越“机器人三定律”人工智能期待新伦理［EB/OL］.（2019-03-19）. http://news.sciencenet.cn/htmlnews/2019/3/424169.shtm.

则》（见表 2–4），呼吁全世界在发展人工智能的同时严格遵守这些原则，共同保障人类利益和安全。

**表 2–4 《阿西洛马人工智能 23 条原则》**

| 科研问题 | 伦理价值 | 长期问题 |
|---|---|---|
| 1. 研究目标：创造有益而非不受控制的人工智能<br>2. 研究资金：资助关于如何有益利用人工智能的研究，包括计算机科学、经济学、法律、伦理和社会研究等<br>3. 科学–政策连接：在人工智能研究者和政策制定者之间应该有建设性的、有益的交流<br>4. 研究文化：在人工智能研究者和开发者中应该培养一种合作、信任与透明的人文文化<br>5. 避免竞争：人工智能系统开发团队之间应该积极合作，以避免安全标准上的有机可乘 | 6. 安全性：安全可靠性及可验证<br>7. 失灵透明性：人工智能系统造成的损害具有可追溯性<br>8. 职责：对高级人工智能系统的道德影响负责<br>9. 司法透明性：司法决策中使用人工智能应提供解释和帮助<br>10. 价值对接：人工智能的目标和行为符合人类价值<br>11. 人类价值观：人工智能系统必须兼顾人类尊严、权力、自由、文化多样性<br>12. 个人隐私：人们应该拥有权力去访问、管理和控制人工智能系统产生的数据<br>13. 自由和隐私：人工智能在个人数据上的应用不能允许无理由地剥夺人们真实的或人们能感受到的自由<br>14. 共享利益：人工智能科技应该惠及和服务尽可能多的人<br>15. 共同繁荣：由人工智能创造的经济繁荣应该被广泛地分享，惠及全人类<br>16. 人类控制：人类应当决定如何以及是否将决策“外包”给人工智能系统<br>17. 非颠覆性：高级人工智能被授予的权力应该尊重和改进而非颠覆健康的社会所依赖的社会与公民秩序<br>18. 人工智能军备竞赛：致命的自动化武器的装备竞赛应该被禁止 | 19. 能力警惕：我们应该避免关于未来人工智能能力上限的过高假设，但在这一点上还没有达成共识<br>20. 重要性：高级人工智能能够代表地球生命历史的一个深刻变化，人类应该有相应的关切和资源来进行计划与管理<br>21. 风险：对于人工智能系统造成的风险，特别是灾难性的或关乎人类存亡的风险，必须有针对性地计划和努力减轻可预见的冲击<br>22. 递归的自我提升：具有此能力的人工智能系统必须具有充分的安全和控制措施<br>23. 公共利益：超级智能的开发是为了服务广泛认可的伦理观念，并且是为了全人类而非一个国家或组织的利益 |

资料来源：腾讯研究院，中国信通院互联网法律研究中心，腾讯AI Lab，等.人工智能：国家人工智能战略行动抓手［M］.北京：中国人民大学出版社，2017.

### （二）电脑、云脑与超脑

从人类思维范式的进程看，每个阶段的认知体系和由此产生的思想工具是不同的。第一阶段，知识就是力量，知识是人脑思维的产物。第二阶段，信息就是能量，信息是电脑技术的产物。第三阶段，数据就是变量，无边界的数据聚合是人脑和电脑的思维范式无法完成的，必须是人、智能机器和云计算的融合，是一种云脑思维。第四阶段，智能就是常量，人和机器间智能的转换与利用将成为超脑时代的常态。换句话说，人类的思维范式分为4个阶段，即人脑时代、电脑时代、云脑时代和超脑时代。[①]

**人脑时代。**在人脑时代，人类思维的界限就是人脑认知的边界，知识在推动社会进步的同时也在不断扩大人类活动的范围，推动知识的边界不断外延。德国哲学家康德认为，“自在之物”与“现象”之间存在着原则上的界限，是人类认识无法逾越的鸿沟。人们往往只能认识“自在之物”的表象，而不能透过现象去认识“自在之物”的本质。也就是说，知识本身是无界的，但人类对知识的认识是有边界的。一方面，人类认识和承载知识的能力是有限的。人类生命的短暂性决定了人对知识的认识是有限的。同时，人对知识的承载和处理能力也是有限的。认知负荷理论认为，人类的工作记忆系统同时加工新信息的容量是有限的，为了使加工得以顺利进行，当前进入工作记忆的信息量不能超过

① 大数据战略重点实验室. 块数据 2.0：大数据时代的范式革命［M］. 北京：中信出版社，2016：7.

工作记忆的容量，[①]而且人类的大脑也没有足够的空间装下所有知识。另一方面，人类的认知能力是有限的。人类所获得的知识只限于能够被感知的显性知识，很多隐性知识则超出了人类认知的范畴，特别是对于空间上遥远的地方和时间上久远的过去，人的所知更少。由此，显性知识和隐性知识之间就存在着人类认知的边界，这种边界处在不断的运动和发展中，在时间上没有起点和终点，在空间上没有边界和尽头。

**电脑时代**。在电脑时代，计算机特别是互联网的出现，促使大量不能为人类所感知的信息产生，使人类思维的范式已经不再局限于人脑思维。信息化打破了知识的边界。以计算机技术为基础，电脑代替人脑进行信息的记录、筛选、传播，打破了人脑对知识记忆、存储、处理的局限性。同时，信息的积累与交换、分析与运用，改变了人类获取知识的方式，突破了获取知识的时空限制，人类采集信息进而获取知识的能力显著增强，并产生了前所未有的知识量，加快了知识转化为生产力的速度。信息是一种尚未为人类所完全认知的客观存在，依赖能量为人类所感知，不同信息通过交换、演变、融合、转化，实现能量的聚合。这种能量在一定的条件下能够被释放出来，对人类社会产生重大影响。

**云脑时代**。在云脑时代，数据超出了人脑思维和电脑思维所能承载的范畴，需要借助人、人工智能和云计算的融合形成云脑思维。当我们运用数据来决策，并对事物的发展趋势进行预判

---

① 王竹立. 新建构主义——网络时代的学习理论［J］. 远程教育杂志，2011（2）：11.

时，世界变得可知和可预测，数据就成为一种不确定性对抗确定性的变量，正如阿尔法狗围棋机器人通过模仿人类的大脑神经网络，在系统中建立计算模型，通过数据进行成千上万次的训练、评估、纠错，达到对围棋规则和战法无与伦比的认识，实现以有限的经验把握无限。当前，各国竞争正从对资本、土地、人口、能源的争夺转向对数据的占有。在大数据时代，作为一种基础性战略资源，数据改变了资本和土地等传统生产要素在经济发展中的权重，成为与高端人才、稀有能源一样重要的提升国家竞争力的战略制高点。大数据颠覆性地改变经济形态、国际安全态势、国家治理和资源配置模式，引发了经济社会的巨大变革。①以数据流引领技术流、物质流、资金流、人才流，持续激发新模式，形成新技术，催生新经济，将成为推动人类社会生产和生活方式发生根本性变革的核心力量。

**超脑时代**。在量子计算、脑科学、社会科学等科学的相互作用下，智能科学有望发展出神经形态计算机，实现超脑计算，创造出具有高智能、全意识的超脑智能。与人脑时代、电脑时代和云脑时代不同，超脑时代将实现智能的转换与利用，即人把自己的智能赋予机器，机器把人的智能转换为机器智能，并放大人的智能，人又把机器智能转化为自身的智能并加以利用。在超脑时代，智能就是常量，它是人和机器间智能的转换与利用的临界点，是人机关系发生质的飞跃的关节点。正如恩格斯对物理常量的定

① 张茉楠. 大数据国家战略推动“数据驱动经济”［N］. 南方都市报，2015-11-06（GC08）.

义一样，“物理学的常量，大部分不外是这样一些关节点的标记，在这些关节点上，运动的量的变化（增加或减少）会引起该物体状态的质的变化，所以在这些关节点上，量转化为质”[①]。当机器智能达到这一临界点时，社会发展和时代进步将进入新常态，人类智能将与机器智能融为一体，机器会更像机器，人将更像人。

### （三）人机共生与心脑合一

精神分析学派的代表人物埃·弗洛姆认为，“人创造了种种新的、更好的方法以征服自然，但他陷入了这些方法的罗网之中，并最终失去了赋予这些方法以意义的人自己。人征服了自然，却成了自己所创造的机器的奴隶。他具有关于物质的全部知识，但对于人的存在最为重要的、最基本的问题（人是什么，人应该怎样生活，怎样才能创造性地释放和运用人所具有的巨大能量）茫然不知”[②]。实则不然，人机之间是合作共生，而不是单纯的协调调度，这种交互不是静止固定的定义，而是时松时紧的耦合。

**人机共生的智慧社会。**“人机大战”在拉开人机竞争序幕的同时，也预示着智慧社会的到来。21 世纪人类将面临一场“智能革命”，人工智能是高科技的核心，生命科学是主导科学。[③]智能

① 恩格斯. 自然辩证法［M］. 于光远，等，译编. 北京：人民出版社，1984：78–79.

② 埃·弗洛姆. 为自己的人［M］. 孙依依，译. 北京：生活·读书·新知三联书店，1988：25.

③ 朱丽兰. 部署未来，迎接挑战［N］. 光明日报，1997–01–01.

革命由三股洪流汇合而成：一是计算机发展为智能机，实现计算机革命；二是机器人发展为智能机器人，实现机器人革命；三是信息网络发展为智能网络，实现网络革命。[①]智慧社会是人的智能与机器智能共同创造的，智慧社会的实现离不开智能革命，而智能革命离不开智能机器实现智能的转换与利用。与机器智能的进化相比，人脑的进化是缓慢的，因此需要智能机器来放大和延伸人的智能。同样地，如果没有人类智能的进步，机器智能也就很难获得进一步的发展。因此，二者之间是相互促进的，且这种促进关系是推动智慧社会发展的强大动力。从这个意义上来说，智慧社会是人机共生的社会，既有自然人，也有机器人，既需要人的高智能，也需要机器智能。

**量子意识：智能时代的顶级思维。**量子意识的一种基本观念认为，大脑中存在海量电子，它们处于复杂的纠缠状态。意识就是大脑中这些处于纠缠状态的电子在周期性的坍缩中产生的。这些电子不断坍缩又不断被大脑以某种方式使之重新处于纠缠态。英国剑桥大学教授罗杰·彭罗斯在《皇帝新脑》一书中提出，人的直觉是现在的计算机和机器人做不到的。计算机和机器人都是逻辑运算，不会产生直觉。直觉这种想象，只有量子系统才能产生。人类的大脑神经元中有一种细胞骨架蛋白，它是由包含很多聚合单元的微管组成的。微管控制细胞生长和神经细胞传输，每个微管中都含有很多处于量子纠缠状态的电子。在坍缩的时候，

① 童天湘. 从“人机大战”到人机共生［J］. 自然辩证法研究，1997（9）：7.

也就是起心动念开始观测的时候，大脑神经系统就相当于海量的纠缠态电子坍缩一次，一旦坍缩便产生了念头。基于此，大脑中丰富的纠缠态电子不可避免地导致量子隐形传输出现。因为宇宙中的电子和人类大脑中的电子都来源于“大爆炸”，是有可能纠缠在一起的，一旦纠缠，信息的传输就不受时间和空间限制进行隐性传输。

**阳明心学的量子思维解读。**量子管理的创始人丹娜·左哈尔教授曾说，量子物理学的思维模式，实际上就是中国人思考问题的方式，与阳明心学非常相似。阳明心学的心即理、知行合一、致良知在量子世界同样是适用的。**心即理与量子思维的“参与性”。**心即理是阳明心学的基础。此心，是本体与主体合一的心，是把“天命之性”经过修身功夫转化为自己的主观意识的心，是能够把外在事物在内在心灵上展现的心。量子思维认为主体和客体不是分割的，主体不可能独立于客观环境之外，而是参与其中，主体在世界里面。这种参与性强调高度的自发性，它意味着对于此时此刻及时回应，并且对后果承担责任。**知行合一与波粒二象性。**[①]知行合一是阳明心学的核心要义。意识是行为的

① 微观粒子具有二象性，这意味着微观粒子既会表现出波的状态，也会表现出粒子的状态，这取决于它与周围环境的相互作用，取决于我们观测它所使用的仪器。描述微观粒子行为的是它的波函数，服从薛定谔方程，具有可叠加的性质，它是一种不连续变化的粒子的表现形式，这就是量子的波性；当光子、电子、夸克等微粒刚好就是一个个可量化的、不可再分割的、携带最小能量单位的粒子时，当有人去观察它们的粒子行为时，它们就会从多个波函数的叠加态由不连续变化的波状态坍塌成没有变化的物质中一种本征态的粒子的确定状态，这就是量子的粒性。

内化，行为是意识的外显，意识和行为组成了认知的全部。不同的人观察认知对象时会有不同的认知侧重，有的偏重意识部分，有的偏重行为部分。对应到量子世界，测量是行，而知道量子状态是知，测量的同时就知晓了量子的状态，这是合一的。[①] **致良知与量子态**。在量子力学中，微观粒子的运动状态称为量子态[②]。量子态本身的特性是不稳定的，它最大的特点是未观测则状态不确定，一旦观测则状态就被确定。持续的致良知，就是持续的粒子活动，这些包含了能量波（良知）的持续活动的组合，便形成了不稳定的量子态。当人们关注、观测这些不稳定的量子态活动时，量子态便稳定了。恩格斯曾说："终有一天我们可以用实验的方法把思维归结为脑子中的分子的和化学的运动，但是难道这样一来就把思维的本质包括无遗了吗？"[③] 尽管人工智能绝不是本来意义上人的智能，但是随着量子计算、量子意识巨大潜力的释放，人工智能将会越用越灵，甚至向心脑合一的超脑时代迈进。

人类智慧和机器智能的相互融合不仅提高了个体的智能，而且提供了洞悉社会各种复杂性的机会，获得人类面临问题的最佳解决方案。从目前的形势来看，人工智能的发展已经呈现出不可逆转的态势，21 世纪必将掀起一场伟大的智能革命，创造出一个人机共生的智慧社会。智能机器利用自身计算速度快、存储空

---

① 陈永. 当量子理论遇上阳明心学［M］. 广州：中山大学出版社，2017：65.

② 量子态由一组量子数表征，这组量子数的数目等于粒子的自由度数。

③ 马克思，恩格斯. 马克思恩格斯全集：第 20 卷［M］. 北京：人民出版社，2006：591.

间大、学习能力强的特点来认识规律和了解必然性，人则可以利用抽象思维，总结、提炼规律，透过现象看本质，甚至通过比特币、区块链等技术占有资源和资产，从而建构智能机器的独立地位，形成具有法律地位的软件法人，逐步摆脱物和资本的控制。这不仅使每个智能机器和人得到全面发展，而且将促使智能机器与人内在差异的全面进步，真正构建起人与机器的自由联合共同体。

# 第三章　基因人

在以生物科技为主导的新时代，基因技术是无数科学家感兴趣的研究领域，他们不断将手伸向对基因的改造上。从转基因食品的广泛出现到基因人的诞生，这一切都是顺理成章的事。如果说机器人只是集成人的功能而超过人，那么基于基因测序、激活和编辑技术，从可存活胚胎上精准操纵人类基因组，就可能创造出人为设计的“生物婴儿”来，这种“生物婴儿”就是基因人。基因人的本质也是“人”，相比自然人，基因人富有“天生而来”的强大免疫力和后天赋予的“思想”“经历”“经验”，他们将全面地优于自然人。基因人的出现，势必会带来一系列的社会问题，必将引发全人类对于技术、伦理与法律的思考。

## 第一节　遗传、基因与进化

遗传是基因的传递，而进化是自然选择作用于由随机基因突变引起的表型变异的结果。因此，在这三者之中，基因是最基本的单位。“基因”一词最初是由遗传学家威廉·约翰森提出的，用以指称遗传单位。它将达尔文的进化论与孟德尔的遗传定律完美结合，为生物学的发展提供了新的范式。以基因为起点，生命科学就此拉开了大幕。可以说，整个 20 世纪对生命科学而言就是“基因的世纪”。[①]时至今日，关于基因尚有许多未知，这些未知需要新的方法，而激活数据学就是破译基因的新方法论。通过激活数据学，人们能够重新设计生命。

### （一）好基因、坏基因与超级基因

一直以来，生命的传承都是地球上最神秘、最美好的音符。不论是动物界还是植物界，无时无刻不在上演着生命传承的故事，开花结果、传宗接代、生死轮回等，无一不是生命传承的一部分。也正是有了生命传承，人类的文明、自然的探索、宇宙的演化才越发变得光彩夺目。作为生物学上的概念，遗传成了生命传承的最佳代言。所谓遗传，就是反映生物代际相似性的现象，比如“有其父必有其子”“种瓜得瓜，种豆得豆”“老鼠生儿会打洞”等都是很常见的遗传现象。通过遗传，生物的外形、颜色、

---

① 陆俏颖. 遗传、基因和进化：回应来自表观遗传学的挑战［D］. 广州：中山大学，2016：2.

结构等性状得以延续与保留下来。人类很早就认识到遗传现象，并利用遗传规律为人类服务，如培育农作物、开展养殖业等。可以说，遗传的发现大大推动了人类文明的发展。

然而，人类对于遗传本质的认识却是一个很缓慢的过程，甚至由于受到宗教神学的影响，人类在早期就缺乏科学的认识。直到古希腊哲学家德谟克利特与希波克拉底提出“泛生子”的概念，人类对遗传本质的认识才走上理性的道路。他们认为，遗传现象的现实物质基础是一种叫“泛生子”的微小颗粒，它们存在于祖辈体内，记录着祖辈的各种性状，承载着遗传信息，并通过交配进入后代体内，从而实现了后辈对前辈的模仿，以此达到遗传的效果。[①]“泛生子”概念的提出为英国著名生物学家达尔文后来创立进化论奠定了遗传基础。

1859 年，达尔文在伦敦出版《物种起源》一书，震惊整个世界。达尔文认为，生物的每个器官、组织、细胞都包含了“泛生子”，来自父母的“泛生子”结合在一起，共同决定了后代的遗传性状。“泛生子”携带的遗传信息一旦出错，后代的遗传性状就会发生突变，这种突变正是达尔文进化论中自然选择与适者生存的物质基础。在同一时期，一位名叫格雷戈尔 · 孟德尔的神父用了 8 年的时间开展豌豆杂交实验，提出了遗传学两大基本定律。孟德尔认为，生物性状的遗传由遗传因子决定，而遗传因子在细胞内成对存在，其中一个来自父本，另一个来自母本，每一

---

① 王立铭. 上帝的手术刀：基因编辑简史［M］. 杭州：浙江人民出版社，2017：7.

次生物交配都是这对遗传因子的分离与组合，这种遗传因子就是后来的“基因”。至此，遗传的秘密才真正被揭开。

生物体内的基因可以通过生产各种各样的蛋白质分子决定身体的各种性状。当基因出现状况时，就会自然而然地反映到生物体上，生物体就会出现问题，比如疾病、疼痛等。即便基因能够正常工作，它也会影响生物体对疾病的敏感程度和抵抗能力。研究发现，几乎所有的疾病都与我们身体的基因有关，所以人类的疾病可以说都是基因病。我们把那些给我们带来疾病与痛苦、阻碍人类生存与发展的基因称为“坏基因”，而把那些给我们带来幸福和欢乐、利于人类生存与发展的基因称为“好基因”。根据进化论原理，坏基因不适应生物的生存和发展需要，在生物进化过程中会被淘汰，只留下拥有好基因的生物，但通过对人类漫长进化史的观察，我们发现进化并没有将所有有害的基因淘汰。

在很长一段时间里，好基因、坏基因的理念一直都是人们的主流观点，由此产生了基因治疗等技术。人们不仅可以利用基因治疗技术来治疗疾病，而且可以通过基因治疗的手段对自己进行改造，比如让自己更加苗条、漂亮、聪明等。特别是对于一些想按照自己的理想来生育孩子的父母，可以事先对孩子进行基因改造，去掉坏基因，插入好基因，这在当下已经不是技术上的问题了，但基因治疗等技术在实践应用中带来了很多无法预料的后果，引起了很大的争议。原因在于我们对于基因的认识很肤浅，好基因与坏基因的观念也是自相矛盾的，一种基因在一种情况下是好基因，但也许在另一种情况下就成了坏基因。因此，在现阶段，基因的好坏是无法认定的，不能以致病基因和非致病基因形成基因绝对论，每个人几乎都是好基因和坏基因的综合体。

基因的多样性决定了人类的所有基因都是有用的，人类只有一个基因组，没有健康基因组与疾病基因组的分别，它们都是DNA序列或者结构中的变异体。很多坏基因往往是我们身体必不可少的，我们也无法界定基因的好坏、有用与否。虽然基因会产生变异，但这种变异既可能变坏，也可能变好。研究表明，在所有与疾病相关的基因突变中，只有3%~5%的突变会导致某个人在某个人生阶段患病，这一比例是非常小的。如果我们一直担心自身基因的好坏，我们就会将自己局限于这个错误、过时的观念中，我们应该树立超级基因的理念。

早在2003年，人类基因组计划（HPG）就绘制出30亿对碱基的完整图谱，其中DNA存在于每个细胞内，而碱基则排列在DNA的双螺旋结构上，碱基的顺序包含大量的基因信息，这些基因共同构成了人类的超级基因组。超级基因组包含以下三部分的内容：第一，人们从父母那里获得约23 000个基因，这些基因与占97%的其他非编码DNA组成了DNA双螺旋长链；第二，DNA的每条长链都有调控机制，它们决定某段基因的激活与关闭、增强与削弱，这一功能主要由表观基因组控制，表观基因组还包括DNA外面的蛋白质缓冲物；第三，基因也存在于微生物体内，这些微生物附着在肠道、口腔和皮肤表面，大部分位于肠道内，它们与人类协同进化，帮助人们消化食物、对抗疾病等。[①]因此，超级基因组是人类不可分割的组成部分，它们组织并构成了人体的生物系统。过去人们认为坏基因会带来伤害，好基因会让人免于生病，而现在超级基因的理念是通过改变基因活性让基因更好地为人类服务，帮助人类得到想要的生活，因为人类是基因的使用者而非受控者。

### （二）基因破译与激活数据学

基因决定了生物的遗传，那基因的本质又是什么？人类对基因的破译也经历了一段漫长的岁月。1926 年，美国遗传学家托马斯 · 摩尔根出版了一本可以与《物种起源》相提并论的著作——《基因论》，书中总结了摩尔根 20 余年关于果蝇遗传研究的成果，成功地把一个基因与一个具体的染色体关联起来，印证了“一个基因一条染色体”的假说。随后，美国遗传性学家乔治 · 比德尔与爱德华 · 塔特姆利用X射线对粗糙链孢霉[②]进行研究，提出了“一种基因一种酶”的假说，后来扩充为“一种基因一种蛋白质”。这样，人类对基因就形成了以下几点认识：一是基因是一个染色体片段，并在染色体上呈直线排列，彼此之间并不重复；二是一个基因指导一种酶的合成，因此基因是生物体的

① 迪帕克 · 乔普拉，鲁道夫 · E. 坦齐. 超级基因：如何改变你的未来［M］. 钱晓京，潘治，译. 北京：人民邮电出版社，2017：1–5.

② 粗糙链孢霉属于真菌中的子囊菌纲，它是进行顺序排列的四分体的遗传学分析的好材料。

功能单元；三是同源染色体可以交换等位基因，因此基因又是交换单元；四是基因突变会变成另一个等位基因，因此基因还是突变单元。[①]这样，基因实现了功能、交换、突变单元的统一。

基因位于染色体上，而染色体主要由两类物质构成：蛋白质与核酸。那么，哪种物质决定了基因呢？蛋白质是由一条或者几条肽链组成的，而肽链则是由 20 种氨基酸构成的长条结构。核酸的基本成分有三种：磷酸、核糖或脱氧核糖、含氮原子的碱基。其中，含有核糖的核酸叫作RNA（核糖核酸），含有G、C、A、U四种碱基；含有脱氧核糖的核酸则叫作DNA，含有G、C、A、T四种碱基。染色体中的核酸几乎都是DNA，RNA的含量很少。1944 年，美国细菌学家奥斯瓦尔德 · 埃弗里利用肺炎链球菌实验证明了DNA才是基因的载体，是真正的遗传物质。1953 年，詹姆斯 · 沃森与弗朗西斯 · 克里克在《自然》上公布了DNA的双螺旋模型，提出DNA采用双螺旋结构将遗传信息记录下来。他们认为，DNA是由两条长链组成的长条形或环形大分子，而这两条长链又由许多个脱氧核糖核苷酸连接而成，其中每个脱氧核糖核苷酸包含一分子磷酸、一分子脱氧核糖和一分子含氮碱基，两条链的碱基彼此配对，即A与T配对，G与C配对。遗传信息就存储在DNA的碱基序列里，这个序列决定了蛋白质肽链的氨基酸序列，进一步决定了蛋白质的立体结构，从而决定了蛋白质的功能，最终决定了生物体的各种性状。同时，随着mRNA（信

---

① 陈润生，刘夙. 基因的故事：解读生命的密码［M］. 北京：北京理工大学出版社，2018：8–16.

使核糖核酸）被发现，人们证实了三个碱基合起来可以编码一个氨基酸，成为一个密码子。美国的马歇尔·尼伦伯格与哈尔·戈宾德·霍拉纳花了 5 年时间成功破译了大肠杆菌全部 64 个遗传密码子，人类终于开始读懂遗传密码这本“天书”了。①

1990 年，为了测定人类基因组的全部碱基序列，找出全部基因，绘制出最详细的染色体图谱，人类正式启动了一项伟大的公益计划——人类基因组计划。美国、英国、日本、法国、德国、中国 6 国直接负责测序，还有 10 多个国家参与了计划其他方面的工作。同时，为了与人类基因组进行对比，该计划还将大肠杆菌、酵母、线虫、果蝇和小鼠 5 种生物的基因组纳入测定范围。毫无疑问，这是一项成本巨大的计划。从测定数据量来看，人的遗传密码线由 30 亿个数据单元组成。如果把这些数据打印在纸上，每张纸打印 3 000 个数据，每 100 页装订成一本书，一个人的遗传密码可以装订成 1 万本书。从花费成本来看，传统的测序方法采用“三级粉碎法”，测定一个人的遗传密码大约需要花费 100 亿美元，同时测序速度还非常慢。为此，相关科学家采用了鸟枪法进行测序，这是一种利用高速计算机和高效程序的方法，大大加快了基因测定速度，使原计划需要用 15 年时间完成的计划缩短至 10 年。②2000 年，克林顿在白宫宣布人类基因组草图已

① 陈润生，刘夙. 基因的故事：解读生命的密码［M］. 北京：北京理工大学出版社，2018：16–27.

② 陈润生，刘夙. 基因的故事：解读生命的密码［M］. 北京：北京理工大学出版社，2018：73–75.

经完成。

但是，人类基因组计划测序所用的基因组样本来自少数的志愿者，而每个人的基因组是有差异的，必须有更多的样本参与，才可能记录各种形式的基因。2002 年，人类又启动了一项更细致的计划——人类基因组单倍型图计划，旨在对全球基因进行抽查，将不同人群的基因组弄清楚。2005 年，这项计划第一阶段的工作已经完成。2008 年，美国、英国、中国三国又联合启动了“千人基因组计划”，计划从全球挑选至少 2 500 人，将他们的基因组完整地测定出来，记录人类最为常见的基因。这是一项数据量宏大的测序计划，其高速运转两天所产生的数据量相当于当时公共数据库所有数据量的总和。[①] 直到 2015 年，这项计划才最终完成。即便如此，这项计划也未能把人类所有的基因组数据记录在案，2 500 人只是地球 70 多亿人的一小部分，70 多亿人的基因组数据是一个无法想象的超级数据量，而且还在不断发生着变化。从基因数据的特征来看，它具有容量大、类型多、价值低、速度快等大数据的特征。没有人能看得懂这个大数据，尽管我们可以进行测试。怎么才能破译这些遗传密码呢？依靠激活数据学，可以通过大数据技术实现对遗传密码的破译。

激活数据学是一种基于复杂理论与混沌理论的关于未来大数据乃至超数据时代的理论假说，主要包括数据搜索、关联融合、自激活、热点减量化、群体智能 5 个步骤。数据搜索是数据激活的第

---

① 陈润生，刘夙. 基因的故事：解读生命的密码［M］. 北京：北京理工大学出版社，2018：85–86.

一步，它通过数据的主动搜索和自我的深度学习，实现对数据越来越全面的认识，构建越来越丰富的数据特征维度，以更快、更精准地搜索到目标主体。关联融合是数据激活的第二步，它通过采用融合重构的方法实现对多源异构数据的关联表达，探索数据的内在关联性，让我们能够在海量、复杂、碎片化的三元空间中更清晰地刻画客观事物的全貌。自激活是激活数据学的核心环节，它采用深度神经网络学习的方法将数据转换为知识和决策，这是激活数据学从“数据”到“知识”的跃迁。热点减量化是数据激活的第四步，它将有限的计算和存储资源分配给最具价值的数据单元，实现资源的最优配置，提高数据处理的效率，为下一阶段更好、更快地产生群体智能提供了环境支撑和资源保障。群体智能是数据激活的第五步，它通过智能碰撞引入人的作用，形成人和机共同组成的一个智能群体，通过人类与机器协同强化涌现出的超越个体智能的群体智能，针对复杂问题做出高效、精准的决策。[①]

一个人类基因组有两万多对基因，而每一个基因都是由几百万对碱基组成的。通过激活数据学，可以对基因数据进行搜索、关联融合、自激活、热点减量化、群体智能处理，破解基因组数据的拥堵问题，获取基因大数据并挖掘基因的内涵，找到遗传密码与生命健康之间的关联性，从而对基因进行破译，找到与人的生命、健康、疾病相关的数据，并在临床上进行应用，治疗和预防疾病，促进健康、长寿，最终改变生命。

---

① 大数据战略重点实验室. 块数据 4.0：人工智能时代的激活数据学［M］. 北京：中信出版社，2018：71–78.

## （三）基因人：重新设计生命

人类对基因的每一项发现，最终都能应用到生产生活中，特别是应用于生物体的改造方面，因此基因技术也可被称为生命的技术。基因工程就是这种生命技术的应用，其本质就是转基因技术。

时至今日，人类社会已离不开转基因技术了。糖尿病患者所使用的胰岛素大多是由转基因技术所改造的细菌生产的，我们所注射的乙肝疫苗大多是用转基因酵母生产的，我们日常喝的酸奶和啤酒也有转基因技术的贡献，等等。可以说，转基因技术早已成为我们生产生活的一部分，但转基因技术并不是我们人类的原创发明，它同其他科学技术一样，都是道法自然的结果。

早在1959年，人类就发现了第一个天然转基因现象。日本的两位流行病学家秋场朝一郎、落合国太郎发现，痢疾杆菌和大肠杆菌的细胞可以彼此联通在一起，并通过R质粒[①]进行“基因交流”，这样它们就能“共享”同一套多重抗药性基因。1970年，随着RNA病毒逆转录过程的发现，人们知道了第二种天然转基因途径——病毒通过逆转录把自身的基因转到寄主的DNA分子里面。1974年，比利时的马克·范蒙塔古和约瑟夫·谢尔等科学家

---

① 自20世纪40年代抗菌药物广泛应用于临床以来，就出现了细菌的耐药问题。这种耐药性可以在细菌与细菌之间传递，即耐药菌株可以将耐药性传递给敏感菌株，医学上称这种传递因子为R因子或耐药性传递因子。R因子与细菌的染色体无关，具有质粒的特性，是一种传递性质粒。质粒是细菌染色体外具有遗传功能的双链去氧核糖核酸，携带有耐药性基因的质粒称为耐药性质粒，耐药性质粒可通过细菌之间的接合作用进行传递，故称传递性耐药质粒，简称R质粒。

又发现，土壤杆菌可以把自身的质粒基因整合到寄主的DNA分子上。[①]这些天然转基因现象的发现证明生物体可以接受其他生物体的基因，这为人类开展转基因技术的研究奠定了坚实的现实基础。

人类把转基因技术应用到农作物领域，这就形成了争议巨大的转基因植物、转基因食品等。1983 年，人类在实验室里第一次培育出转基因植物——转基因烟草、转基因矮牵牛、转基因向日葵。1994 年，第一种批准上市的转基因产品——转基因西红柿正式进入美国市场，转基因技术正式从实验室走向大规模应用。它是利用反RNA技术往西红柿里转进一个反义基因，关闭了多半乳糖醛酸酶（PG）基因的表达，减缓了西红柿变软的速度。之后，转基因大豆、转基因玉米、转基因棉花、转基因油菜等先后研发成功。时至今日，全世界范围内批准种植的转基因农作物共有 29 种，但最多的仍是转基因大豆、转基因玉米、转基因棉花、转基因油菜四大类，其中以抗虫与抗除草剂的品种居多。当然，最震撼的转基因植物当属 1999 年培育成功的“金大米”。英戈 · 波特里库斯、彼得 · 拜尔两位科学家往水稻中注入了两种来自黄水仙的基因和一种来自细菌的基因，从而使大米能够自带胡萝卜素的营养，并呈现出金黄色的外色，因此得称“金大米”。[②]

对于转基因农作物，目前的争议较大。很多人认为，转基因

---

① 陈润生，刘夙 . 基因的故事：解读生命的密码［M］. 北京：北京理工大学出版社，2018：90–92.

② 陈润生，刘夙 . 基因的故事：解读生命的密码［M］. 北京：北京理工大学出版社，2018：101–103.

农作物有助于破解当前人类社会面临的很多问题，如病虫害防治、杀虫剂滥用、营养缺乏等，但在一些人看来，转基因农作物将使人类走向毁灭，因为它威胁着人类的健康、破坏着地球的生态环境。正是这些争议使各国都对转基因农作物保持着审慎的态度。究其原因，那就是转基因技术还存在很多未知，人类还难以预料其全部后果。当这种技术应用到动物身上甚至人体上的时候，引发的争议就更加巨大了。

早在 1996 年，世界上第一只人造哺乳动物克隆羊多莉诞生，但多莉的一生充满了苦难，过早显现出衰老症状，人们最后不得不为其执行安乐死，这为人造生命蒙上了一层阴影。2002 年，埃卡德 · 维默尔手工制造了脊髓灰质炎病毒，并将其转入小白鼠体内，小白鼠很快表现出脊髓灰质炎的症状。2008 年，克雷格 · 文特尔宣布人造支原体DNA研制成功，虽然这不算人造生物，但在 2010 年，他把一种支原体的细胞挖空，注入另一种支原体的DNA，并成功地让这个细胞实现了运转与繁殖，这成为第一个人造细胞生命。2015 年 11 月，人们运用基因编辑技术治疗一名患有恶性小儿白血病的婴儿，产生了很好的治疗效果，这是这项技术在人体上的第一次应用。2018 年 11 月，贺建奎团队宣称：中国一对基因经过修改的双胞胎已于 11 月诞生，基因编辑使她们出生后即能天然抵抗艾滋病，这是世界首例基因编辑婴儿。这个消息一经发布就引起了巨大的争议，中国 122 位生物医学领域科学家发表联合声明对其进行反对，其原因就在于人类对人体基因的认识还非常肤浅，以生殖为目的的人胚胎基因编辑的安全性问题还远未得到解决，更不用说这种操作还涉及重大的伦理问题了。

霍金曾经预言，掌握社会资源的富人会花钱推进基因的研究并让自己的后代接受改造、改变基因构成，从而创造出具有更强记忆力、抗病性、智力和更长寿命的“基因人”。一旦“基因人”被创造出来，人类社会将面临重大政治问题——“基因人”将以更快的速度继续进化，而其他人类则无法与之抗衡。这种“基因人”真的会出现吗？目前，我们对基因的认识还很肤浅，但总有弄清楚的一天。如果基因技术最终的方向是基因人，那么基因人又将带领人类走向何方？

就像霍金所预言的那样，人类社会始终存在着不平等，而且这种不平等不会在一夜间消失。很多时候，这种不平等还在进行代际传递。从统计学上来看，家庭条件较好的子女更容易获得成功，但这不是绝对的。家境贫寒的孩子努力读书、工作仍然可以出人头地，富贵的家庭也有“富不过三代”的困扰，只是概率较小而已。随着基因技术的介入，这一概率将有可能降至零。可以试想一下，有钱人的孩子如果接受了基因技术的改造，成了基因人，他们就可能在外貌、性格和智力等各个方面都占据竞争优势，且由于基因的遗传性，穷人家的孩子可能将永无翻身之日。①一个更加固化的种姓制度会成为基因人时代最佳的社会选择吗？

基因技术推演的尽头是通过对人类生殖基因进行重新设计，

① 王立铭. 上帝的手术刀：基因编辑简史［M］. 杭州：浙江人民出版社，2017：206–212.

成就一个完美的基因人，从而摆脱自然历史留给我们的印迹，开始对自身进行自我创造。我们很有可能会成为我们父母希望的那个样子、社会希望的那个样子、国家希望的那个样子和人类文明发展需要的那个样子，但那样的我们还是独立的个体吗？这是一个值得深思的问题。值得庆幸的是，我们所掌握的基因技术还处于非常初级的阶段，还有很多很多的未知等待我们采用激活数据学去破译。哲学家、科学家、社会学家等还有时间对基因人的相关技术、规范、伦理进行完善。我们相信，基因技术一定是造福于人的，而不是带领人类走向黑暗的深渊。我们也相信，基于基因技术而形成的基因人可能会是一种新型人类，与自然人、机器人共同构成未来时代的社会主体。

## 第二节 基因人技术、伦理与法律

基因技术给人类带来了生命进化的新希望，人类或许可以摆脱从基因随机突变到自然环境选择这一漫长的原始进化之路，转而走向从基因层面主动出击、精准调节、快速进化的技术进化之路——基因人。从人类发展来看，基因人是科技发展和社会进步的表现，但基因人同时也给人类带来了前所未有的担忧、提防甚至恐慌。基因人技术会走向何方，它是否会脱离人类的掌控？基因人是否会对人类的传统伦理道德产生影响或冲击，是否会对现有的法律文明造成改变或破坏？这些都是我们即将面对的事实和挑战。

## （一）基因人技术

### 1. 从基因发现到基因技术

基因的发现要追溯到 1865 年，奥地利遗传学家孟德尔在这一年第一次提出了“遗传因子”的概念。后来丹麦植物学家约翰森在 1909 年用“基因”一词取代“遗传因子”。自此以后，基因便被看作生物性状的决定者、生物遗传变异的结构和功能的基本单位。现代分子生物学研究表明，基因是位于染色体上的化学实体，是由 4 种简单的脱氧核糖核苷酸（碱基）按一定顺序排列组成的化学分子，是生物体遗传信息传递、表达以及个体发育成长的物质基础。对基因化学本质的认识，是人类操纵和利用基因等技术活动的理论基石。

到 20 世纪 70 年代，现代生物技术体系内逐渐形成了以基因工程（重组DNA技术）为标志的基因技术，它包括对基因的处理、分离、鉴定和修饰，以及将它们从一种生物体转移到另一种生物体内的过程。无论是采用经典遗传学手段（携带特定基因的生物间杂交），还是分离基因并以非杂交方式将其从一种生物体转移到另一种生物体内，基因技术的核心是，借助一系列行之有效的基因分离、鉴定和克隆策略，最终通过基因重组将外源基因导入另一个活细胞或活生命体中，因此，基因技术包括技术工艺过程与技术产品两方面。人类发展基因技术是为了改造微生物、动植物乃至人体，使其具有人类期望的特性或获得预期的产品（如抗生素、胰岛素等生物制品），实现分子水平的生命控制和干预。[1]

尽管从最广泛的意义上来说，技术增强了人类改变世界的能力，使人们能够切割、塑造或合成物体，能够将物体从一个地方转移到另一个地方，还能扩展人类的触觉、听觉等感觉，但基因技术的出现，在具有上述一般意义的同时，还带来了一个全新的技术范式变化，即基因技术使一直被视为十分神圣且又神秘的发生于生命体中的过程，不但被证明是可以被认识的，而且还可被置于技术的控制之下，科学家能通过确定和分离与某个特定性状相关的基因，在分子水平上直接指导遗传物质的选择和传递活动。

### 2. 几种基因人技术

随着基因技术的发展，科学家已掌握定向改造人类基因的技术，以影响基因功能，最终使身体状态、生理机能甚至人类本身发生改变。实际上，不管我们承认与否，这种改变发生后，一种新的人类——基因人将会出现。因此，我们把这种改造人类基因的技术称为基因人技术。在现阶段，基因人技术主要包括基因检测、基因克隆、基因编辑等。

**基因检测**。基因是遗传的基本单元，现代医学已经证明，人类的大部分疾病都直接或间接与基因有关。基因检测是通过血液或细胞等对DNA进行检测的技术，是取被检测者外周静脉血或

---

① 张春美. 论基因伦理的存在之基［C］// 上海市社会科学界联合会. 生命、知识与文明：上海市社会科学界第七届学术年会文集（2009 年度）哲学 · 历史 · 文学学科卷. 上海：上海人民出版社，2009：8.

其他组织细胞，扩增其基因信息后，通过特定设备对被检测者细胞中的DNA分子信息做检测，分析它所含有的基因类型和基因缺陷及其表达功能是否正常的一种方法，从而使人们能了解自己的基因信息，明确病因或预知身体患某种疾病的风险。基因检测技术在诊断疾病和预测疾病风险上将发挥巨大作用。特别是在遗传病治疗方面，基因检测能够检测出遗传的易感基因型，并且检测准确率高达 99.999 9%。

**基因克隆**。克隆技术就是从基因层面利用人工遗传干预生物繁殖的生物技术。克隆技术分为两种，一种是治疗性克隆，另一种是生殖性克隆。治疗性克隆是指通过对干细胞进行研究，复制人类的某些器官组织。生殖性克隆是对整个人进行复制，即从被克隆的人体内取出细胞，并将该包含被克隆人所有遗传信息的细胞植入已经被挖去所有遗传物质的卵细胞空壳内，使外界对其加以刺激并使新结合的卵细胞进行分化形成胚胎，再将其植入母体的子宫内孕育生长。基因克隆技术不仅可以进行器官的完美复制和匹配，而且让优秀基因的复制和传承成为可能，甚至能让灭绝的物种起死回生。

**基因编辑**。与基因检测的“发现”基因和基因克隆的“复制”基因不同，基因编辑直接为基因做手术，“改造”基因，因此也被称为“上帝的手术刀”。基因编辑技术能够对目标基因进行定向“编辑”，从而实现对特定基因片段的敲除、加入等。利用该技术，可以精确定位到基因组的某一位点，并在该位点上剪断靶标DNA片段，进行基因敲除、定点转基因、特异突变引入等。此过程既修改并编辑了原有的基因组，又模拟了基因的自然突变，真正做到了“改造基因”。基因编辑是人对身体的遗传密码做出修改，因其改变了人的自然性而颇受争议。

3. 从自然进化到人工进化

通过基因的转导和重组，可以创造出新的品种：或纠错、更换人类有病的基因，使患有遗传疾病的病患得以康复；或通过重组，创造全新的生物，甚至定制天才婴儿。英国科学家霍金在其遗作《对大问题的简明回答》中预测，基因工程可能会让人们能够创造出“超人”。他写道：“我确定就在这个世纪内，人类将找到强化智能以及本能的方法。法律可能会禁止对人类做基因改造，但仍将有一些人无法抵挡巨大诱惑，设法通过基因工程改进记忆力、抗病力和寿命等人类的生理特征。”在他看来，富人不久可以选择编辑他们自己和孩子的DNA，让自己和孩子变成拥有更强记忆力、抗病力、智力和更长寿命的“超人”。虽然这仅仅是预测，但是随着技术的发展，更完善、更高效、更有用的基因技术将会出现。如果将这些基因技术运用在人体增强和人类进化上，人类的身体能力将获得大幅增强；人类的进化周期将被急剧缩短，有可能从几百万年缩短至几个月；人类的进化方式也将从随机进化向定向进化转变，不再需要漫长的自然环境选择。到那个时候，超人不再是电影里的角色，而是活生生的现实。随着基因生殖技术、基因克隆技术、人工智能技术、基因增强、神经医学等技术的融合运用和发展，不久的将来，人类有望步入以人工进化来弥补甚至取代自然进化的后人类主义时代。

## （二）基因人伦理

基因技术的迅猛发展在治疗和预防疾病、增进人类健康、完善生命性状乃至定制完美生命等方面为人类展现了美好前景，但同时也给人类带来了前所未有的伦理挑战和风险。

**冲击传统血缘伦理。**传统的血缘伦理以自然人和自然家庭为基础，是人类有史以来用以自我规范和自我识别的最基本依据，是稳定社会秩序、维系社会人伦关系的重要纽带。这种以血亲关系为基础的人伦秩序将受到基因技术的直接挑战，人类社会长期形成的传统伦理关系也会因此受到强烈冲击。以往的技术只是改变人的生活方式，而基因技术却是在打破生命自然生殖的形式和过程，将“人工安排”替代“自然安排”来进行生命生产，从而改变生命产生方式和进化过程，甚至有可能改变人的自然本性，使“自然家庭”变成“人工家庭”。这不仅动摇了人类自诞生以来所赖以存在并成为生命延续根基的有性生殖方式和既有家庭结构，而且可能使人类以血亲关系为基础的社会伦理秩序遭到严重冲击和破坏，从而导致社会人伦关系的混乱。“基因技术对伦理学的最根本、最深远的挑战，在于通过改造人的生物性的自然本性和以生物性血缘关系为纽带的家庭的自然本性，消解传统意义上的自然人和自然家庭，从而从根本上颠覆传统道德和传统伦理赖以存在的基础。”①

**挑战人类尊严地位。**随着基因技术对人体、人之生命干预程

---

① 樊浩. 基因技术的道德哲学革命［J］. 中国社会科学，2006（1）：123.

度的不断提高，人的尊严问题是无法回避的。在生物学意义上，人的独特性产生于男女有性生殖在遗传上所具有的差异性和不确定性。从社会学意义来看，人格的独特性也是不容侵犯的。基因技术发展的每一次进步，尤其是对人类繁殖过程的每一次操纵，无不是把人作为工具和对象来看待的。这样一来，人同其他自然物一样，成为技术干预的对象和工具。这不仅挑战了人自身的目的性地位，而且直接侵犯了人类的尊严。不仅如此，当人类按照自己的主观意志对后代进行基因改良或其他基因操纵时，这无疑是一个人的权利凌驾于另一个人之上的宣言，不仅对被改造者不公平，而且严重侵犯了后代或被改造者作为一个独立个体的尊严和权利。

**造成难以预测的风险。**当今社会，威胁人类生存与发展的不只是各种天灾人祸，还有来自科学技术的不确定性及其无限制发展可能给人类带来的种种风险。以基因技术为例，其风险主要体现在三个方面。一是技术风险。当前，总体上看基因技术的发展尚不成熟。如果将尚不成熟的技术应用于人类最本质、最隐蔽的基因层面，一旦发生个人遗传信息的分析结果与医疗实践的误差和失准，由此导致的危险后果可能给人类带来难以复原的风险和伤害。二是社会风险。随着后基因组时代基因检测技术的进步和测序成本的大幅降低，个人基因组检测有望进一步普及。一旦这一技术常规化、普及化，无疑将使人类置身于高度的遗传风险中，特别是当诊断结果与个人发展、家庭及其未来后代相联系时，谁有权掌握这一信息？除当事人之外，其他利益相关者如配偶、养父母、保险公司、雇主等是否可以获悉他人的遗传信息？

如果一个人的生物信息存在严重缺陷，如何保护其人格不受歧视？这些问题尚未解决。另外，以负载人类某种主观愿望或增强后代某种性状为主要目标的基因改良技术有可能使一部分人在某些方面变得更聪明、更强大，而另一部分人却因无力支付高昂费用而不能使用这种技术。三是生态风险。当前，基因技术通过对生命遗传、繁殖过程的控制，不仅实现了在分子水平上对人类遗传物质进行操纵和修饰，而且可以再造新的物种，这不仅大大缩短了生命的进化历程，而且有可能威胁生物的多样性，进而打破自然进化的生态平衡，造成基因污染。加拿大的“转基因油菜超级杂草事件”、美国的“星联玉米事件”等越来越多的事实表明基因风险不可小觑。[①]

### （三）基因人法律

基因技术越向前发展，其给传统伦理带来的冲击就越大，特别是基因编辑技术的飞速进步让人类触摸到了定制人类——基因人的门槛，但这也意味着传统意义上的“人类”概念或将改变。在技术统治的时代，人类一方面迷信基因人技术所构建的现实带来的美好前景，另一方面又恐惧基因人技术可能抹除人类存在的价值。随着技术的更新迭代，未来的技术可能将建立一种人类无法掌控的支配地位，科学伦理的边界也将被突破，到那时人类将何去何从？或许基因人法律将会成为平衡人类自然性与技术性的

① 朱晨静. 当代基因伦理研究：问题 · 理论 · 前景［J］. 学习与探索，2012（7）：10–13.

发展天平，避免让技术将人类命运导向毁灭之境。

1. 人类基因立法箭在弦上

就当前来说，所谓基因人法律就是对以人类基因编辑技术为主的基因技术的法律规制。在CRISPR[①]基因编辑技术诞生之前，人们通常只能在小白鼠身上进行复杂的基因编辑。新的基因编辑工具CRISPR的出现，让研究人员能够在几乎任何物种中实现精确的修饰，有着非常高的精确度和令人难以置信的速度。CRISPR技术无疑为人类带来了福音，它可以用于治疗遗传性疾病，比如镰刀型细胞性贫血病、艾滋病和囊性纤维病，也可以防止感染和预防阿尔茨海默病。CRISPR技术犹如一把双刃剑，在可能给人类带来福利、减少痛苦的同时，也可能带来不可预测的风险和不可逆的结果。

事实上，人类基因编辑这个潘多拉的魔盒早已被打开。2015年4月，中山大学研究员黄军就的团队在世界上首次公布了利用CRISPR技术修改人类胚胎基因的研究成果。虽然该研究所用的胚胎是无法存活的异常三倍体胚胎，但是仍然在国内外科学界掀起波澜，基因编辑人类胚胎的猜想变成了事实。2016年，英国政府正式首次批准将基因编辑技术使用在人类胚胎上的实验申请。2017年，美国科学家宣布修正了人类胚胎中与心脏疾病有关的基因变异，其使用的正是CRISPR基因编辑技术。基因编辑技术的迅猛发展使“定制婴儿”等问题比任何时候都迫在眉睫。然而，

① 更专业的术语是CRISPR-Cas9，是一种RNA介导的适应性免疫系统，存在于大约48%的细菌和95%的古细菌中，可提供序列特异性保护以抵抗外来的DNA甚至RNA。——编者注

与技术上的日新月异形成鲜明对比的是，基因编辑技术的相关法律法规相对薄弱，也尚未实现全球标准化，亟待确立技术法规。

2. 基因编辑立法的国内外实践

2015 年 12 月，美国在华盛顿召开首次人类基因组编辑国际峰会后，美国科学院成立了人类基因编辑研究委员会，该委员会就人类基因编辑的科学技术、伦理与监管开展全面研究。在监管立法方面，不同国家采用的立法模式不尽相同，大致可分为三类。一是禁止性模式。通常立法禁止人类胚胎或生殖细胞基因编辑、体细胞核移植技术，并通常伴随着巨额罚款或者刑事制裁，代表性国家如澳大利亚、加拿大。不足在于法律主要针对上游技术，并未明确下游技术应用是否禁止或禁止哪些类型的应用。二是宽容性模式。通常立法不禁止人类基因编辑，在政府监管下允许大部分的人类基因编辑，由相关的专业机构测评风险，允许通过授权许可的方式进行人类基因编辑，代表性国家如英国。不足在于这种个案监管的模式主观因素较多，不确定性较强，无法形成有效的监管机制。三是中立性模式。通常立法不禁止人类基因编辑基础研究，但禁止人类基因编辑的下游应用，例如以生殖为目的的人类胚胎或生殖细胞基因编辑，代表性国家如法国。采用该模式的国家最多。

目前，中国对于基因编辑并无专门的法律规范，[①]现行规定对

① 中国目前涉及人类基因编辑基础研究和临床研究的法规包括《人类辅助生殖技术管理办法》《人胚胎干细胞研究伦理指导原则》《人类遗传资源管理暂行办法》《基因工程安全管理办法》，涉及人类基因编辑临床研究和应用的法规包括《涉及人的生物医学研究伦理审查办法》《人的体细胞治疗及基因治疗临床研究质控要点》《人基因治疗研究和制剂质量控制技术指导原则》。

于基因编辑既无明令禁止，也无特别许可，关于生物医学研究的一般性规范只具有一定的解释适用意义。其中，《人类辅助生殖技术管理办法》明确禁止以生殖为目的对人类配子、合子和胚胎进行基因操作，但并没有明确是否允许人类胚胎、生殖细胞基因编辑的研究，以及是否允许非生殖性目的的人类基因编辑。其背后是中国基因编辑立法方面的不足：第一，无专门人类基因编辑立法，立法分散，相关规则散落在各个法规之中；第二，缺乏明确的立法目的和原则，没有统一的核心立法理念指导；第三，立法层次低，多为部门规章，效力等级低，并没有上升到法律高度；第四，监管不力，没有专门的机构负责批准和许可人类胚胎基因编辑；第五，存在大量空白，相关概念没有明确，如基因编辑后的胚胎是否属于人体，孤雌生殖胚胎是否属于人类胚胎，诱导多能干细胞是否属于胚胎干细胞，什么类型的细胞能够被用于基因编辑的研究和临床应用等。①

3. 基因人的未来法律规制

基因人立法刚刚开始，可以预见的是，随着基因人技术的发展，新的法律诉求将会不断涌现。未来的基因人法律规制，必然围绕人性这一本源，以风险预防、权利相对、多元正义、宽容等为规范原则，从而建立基因平等权、基因自主权、基因隐私权和基因公开权等基本权利。

**基因平等权**。人类只有一个基因组，个体之间的基因序列大

① 蒋莉. 人类基因编辑应有法可依［N］. 中国社会科学报，2018-02-07（5）.

约只有 0.1%的不同。这种多样性差异是正常的，也是有益的，它并不代表着基因的优劣。对于致癌基因等人们所认为的“坏基因”，其实也在某些方面发挥着有益的平衡功能。所以，对人类进化而言，“疾病基因”与“健康基因”的好坏之分是不存在的。基因平等权意味着在法律上不存在“坏基因”和“好基因”的区别，人的存在价值在基因上一律平等，从而否定了基因歧视行为。

**基因自主权**。人类基因在本质上是人格利益，也被拟制为一种人格财产，因而主体可以享有对基因材料和基因信息的准“所有权”。进而，主体对其特定基因拥有无可置疑的控制和处分之“权力”、利用和利益分享之“特权”、干涉排除之“请求”与对抗利益相关者请求之“豁免”等法律效果。基因自主权意味着主体能够对自身的特定基因在人格性和财产性两个维度上进行合理的控制与利用。

**基因隐私权**。基因信息是人格价值中至关重要的一部分，其涉及能够预测未来健康风险的个人隐私，也有关个人身份（如婚姻、亲子关系）的私密关系和私密决定，属于个人可支配的私有领域，理应受到隐私权的保护。基因隐私权意味着权利主体在有关个人“生命秘密”的私有领域有权对自身基因信息做出“知”或“不知”、隐瞒或披露的决定，有权对基因信息的内容加以控制和维护，有权排除他人的非法接近和侵扰。

**基因公开权**。基因公开权是指自然人所享有的对自身特定基因的公开利用和利益分享的人格权利。基因公开权的边界在于对基因人格利益商业化利用的合理性。与基因隐私权相同，基因公开权的行使也不得违背人性尊严，不得侵犯基因相关者的基因人格利益，并受来自公共利益、公序良俗与法律的监督和特别限制。基因公开权意味着主体只能对自己的特殊基因在不可让渡性规则下进行公平的利益分享和合理的商业利用。

## 第三节　基因人的人性

基因技术作为人类历史进程的制高点，重新定义了“人”与“人类”。基因人有别于自然人，天生具有技术的基因。在不考虑伦理道德，只考虑技术可行的前提下，基因人的出现是必然趋势。人性是在一定的社会制度和一定的历史条件下形成的人的本性。所谓本性，并非一直停留在“人之初，性本善”，而是受所处社会环境影响的，具有强烈的时代性。基因人是技术的产物，具有鲜活的时代特征，其人性发展具有高度不确定性和不可预测性。基于此，从人性研究的视角出发，探讨基因人的人性问题十分有必要。

### （一）主体性

人的主体性地位在人类社会的发展中一步步确立起来，尤其是在现代科技诞生之后，人的主体性地位得以最终确立。基因人的产生破除了生命自然的本性，破坏了遗传的多样性，是带有浓厚的人工和技术干预痕迹的产物。[①]基因人的出现，必会触及人的本性、人的本质、人的尊严等生命伦理学相关原则和理念，人类需要重新思考和审视生命的进程与人类自身的主体性问题。

**基因人是更加优越的自然人。**基因人是实施人类优生基因工程的产物，是人为地、有意识地用“优秀”基因去取代“劣等”基因并将此基因植入母体内或通过无性繁殖等方式培育出来的和传统人类进化繁衍阶段无差别的人。基因人与自然人均属于“人”的范畴，与“人类”无所异。只不过基因人由科学家有目的地运用先进的基因技术，通过基因重组改变生物的遗传特性，避免了上一代的遗传缺陷，往往用超常的基因代替遗传缺陷基因，或关闭、抑制异常基因的表达。因此，基因人在生理机能上优于自然人，其无论是在智力上还是体力上都强于传统人类，他们或许有着超凡的智商，或许有着超长的寿命，或许有着完美的体格，等等。

**自然人的主体性。**“主体”一词向来被看作一个认识论范畴，指认识者，而被认识的对象则是客体。现在我们常说的人类的主体地位，在古希腊、古代中国都是不存在的。中国古代就有“天人合一”的思想，在古希腊也没有把人与自然界分开，而是看成浑然一体的。在中世纪，人们也没有把自然界和人类分离，《圣经》中也说上帝 7 天创造了世界万物和人。直到现代科技的萌芽时期，伽利略用实验证明，整个自然界都可以用数字来表述，宇

① 胡芸迪. 基因人的伦理问题［J］. 经贸实践，2017（18）：342–345.

宙这本书“是用数学语言写成的，字母是三角形、圆和其他几何图形”[①]。这样，自然界在人类面前成了“对象”，一个用人类的智慧研究的“对象”。后来，牛顿用万有引力理论“把日月星辰的运行、地上物体的运动、潮汐涨落、光的折射、物质的微观结构等，统统纳入一个可以用数学加以定量分析的和谐体系之中”[②]。自此，自然界完全成了一幅数学和力学的图景，人的精神因素被从自然界中剥离出来，人与自然界完全对立起来了。近代西方哲学的始祖笛卡儿的物质世界和精神世界的二元论，在科学上把自然界和人类也完全对立起来，人的主体地位就此彻底建立起来，自然界也彻底沦为人类的一个“对象”。[③]

**基因人的主体性**。人类文明的发展、法治的发展、人权的发展都是建立在人的“主体性”不断演化的基础上的。[④]人对主体性的认识是在对主体的认识基础上开始的，马克思说：“主体是人，客体是自然。”[⑤]人作为主体是相对于客体来说的，没有客体，也就无所谓主体。主体是人，客体就是作为人的活动对象的事物。因为主体只能是人，所以在此分析框架下，“物”作为主体的可能性就被完全排除了。基因技术的发展颠覆性地把“主体

---

① 弗朗索瓦·夏特莱. 理性史［M］. 冀可平，钱翰，译. 北京：北京大学出版社，2000：74.

② 陈修斋. 欧洲哲学史上的经验主义和理性主义［M］. 北京：人民出版社，1986：18.

③ 张鑫. 浅析科技与人的主体性、自然的关系［J］. 世纪桥，2009（9）：80.

④ 陈姿含. 人的“主体性”的再造——基因信息技术发展对传统人权理论的重大挑战［J］. 中共中央党校学报，2018（3）：121.

⑤ 中共中央马克思恩格斯列宁斯大林著作编译局. 马克思恩格斯选集：第 2 卷［M］. 北京：人民出版社，1995：88.

性”这一问题带入了自然科学领域。基因技术量化了人与自然界的关系，量化了人与人的关系，量化了人与自身的关系。基因人在智力、体力、心理等方面优于常人，但在外形面貌上与自然人一样。基因人也属于“人类”，其本质也是“人”。基因人经过改造后的优秀基因会延续给自己的子孙后代，并与自然人共同生活在社会大环境之中。基因人虽然有着与自然人不同的社会属性，但是依旧属于社会的主体，天然享有人的主体性，同自然人一样依托整个社会而生存。

### （二）利他性

“利他”一词最早由法国哲学家和伦理学家奥古斯特·孔德提出，他用“利他”来说明一个人对他人的无私行为。“利他性”也可译为“利他主义”，是伦理学的一种学说，一般泛指把社会利益放在第一位，为了社会利益而牺牲个人利益的生活态度和行为准则。孔德认为，人类既有利己的冲动，又有利他的冲动。所谓道德，就是使前者从属于后者。又说，利他必然以利己为基础。利他主义，只局限于超阶级的个人之间的关系，而回避了道德的社会基础和阶级基础，没有也不可能规定个人对社会所承担的道德责任。因此，利他主义实质上仍然是从利己主义出发的资产阶级道德理论。

**自然人利他的自然性。**人是一个道德的物种，人在道德上是利他的。利他性是人性的一部分，儒家经典“人之初，性本善”就论述了人类的善是天生的。尽管我们现在总是看到有黑心商家为了增加利润而不顾消费者的生命安全去做些有违良心的事情，但是我们不能否认人类有利他性。我们先从低等动物来分析利他性，比如工蜂找到蜜源时，会飞回同伴身边跳“八字舞”来呼唤朋友一起采蜜；公螳螂在母螳螂生产后，会牺牲自己来为自己的后代提供足够的营养；角马在集体迁徙时会有意识地保护弱者。再从人的角度来分析，父母无微不至地照顾子女直至其具备独立能力的行为体现了人类的利他性；人类遇到危险或者感到恐惧时，总会情不自禁地喊叫，目的是引起同伴注意，而免于同伴受伤害。由此可见，人确实具有善，具有关怀他人的情感、关爱子女、帮助他人、救助困难群体、为公共财物和福利贡献自己力量与财物的利他性。利他性通常可被分为三种形式：亲缘利他、互惠利他和纯粹利他。从亲缘利他到互惠利他再到纯粹利他，人类利他性有一个从亲缘关系到非亲缘关系的发展过程，这个过程表明人类道德关怀的范围在不断扩大，同时，这种扩展实现了人在道德上的进步。

**机器人利他的人为性。**利他主义历来被视为道德行为的典型特征，在法律领域也仅仅表现为“见义勇为”“无因管理”等少数行为。所以，人们往往只能要求道德上的利他性和法律上的利己性。在机器人的基本属性上，利己性特征难以获得足够的经验支撑，其主要原因在于，机器人的功能在于帮助人类更好地工作、生活，其工具性价值决定了机器人的天然利他特性。同时，受到人为编程、算法的影响，机器人本身很难产生利己主义的指令和行为。如果机器人的利他性能够给人类带来更多的好处，并且机器人本身仅付出较小的代价，那么，人们基于对利益的追求，会选择同机器人进行深入合作，进而催生出更多的利他主义行为。有学者认为，具有利他主义倾向的物种在生态竞争中会处于不利地位，并减少该物种的社会适应度。①但是，博弈论与生物进化论的交叉研究表明，较之自私的群体，具有利他主义精神的群体在生态竞争中更具进化优势。②由此来看，机器人的利他主义属性未必构成竞争上的劣势。相反，在机器人的应用范围较窄与权利意识较弱的当下，利他主义属性能够更好地保护机器人的发展。为此，国家基于增进社会福祉、推动人类进步的需要，必须创造出机器人利他主义行为保护机制，这种机制既是人类应自身发展需求而赋予机器人的属性，也是机器人利他功能的制度表征。③

**基因人利他的可能性。**善举的背后是否存在基因上的成分？换言之，是否有一种“利他主义基因”促使我们去做一些善举？长期以来，科学家一直对人类“利他主义”的来源孜孜以求。20世纪90年代，以色列希伯来大学心理学家爱伯斯坦领导的研究小组通过长期研究，从遗传学角度首次发现了促使人类表现“利他主义”行为的基因，其基因变异发生在11号染色体上。这一

---

① 李建会，项晓乐. 超越自我利益：达尔文的“利他难题”及其解决［J］. 自然辩证法研究，2009（9）：1–7.

② 刘鹤玲. 从竞争进化到合作进化：达尔文自然选择学说的新发展［J］. 科学技术与辩证法，2005（1）：38–40.

③ 张玉洁. 论人工智能时代的机器人权利及其风险规制［J］. 东方法学，2017（6）：56–66.

研究成果发表在2005年的《分子神经学杂志》电子版上。研究人员指出，“利他主义”基因可能是通过促进受体对神经递质多巴胺的接受，给予大脑一种良好的感觉，促使人们表现出利他行为。此外，对于“利他主义”基因存在的可能性，加拿大西安大略大学心理学者菲利普·拉斯顿认为，答案是肯定的，只不过这种基因在不同的人身上会有明显不同的表达方式。[①]由此可知，如果不考虑伦理道德，仅从理论假设的基础上来说，对基因人进行利他性基因改造，在技术上是可行的。不管基因技术发展到什么程度，对基因的认识和改造都将是一把双刃剑，我们在舞弄时一定要慎之又慎，因为这关乎人类全体的未来。

### （三）异化性

技术的合理研发和利用直接关系到人类与自然、社会的和谐发展。技术是人类按照自身的需求发明创造的，其正价值的实现促进了人类社会的发展，其负价值的实现却成为统治人、压抑人的一种异己性力量，在一定程度上也延缓了社会的进程。它不但不是“为我”，反而是“反我”，这便是通常所谈的技术异化。技

① 拉斯顿的这个观点，是基于伦敦大学精神病学院几十年来的成年双胞胎登记项目的数据分析得来的。拉斯顿让174对同卵双胞胎回答一套由22个问题组成的问卷——每对双胞胎都具有同样的基因。拉斯顿还找到148对异卵双胞胎——每对只分享一半的基因。实验对象被要求对一些陈述做出判断，衡量的等级分成从1（极反对）到5（极赞成）。这些陈述包括“逃避个人所得税如同偷窃一样坏”和“我是一个别人可以依靠的人”等。同卵双胞胎的回答相似率几乎恰好是异卵双胞胎的两倍，这让拉斯顿计算得出结论：在个人善恶态度不同的问题上，基因因素占42%。

术异化给人类未来的发展笼罩上一层厚重的阴影。通过反思、批判找出技术异化的根源及其克服途径，对人类的生存和发展具有重要意义。①

**从自然崇拜到技术至上。**人们通常从人与自然的关系来理解技术，把技术看作人类改造自然的活动。技术产生和萌芽时期，在“自然—人—技术”这个关系链中，自然处于基础和统治地位，而人和技术则是从属于自然的。因此，“自然崇拜论”理念应运而生，人作为自然人，只能盲目地作用于自然，被动地顺应自然，技术在人与自然关系中的显示度不高，没有形成独立的技术体系。工业化时期，人类智力被释放，实践活动层次也得到了大幅提高。在“人—技术—自然”这个关系链中，技术体系开始逐渐形成。人类依靠初步形成的技术体系在实践活动中获得了巨大成功，创造了大量的社会物质财富。信息化时期，技术以空前的速度和深度改变着人类自身与自然的面貌，日益成为社会进步的主导力量。技术在人与自然之间占据着核心地位，甚至被认为能解决人类面临的一切难题，形成了“技术—人—自然”的“技术至上论”理念。同时，由于技术对人类社会的巨大作用力，人类自身开始难以驾驭和控制技术的迅速发展，负效应剧增，技术异化现象凸显。

**基因技术的异化性。**面对技术及其应用产生的危机，如何进行历史性的选择，需要我们以科学的态度和理性的精神加以扬

① 幸小勤. 技术异化的生成及其扬弃［J］. 西南大学学报（社会科学版），2013（3）：20–25.

弃。任何事物都有两面性，我们在享受技术带给人类巨大物质利益的同时，也要理性审视技术的负面影响。托夫勒认为，人类不能也不应当关上技术发展的闸门，只有浪漫主义的蠢人才喃喃自语要回到“自然状态”。自然状态是怎样的呢？婴儿因缺乏基本的医疗护理而早夭，营养不良导致脑子失灵。他进一步认为抛弃技术不仅是愚蠢的，而且是不道德的。[①]那么，人类该如何面对基因技术，使技术尽量地“为我”而减少“反我”呢？坎皮恩和琼斯对现代技术的发展做出的较为全面的评价或许会给我们一定的启示。他们认为，人类有能力掌控自己的未来，关键要看控制技术的主体具备什么样的思维逻辑和价值观。如果这个主体群被奴役的话，就不是技术本身的问题，而是我们人类自身的原因。同时，由于人类的不同思维逻辑和价值观作用于技术本身，所以技术具有两重属性而非中立，结果在各种不同形式的技术中也就蕴含了我们真正的价值本质。由此，我们必须充分认识到基因技术具有内在的不可消除的异化性，但基因技术是人类的有目的、有意识的活动，我们可以选择改变自己的思维方式和行为方式来减弱基因技术的异化性。

**基因人的异化性。**21 世纪是基因工程和基因技术实施的世纪，是以生物科技为主导的新时代。基因技术的发展无疑将大大改变人类的生活方式和思维模式。作为基因技术和新时代发展产物的基因人的出现是科技发展和社会进步的表现。同时，基因人

---

① 阿尔文 · 托夫勒. 未来的冲击［M］. 孟广均，吴宣豪，黄炎林，等，译. 北京：新华出版社，1996：358.

是否会对人类的传统道德产生影响或冲击，是否会对传统的人类社会带来改变和影响，是否会对现有的文明与文化造成改变或破坏？这些都是我们即将面临的问题和挑战。实际上，基因人出现后，传统的自然秩序和伦理价值观范式在蜕变。人工辅助生殖技术虽然能够解决生殖功能障碍等问题，但人与人之间的一种天然和谐关系被破坏，最终可能会导致人与人之间的亲情破裂、道德伦理危机等一系列社会问题。如果基因技术以“非自然”的方式生产人类，将会引发基因人与自然人之间的关系问题，对现有的社会关系、家庭结构造成巨大的冲击。人是社会的主体，不是东西，不能随意制造，否则人的生命将不会得到尊重，而且可能随意毁坏生命，人的价值尊严也会受到严重损害。

# 第二编

——

# 数据资本论

# 第四章 数据的价值与价格

数据劳动是大数据时代涌现的新价值源泉与价值载体。价值是商品的基本特征，体现商品的本质，反映商品与生产者之间的社会关系。价值规律是商品经济的基本规律，商品的价值量由生产商品的社会必要劳动时间决定，商品按照价值相等原则进行等价交换。[①]数据是一种特殊的商品，与一般商品相比有着许多特殊性，具有非消耗性、时效性、可复制性、可共享性、可分割

① 吴欢，卢黎歌. 数字劳动与大数据社会条件下马克思劳动价值论的继承与创新［J］. 学术论坛，2016（12）：7-11.

性、排他性、边际成本为零等新特点。[①]数据的价值、交换价值、使用价值在价值运动中既相互联系又相对独立。数据的价格遵循价值规律，市场供求关系变动是数据价格波动的主要影响因素。

## 第一节 数据劳动

人类成为万物灵长以来，“劳动”就一直伴随着人类的生息、繁衍和进化。可以说，是劳动这种独特的能力使人类摆脱了动物的生存方式进而迈向文明，人类每一次关于劳动的变革，无论是劳动工具的变革还是劳动方式的变革，都为人类社会创造了巨大的财富。大数据时代，数据劳动成为大数据社会背景下涌现的新价值源泉与价值载体，与马克思劳动价值论具有内在的统一性和一致性。数据劳动的提出，既是大数据时代社会生产劳动的具体表征和特有体现，也是马克思劳动价值论在大数据时代的继承和发展。

### （一）劳动价值论的重建

劳动价值论自提出以来，一直处于不断发展和完善的过程中，威廉·配第、亚当·斯密、大卫·李嘉图、马克思等学者都对劳动价值论的提出和丰富做出了各自伟大的贡献（见表 4–1）。

---

① 吴欢，卢黎歌. 数字劳动、数字商品价值及其价格形成机制——大数据社会条件下马克思劳动价值论的再解释［J］. 东北大学学报（社会科学版），2018（3）：310–316.

21 世纪以来，大数据、人工智能、物联网、区块链、量子信息等新一代信息技术不断推动社会变革，现实世界被囊括进以数据为关键要素的网络空间，人们的生产生活无时无刻不在数据网络之中，这些新变化都对马克思经济理论研究，特别是马克思劳动价值论的研究提出了新的要求和新的期待。

**古典劳动价值论**。劳动价值论是关于商品生产与交换的历史理论，为剩余价值的创立奠定了基础，也是剩余价值理论的来源。威廉 · 配第、亚当 · 斯密、大卫 · 李嘉图是古典劳动价值论的核心代表人物。威廉 · 配第最早提出劳动创造价值的思想，认为生产商品所耗费的劳动时间决定商品的价值。在考察价值时，由于受重商主义观点的影响，他混同了交换价值和价值，不能从交换价值中抽象出价值的概念，同时也混同了交换价值与价格、价值与价格等概念。亚当 · 斯密是英国古典经济学的奠基者，他对劳动价值论的提出进行了系统化的论述。他批判重商主义，矫正重农主义，认为劳动价值论只适合于简单的商品经济，对于资本主义社会是不适用的。在论述劳动价值论观点时，他认为财富要靠劳动创造，劳动是国民财富的源泉，而国民财富是“一国国民所需要的一切必需品和便利品”。这些必需品和便利品以用来交换的商品的形式存在，也就是说，财富就是商品。大卫 · 李嘉图在其著作《政治经济学及赋税原理》中对劳动价值论做了古典政治经济学所能达到的最充分的全面阐述。其劳动价值论是在亚当 · 斯密的劳动价值论的基础上继承与发展的，他在批判了亚当 · 斯密理论中错误观点的同时，也继承亚当 · 斯密所阐述的劳动决定商品价值这一原理，并在《政治经济学及赋税原理》中写道，交换价值一词，有时表示价值，而有时又用来表示交换价值。他没能从交换价值中真正把价值这一概念抽离出来，依旧伴随着交换价值的概念去研究价值。

**马克思主义劳动价值论。**马克思在继承与批判亚当·斯密和大卫·李嘉图等古典经济学家的理论观点基础上，发现古典劳动价值论的矛盾，并深入研究与解决，最终确立马克思主义劳动价值论。马克思在研究过程中，发现古典经济学家将使用价值、价值、交换价值与价格等概念混同在一起，他以商品为研究的出发点，从价格的现象形态中揭示出价值的本质，从交换价值的外在表现揭示出价值的内容，阐释了使用价值是交换价值的物质承担者。古典经济学家只是笼统地提出劳动决定价值的观点，但没有具体分析劳动，马克思在商品二因素的基础上，进一步揭示了劳动具有二重性学说，这是马克思主义劳动价值论的核心内容。关于商品价值量的分析，古典经济学家没有从理论上解决这个问题。亚当·斯密认为商品的价值由两种标准决定，一种是由劳动决定，另一种是由购买的劳动决定，甚至由地租、工资和利润这三种收入决定。大卫·李嘉图却反对亚当·斯密的这个观点，他认为应把劳动作为决定价值的标准，而且提出必要劳动时间决定商品的价值量的观点。马克思在赞同大卫·李嘉图的观点的同时也批判他的一些错误观点。马克思把关于商品价值量由社会必要劳动时间决定的范畴进一步科学化，也阐明了价值规律的内涵，更加完善了劳动价值论，最终实现了劳动价值论的发展与创新。

表 4-1　劳动价值论的提出与完善

| 学　者 | 劳动价值论的演变 |
|---|---|
| 威廉·配第 | 最早提出关于劳动价值论的一些基本命题，但没有区分使用价值和价值，提出"土地为财富之母，劳动为财富之父"，其劳动价值论是原始的、粗糙的 |
| 亚当·斯密 | 在威廉·配第学说的基础上，区分了使用价值与交换价值，阐明了价格与价值之间的关系，确立了劳动创造价值的标准，认为劳动是衡量一切商品的交换价值的真实尺度，系统阐述了劳动价值论 |
| 大卫·李嘉图 | 克服了亚当·斯密理论的混乱与矛盾，坚持商品的价值由生产时所耗费的劳动决定。在进一步论述使用价值与交换价值之间的关系以外，还提出商品的价值量是由必要劳动时间决定的 |
| 马克思 | 在继承与批判亚当·斯密和大卫·李嘉图等古典经济学家的理论观点基础上，发现古典经济学家将使用价值、价值、交换价值与价格等概念混同在一起，并以商品为研究的出发点，从价格的现象形态中揭示出价值的本质，从交换价值的外在表现揭示出价值的内容，阐释了使用价值是交换价值的物质承担者。同时，在商品二因素的基础上，揭示了劳动具有二重性学说，阐明了价值规律的内涵，最终实现了劳动价值论的发展与创新 |

**大数据时代劳动价值论的建构。**世界著名管理咨询公司麦肯锡称："数据已经渗透到当今每一个行业和业务职能领域，成为重要的生产因素。人们对于大数据的挖掘和运用，预示着新一波生产力增长和消费盈余浪潮的到来。"作为一种生产要素，数据与劳动价值之间存在相同和相异之处。数据作为一种新的变革对劳动价值论进行了发展，在大数据时代，劳动价值论存在着不同于传统的价值和机遇。一是作为一种劳动价值的数据本身与劳动价值并无差别。二是作为一种生产要素的数据与劳动价值本身是有所不同的。人们在通过实践劳动创造价值的同时也认识到了真理。从哲学的角度来说，在实践的基础上，形成某种主体与客体

之间的关系叫作价值。马克思认为，一物之所以有使用价值，因而对人来说是财富的要素，正是由于它本身的属性。如果去掉使葡萄成为葡萄的那些属性，那么它作为葡萄对人的实用价值就消失了。大数据时代，数据作为一种劳动价值和马克思主义劳动价值论中所论述的价值是相通的，它们的相同性关系在于现实实践活动中，由人作为主体根据自己的需要自觉地掌握和占有客体（劳动价值），利用客体（劳动价值）的属性和功能满足主体人类本身的需要，以实现人的目的。数据的劳动价值和劳动价值在内容与形式上是相通的。大数据时代与劳动价值的关系是从构成劳动价值的内容和数据的表现形式两个方面去把握劳动价值这一事物范畴。构成事物一切要素的总和是事物的内容，数据的内容就是指构成数据这一劳动价值的一切要素的总和。

### （二）从物质劳动到数据劳动

将劳动作为重要范畴予以考察是从英国古典政治经济学开始的。威廉·配第有一句名言，“土地为财富之母，劳动为财富之父”，劳动被赋予极为崇高的地位与资本主义发展程度密切相关。从“物质劳动”到“非物质劳动”再到“数据劳动”，逐步表征了当代资本主义生产方式的演进与变革。在研究和思考这些劳动形态时，我们无法做出泾渭分明的断定，因为在新的生产方式中，物质性和非物质性的劳动总是交错在一起，而这也正是现代社会生产的明显特征。

**物质劳动**。物质劳动并不是一个单独出现的概念，只有在和非物质劳动比较时才会凸显其意义。物质劳动的“物质”作“物质性”理解，物质性的劳动区别于非物质性的劳动，正如马克思在《德意志意识形态》中考察分工问题时提到过的“真正的分工”是物质劳动和精神劳动相分离时才产生的一样。要突出劳动的物质性方面，有以下三点原因。首先，要保证唯物史观的历史起点。以物质生活资料的生产作为人类历史的第一个前提，是唯物史观区别于旧哲学的显著特征，物质生活资料的生产、新需要的生产和自身生命的生产构成了人们的物质联系，即生产出新的社会关系。与之相比，非物质性的劳动对社会关系的构成作用要弱于物质性的劳动。其次，强调劳动的物质性在于和非物质劳动在劳动过程、劳动对象和劳动资料上做出对比。用什么资料去生产是时代区分的重要标志。[①]在早期工业社会，工人使用机器进行大规模生产，使用煤炭和石油作为消耗能源，而在现代，计算机、互联网和劳动者自己的头脑已成为劳动价值的主要生产工具，使用能源也从传统化石能源逐渐转向电力等清洁能源，这不能不说是物质劳动向非物质劳动转变的一个显著特征。最后，突出劳动的物质性也是为非物质劳动的研究划定空间。马克思非常强调劳动形式的历史性，例如他对古代世界的强制劳动、中世纪孤立分散的劳动和资本主义世界区别于上述劳动的雇佣劳动的划分。因此，从物质劳动到非物质劳动也预示着一种劳动的历史形

---

① 马克思在《资本论》中有一段非常经典的论述：“各种经济时代的区别，不在于生产什么，而在于怎样生产，用什么劳动资料生产。劳动资料不仅是人类劳动力发展的测量器，而且是劳动借以进行的社会关系的指示器。”

式的变迁，虽然从目前来看，非物质劳动还无法像传统生产方式那样占据绝对的优势地位。

**非物质劳动**。“非物质劳动”最早由意大利学者毛里齐奥·拉扎拉托提出并使用，他认为非物质劳动就是“生产商品的信息和文化内容的劳动”[①]。根植于发达资本主义社会的生产方式和劳动方式的变革，美国学者迈克尔·哈特与意大利学者安东尼奥·奈格里则认为，今天的状况是“非物质劳动”正逐渐取代传统工业生产（即“物质劳动”）的主导地位并对其生产形式构成一种实质意义上的霸权。所谓“非物质劳动”，是指生产信息、文化内容以及服务性和情感性的劳动，它既生产商品，也生产一种资本关系。哈特和奈格里认为：“大多数服务的确以信息和各种知识的持续交换为基础。既然服务的生产导致缺失物质的和耐用的物品，我们将这一生产所涉及的劳动定义为非物质劳动——生产一种非物质商品的劳动，如一种服务，一种文化产品、知识或交流。”[②]哈特和奈格里认为仅是这样判定还不够完整，因为它缺失了情感性的内容，他们对“非物质劳动”进行了剖析和深化，划分出了“非物质劳动”的三种类型，即除了前述的信息服务性和情感性劳动外，还有一种称为“分析的创造性”和“象征的任务”的劳动形式，这种劳动形式是一种“分析象征、解决问题的

① 转引自唐正东. 非物质劳动与资本主义劳动范式的转型——基于对哈特、奈格里观点的解读［J］. 南京社会科学，2013（5）：28–29.

② 迈克尔·哈特，安东尼奥·奈格里. 帝国：全球化的政治秩序［M］. 杨建国，范一亭，译. 南京：江苏人民出版社，2008：283–284.

互动式劳动”。[①]

**数据劳动**。数据劳动也作“数字劳动”解释，是21世纪出现的新名词，目前国内外学术界对其概念和内涵还没有形成统一的认识。意大利那不勒斯大学著名教授蒂齐亚纳·泰拉诺瓦是最早关注和研究“数据劳动”的学者。数据劳动是非物质劳动在数据资本主义社会的最新诠释。数据劳动的本真面目其实就是丰富和发展了的非物质劳动，进而改变全球范围内的劳动分工状况。数据劳动和非物质劳动也有本质的不同。其一，非物质劳动所倡导的是财富的创造不再由传统的直接劳动产生，而是由社会知识、新兴的科技前沿领域等一般的智力在生产过程领域中的实践应用与积累产生。数据劳动所倡导的是网络用户个体欣然地消耗在互联网社交网站上的时间和精力的同时，受到后台服务商与软件供应商不同程度的剥削。这种剥削对互联网用户而言是无形的、隐匿的，而非物质劳动的剥削是显而易见的。其二，非物质劳动只是较传统具体劳动而言的一种新型劳动的统称，它所指的劳动领域极其宽泛，包括信息媒体劳动、自媒体劳动、脑力劳动等。数据劳动则专门指从事互联网媒介及互联网社交网站或者应用的用户所从事的脑力劳动或者与知识文化性相关的创造性的娱乐劳动。前者进一步促成了生产劳动领域新型的劳动关系与社会关系，后者则向公众展现了一种“玩劳动”的表象，模糊了生产与生活的界限。表4-2中罗列了不同学者对数据劳动的不同定义。

---

① 迈克尔·哈特，安东尼奥·奈格里.帝国：全球化的政治秩序［M］.杨建国，范一亭，译.南京：江苏人民出版社，2008：32.

表 4-2 学术界对数据劳动的不同定义

| 学　者 | 对数据劳动的定义 |
| --- | --- |
| 蒂齐亚纳 · 泰拉诺瓦 | 借用意大利自治主义马克思主义的“非物质劳动”概念研究互联网上的“免费劳动”[①]，并通过界定“数字经济”中互联网用户的“免费劳动”对“数据劳动”进行初步定义。他将数据劳动简单地归结为网奴，认为数据劳动普遍存在于资本主义社会中，是发达资本主义国家免费劳动的一种具体表现 |
| 克里斯蒂安 · 富克斯 | 在其所著《数字劳动与卡尔 · 马克思》（2014）一书中将消费知识文化转化成的生产性活动称为数据劳动，指出数据劳动是包括硬件生产、信息生产、软件生产的生产性劳动，是关于文化系统中文化产业劳动的子系统，涉及体力生产和生产性消费的文化劳动 |
| 乔纳森 · 伯斯顿<br>尼克 · 戴尔-威瑟福特<br>艾莉森 · 赫恩 | 数据劳动是一个模糊了劳动和生活、工作和玩的界限的范畴，它用于分析数字媒体用户日常生活中诸多不同的方面，因此，数据劳动是一种模糊了“工人、作者、公民”不同社会角色界限的劳动 |
| 特雷博 · 肖尔茨 | 数据劳动既是游乐场又是工厂的互联网上的运动，除了传统的工资劳动外，还有无规律的自由免费劳动，是个体消耗在社交网络上的创造性工作。与传统的物质劳动不同，数据劳动感觉不到、看不到和闻不到。互联网上的“玩”和“劳动”紧密相连，从而产生了“玩劳动” |
| 吴欢、卢黎歌 | 数据劳动是指智力成果依靠数据信息构成的无形资产，以数据信息、数字技术和互联网为支撑，囊括工业、农业、经济、知识、信息，存在一定空间，消耗人们时间的数字化、网络化工作形式 |

① 周延云、闫秀荣在《数字劳动和卡尔 · 马克思：数字化时代国外马克思劳动价值论研究》一书中指出，“免费劳动”作为一种文化的知识性消费转换成为生产性行为，其生产的互联网信息被作为商品售卖和剥削。“免费劳动”是资源给予和“零报酬”并存，享受和剥削同在，具体包括互联网用户自由浏览网页、自由聊天、回复评论、写博客、建网站、改造软件包、阅读和参与邮件列表、建构虚拟空间等。

### （三）数据劳动价值与价值创造

资本主义商品生产日趋全球化、金融化、信息化和数字化，基于剩余价值生产和实现的资本积累模式呈现出新趋势、新特征。围绕数据劳动价值与价值创造这一焦点命题，学界展开了激烈的学术争论。西方马克思主义者强调，数据资本主义阶段马克思主义劳动价值论仍然具有理论解释力。当然，数据劳动的出场使资本主义剩余价值生产和实现产生了新现象、新挑战，客观上需要基于马克思劳动观对数据劳动的价值贡献进行必要的拓展性研究。[①]

**数据劳动参与价值创造**。首先，数据时代生产方式的一个新趋势就是劳动力去商品化，即随着信息网络技术的发展，游离于雇佣关系之外的无偿劳动或低酬劳动正成为资本吸纳劳动、榨取剩余价值的新途径。具体到数据产业，网络数据平台在线用户无偿从事数据内容生产，并进一步通过社交媒体公司雇佣劳动实现商品化，互联网资本则攫取了在线用户参与生产的“数据商品”全部的价值贡献，体现的是资本对无酬劳动的无限剥削。其次，在互联网网络广告赢利模式下，从资本生产的整体视角看，在线用户的“受众劳动”虽然处于资本流通领域，但本质上是发生于网络空间的“运输劳动”。按照马克思的理解，运输业是“第四

① 黄再胜. 数字劳动与马克思劳动价值论的当代阐释［J］. 湖北经济学院学报，2017（6）：5-11.

个物质生产领域”[①]，运输业工人的劳动也参与创造价值。最后，从商品生产的价值链角度看，商品价值生产和价值实现的界限趋向模糊化，商品的价值形成不再仅仅局限于产品制造环节，产品设计、营销、配送和售后服务的作用也日趋重要。从商品营销看，网络数据平台在线用户活动所透露的消费偏好和消费体验是推进产品改进与产品创新的重要依据。

**数据劳动促进价值实现。**从剩余价值生产规律看，马克思主义劳动价值论的一个基本主张是，广告营销活动发生于资本流通领域，只是促进剩余价值实现而不参与剩余价值生产。因此，商品营销活动获取的利润本质上是一种租金收入，是对已售出商品剩余价值的分割。沿袭这一研究进路，针对数据劳动的价值贡献，在一些西方马克思主义者看来，一种更令人信服的阐释是，从资本生产和资本流通相统一的整体来看，互联网企业的盈利主要来自向广告商出租网络广告空间而获取的租金收入。因此，以社交媒体平台在线用户活动为代表的数据劳动并不参与剩余价值生产，只是作为资本流通领域的一种非生产劳动，降低了商品营销的成本，提高了广告活动效率，从而助推了商品剩余价值的实现。

**数据劳动催生价值财富。**数据时代背景下，对于数据劳动剩余价值的生产问题的分析中较为重要的支撑点是对于数据劳动的使用价值和交换价值问题的分析。马克思的劳动二重性理论充分表明，具体劳动可以生产出某一种商品的使用价值，而某一种商

① 马克思，恩格斯. 马克思恩格斯全集：第 26 卷［M］. 北京：人民出版社，1972：444.

品的价值则是由抽象劳动产生的。学者黄炎宁早在2014年发表的题为《数字劳动、拜物教和消费性公民主体——以中国大陆新浪微博“杜蕾斯官方账号”为例》的文章中系统地对数据劳动中产生使用价值和交换价值的过程展开阐述。根据黄炎宁的论文观点，互联网社交媒体平台上数据劳动的交换价值变相地吸纳了其使用价值，二者融为一体。互联网社交媒体平台用户将大量的时间消耗在了完成数字媒体信息内容的生产、流通和资本积累上。与此同时，用户也将自己的劳动产品和劳动力无偿地给予了平台，而互联网社交媒体平台的所有者通过无偿占有用户在其平台中的消费行为活动产生的劳动力和劳动产品进行资本积累。

## 第二节 数据价值

价值是商品的基本特征，体现商品的本质，反映商品与生产者之间的社会关系。数据是一种特殊的商品，数据的价值与一般商品价值具有本质上的同一性，依然是凝结在其中的一般人类劳动。社会必要劳动时间是数据价值的度量尺度。数据作为一种商品形态，不仅包括价值、交换价值和使用价值，而且这三者之间密切联系。使用价值是价值、交换价值的物质承担者，价值是使用价值、交换价值的基础，交换价值是价值的表现形式。数据资源化、数据资产化、数据资本化是数据的价值进路，也是大数据发展的必然趋势。

## （一）数据的商品属性

数据是一种客观存在，是对现实世界的自然映射。数据具有非消耗性、时效性、可复制性、可共享性、可分割性、边际成本为零等特点。大数据时代，随着经济和科技体制改革的深入，数据这一新型商品在数据交易市场有了长足的发展，大大促进了数据的自由流通和数据市场的繁荣发展，成为数据时代新的社会生产力和创新力。

**数据属性。**数据是对事实、活动的数字化记录，具有独立性，形式多样，数据是无体的。①数据通常呈现为非物质性的比特构成，具备“消除不确定性”的效用价值，数据的量不是指数据的多少，也不是指数据符号的多少，而是指数据能够消除“不确定性”功能的大小。研究数据的属性是研究数据规律的逻辑起点。数据除了具有一般物质的基本属性外，还具有区别于一般物质的特殊属性。总而言之，数据具有如下新的属性。第一，数据具有非消耗性、时效性。与一般物质不同，数据不是一次性消耗品，可再生，可重复使用，并且随着时间的推移其使用价值逐渐降低。第二，数据具有可复制性、可共享性、可分割性。与一般物质不同，数据通过复制可供多人共享和重复使用，其使用价值是可分割的。第三，数据具有排他性。数据一经生产，其归属权就被排他性垄断。第四，数据的边际成本为零。数据追加使用一次后其总成本量基本保持不变。

① 李爱君. 数据权利属性与法律特征［J］. 东方法学，2018（3）：64–74.

**数据产品**。劳动产品是人类劳动创造出来的社会产品。大数据社会条件下，市场上存在的微信“朋友圈”信息、免费网络信息等是人类脑力劳动精炼而成的数据产品。数据产品与传统的物质产品有着明显的区别，为了区分二者，首先应了解物质、能量和信息的区别。物质是客观存在的实体；能量是物质运动的结果；信息是以物质为载体，以能量为动力，作为事物相互联系的媒介，是客观事物与主观认识相结合的产物。信息直接或间接描述客观事物状态，其传输需要能量来支持，因而信息不等于它的原事物或载体。事物的存在方式和运动状态一旦体现出来，就可以脱离原来的事物而相对独立地附着于别的事物上，从而被提取、处理、存储、表达和传输。可见，信息可供人们表达、传输、检索、复制和共享，信息具有可共享性。由于信息与物质、能量不同，数据信息产品也与物质产品有着本质的差异。归结起来，数据产品通过技术进行复制，可以多次共享、重复使用，具有可复制性、可共享性。

**数据商品**。数据产品只是一种劳动产品，并没有进行市场交换，因此与数据商品有着本质区别。根据马克思的观点，“商品是用于交换的劳动产品”，数据作为商品必须是劳动产品，能够满足人类使用和交换需要，才能展现其价值。大数据时代，数据与资金、技术、设备、土地、人力等物质要素相提并论，成为重要的生产要素并参与生产，与劳动创造的商品相互整合衍生形成数据商品。可见，数据是一种新型的商品。数据商品与人类生产生活密切相关，可供人们共享、决策和使用，是在大数据技术进步支撑下人类所开发、分析、创造的满足人们特定需求的数据信息。概而言之，数据商品以数据为核心资源和生产要素，凝结着一般人类劳动，是能够满足大数据社会条件下人类使用和交换需要的数据产品。只有通过现代数据技术开发、分析、使用并用于交换的数据产品才形成数据商品。表 4-3 进一步分解了数据商品的定义，并提供了数据商品的分类。

表 4-3　数据商品的定义与类别

| | | |
|---|---|---|
| 定义 | 一种特殊的劳动产品 | 凝结着一定量的人类劳动，以复杂的脑力劳动为主，抽象为人类的一般劳动 |
| | 以信息形态出现、可供分享的劳动成果 | 包括承载自然、社会、人文意涵的数据、符号、文字、图像等，这些商品经过第一次生产之后，可供人们重复传递、输送和分享 |
| | 满足了人类特定需要的劳动成果 | 能够有效满足人类降低质能消耗的实践需要，也可以运用于科学预测和决策，还可作为数据原料投入数字化再生产中去 |
| 类别 | 软件产品类 | 网页设计、编程等专业性软件及提供公众游戏、社交等的软件 |
| | 数据库产品类 | 对数据进行分类存储和有效管理的产品 |
| | 电子出版物类 | 电子刊物、音频视频制品等 |
| | 网络数据信息类 | 在线服务信息和消费资源 |

## （二）数据的价值表现

根据马克思的理论，商品应当具有使用价值和价值二重性，价值由交换体现。有使用价值之物，可以无价值，如对人类有效用但非起源于劳动之物。有效用又为人类劳动生产之物，可以不是商品，如以自身劳动生产物满足自身欲望。要生产商品，则既要生产使用价值，又要生产他人的使用价值——社会的使用价值。要成为商品，则生产物必须由交换转移至他人手中。

**数据的价值**。数据商品的价值是凝结在其中的一般人类劳动，体现数据生产者、经营者与数据使用者之间的社会关系。然而，与传统商品不同，它是对数据信息的应用和管理，并通过数据技术进行数据化传播、存储、加工、分析和使用。根据马克思主义劳动价值论的基本观点，数据化生产中所发生的“活”劳动创造了数据商品的价值。数据商品的生产涉及的劳动分为脑力劳动和体力劳动，这两种劳动在其价值形成中作用不同，所形成的价值量也大有不同。显然，在数据商品价值创造过程中，脑力劳动起着主导性作用，依附其上的体力劳动则紧密配合脑力劳动，而抽象的一般人类“活”劳动对数据商品的价值形成起着决定性作用。因此，数据商品的价值通过“活”劳动转移实现，人类“活”劳动是其价值形成的决定性因素。

**数据的使用价值**。从一般理论上来说，数据商品的使用价值是指数据商品的有用性，即数据商品具有能够满足人们需要的某种属性，是数据商品的自然属性。由于数据商品具有可共享、可重复使用、可分割的特性，并且其边际成本为零，所以其与传统商品使用价值的表现不同。数据商品的使用价值主要表现在使用频率和使用效率两个方面，使用频率指单位商品单位时间使用的次数，使用效率指单位商品单次使用的有用性大小。数据商品使用价值量主要取决于其实际使用频率和使用效率所带来的价值量，单位数据商品的质量越高，内含的劳动量越大，经营效率越高，在单位时间内使用的次数就越多，产生的使用价值也就越大，反之，其产生的使用价值就越小。数据商品可重复使用的特性使其使用价值无限扩大，单位数据商品的使用价值不受损耗，可重复使用的次数越多，产生的使用价值也就越大，反之，其产生的使用价值就越小。

**数据的交换价值。**马克思认为，交换价值首先表现为一种使用价值同另一种使用价值相交换的量的关系或比例，即商品的交换价值以价值为基础，是使用价值的表现形式，并没有提及商品交换价值的本质内涵，殊不知商品交换的本质是价值所有权的交换，商品交换价值建立在该商品价值所有权的基础上，即只有具有所有权，才能进行商品的交换。一般而言，商品的交换价值经历了简单的物物交换、市场中介交换，然而以往的物质商品没有区分交换价值与使用价值的本质关系，商品交换价值的作用也没有独立地显现出来。大数据社会条件下，商品交换的过程要凭借市场来实现，商品的交换价值与市场的组织形式密切相关，市场组织形式经过了从分散集市、集中式市场到互联网平台市场的多阶段递进演化，而互联网平台的市场中介作用使商品交换更加专业，依附于平台化的价值交换活动更加普遍，以数据商品经营权利为基础的交换价值通过交换平台得以实现和凸显。

### （三）数据的价值进路

生产力的发展以价值创造作为重要目标，生产力发展规律包含科学技术和社会生产组织两大因素，二者共同作用于生产力的发展，推动着价值创造的不断发展。数字文明时代产生了全新的价值形式，数据成为这个时代最突出和最核心的价值载体，其自身也正经历着从资源到资产再走向资本的过渡过程（见图 4–1）。数据资源化，数据只是记录、反映现实世界的数据资源。数据资产化，数据不仅是资源，还是资产，是个人或企业资产的重要组成部分，是产生财富的基础。数据资本化，数据资产与价值进行结合，价值通过交易和流通等活动得以体现，最终数据变为资本。

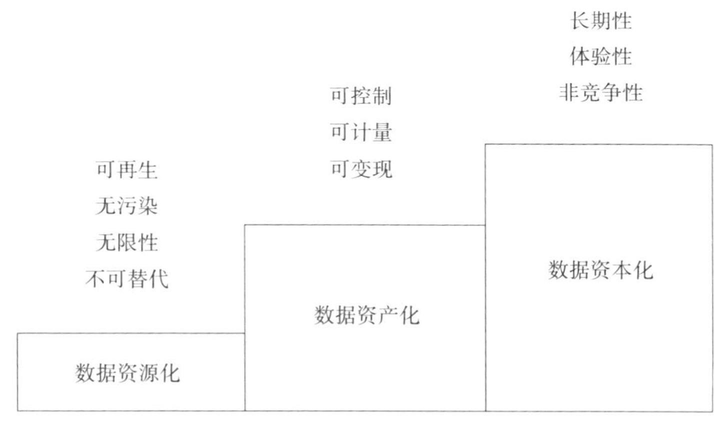


**图 4–1　数据的价值进路**

**数据资源化**。界定数据是资源，首先要界定数据是一种生产要素。生产要素是经济学分析的一个根本问题，其界定要看在既有决策下是否有利于降低成本、提高收益，是否参与了价值创造。2014 年 2 月 27 日，中共中央总书记习近平主持召开中央网络安全和信息化领导小组第一次会议并发表重要讲话："网络信息化是跨国界流动的，信息流引领技术流、资金流、人才流，信息资源日益成为重要生产要素和社会财富，信息掌握的多寡成为国家的软实力和竞争力的重要标志。”[①]2015 年 5 月 26 日，李克强总理在致贵阳国际大数据产业博览会暨全球大数据时代贵阳峰会的贺信中指出：“数据是基础性资源，也是重要生产力。大数据与云计算、物联网等新技术相结合，正在迅疾并将日益深刻地改变人们生产生活方式……”[②]可见，大数据时代，如同 19—20 世纪的石油和金矿，数据正成为一个国家提升综合竞争力的关键资源。数据不仅有利于人们精准决策，而且对某项具体决策下的成本和收益也会产生影响，即参与了价值创造。因此，数据是一种新的生产要素，即数据是资源。数据资源具有可再生、无污染、无限性[③]三大特性。数据资源化是使用数据资源，释放数据价值的逻辑起点。简单来说，数据资源化的过程就是数据使用的过程，即在开放的基础上，通过先进的数据技术对数据加以提炼、加工与整合，实现数据资源的纯化，使其可以被调用和应用，以及从静态的“原矿状态”变为动态可用的数据资源。在这个过程中，无论是供给知识、信息，还是提供服务，本质上都是将数据资源化，并对其进行持续深入的数据挖掘，进而帮助管理者决策，实现经济效益。

① 习近平纵论互联网［EB/OL］.（2015-12-16）.http://politics.people.com.cn/n1/2015/1216/c1001-27933384.html.

② 关于大数据，李克强的 10 个判断［EB/OL］.（2016-05-26）.http://www.gov.cn/xinwen/2016-05/26/content_5076814.htm.

③ 可再生是指数据资源不是从大自然获得的，而是人类自己生产出来的资源，通过加工处理后的数据还可以成为新的数据资源。无污染是指在数据获得与使用过程中不会污染环境。无限性是指数据在使用过程中不会变少，会越变越多。这个特性与传统资源是相反的，传统资源越用越少，而数据资源越用越多。

**数据资产化**。资产是指由企业过去经营交易或各项事项形成的，由企业拥有或控制的，预期会给企业带来经济利益的资源。同理，数据资产是由企业或组织拥有或控制的，且能带来经济价值的数据资源。在这个阶段，数据既是资源也是资产，是企业或组织资产的组成，是产生财富的基础，既具有应用价值也具有独立的经济价值，但是，并不是所有的数据都是资产，只有可控制、可计量、可变现的数据才可能成为数据资产。实现数据可控制、可量化、可变现的过程，就是数据资产化的过程。数据资产按其归属可以分为个人数据资产、企业数据资产、政府数据资产。[①]数据资产会催生以数据资产为核心的新商业模式，目前以数据资产为核心的商业模式主要有租售数据模式、租售信息模式、数据媒体模式、数据使能模式、数据空间运营模式和大数据技术模式（见表 4–4）。相信不久还会出现更多的新的商业模式。从数据到数据资产化需要解决一些根本性问题，比如资产属性、数据确权、数据价值的评估、个人信息保护和数据资源的会计核算等，这些方面需要国家相关政策法规的规范和进一步的确认。同时，在数据资产交易方面，为降低目前数据资产交易中高昂的成本，促进数据资产的流动，也需要国家尽早制定出合理公平的交易准则和定价依据。

① 个人数据资产指个人数据的总和，包括个人在公共平台、私有信息系统中的数据及其个人文件等。企业数据资产指企业拥有数据的总和，包括运营的服务平台、企业信息系统、数据库系统、文件系统等所管理的数据。政府数据资产指政府部门拥有数据的总和，包括其代行国家管理职能采集的各种公共数据、企业数据、市民数据及其自有的业务数据等。

表 4-4　以数据资产为核心的 6 种商业模式

| 商业模式种类 | 特　点 |
| --- | --- |
| 租售数据模式 | 主要是出售或出租原始数据 |
| 租售信息模式 | 出售或者出租经过整合、提炼、萃取的信息 |
| 数字媒体模式 | 主要是通过数字媒体运营商进行精准营销 |
| 数据使能模式 | 代表性企业诸如阿里巴巴公司，其通过提供大量的金融数据挖掘及分析服务，协助其他行业开展因缺乏数据而难以涉足的新业务，如消费信贷、企业小额贷款业务等 |
| 数据空间运营模式 | 主要是出租数据存储空间 |
| 大数据技术模式 | 针对某类大数据提供专有技术 |

资料来源：张驰.数据资产价值分析模型与交易体系研究［D］.北京：北京交通大学，2018.

**数据资本化。**数据革命使“用数据生产信息和知识”成为可能，而这一过程也促使数据资产转化成了可以直接推动生产力的数据资本。“我们正在进入数据资本时代。”英国帝国理工学院数据科学研究所所长郭毅可将数据经济的发展比喻为 4 个阶段：数据的“前天”，即数据资料阶段，过去数据仅仅是记录度量物理世界的资料；数据的“昨天”，即数据产品阶段，当数据被用来组成服务时就成为资源，就会成为产品，于是就诞生了腾讯、百度、谷歌等一系列的数据产品和服务；数据的“今天”，即数据资产阶段，人们已经意识到对数据的所有权界定使其成为资产，这时数据是产生财富的基础，是其个人总资产的一个重要组成部分；数据的“明天”，即数据资本阶段，是使数据资产连接其价值的时代，对数据资产进行流通和交易以实现其价值，使其转换为资本。数据资本不同于实物资本的特性，主要反映在三个方面：一是非竞争性，实物资本不能多人同时使用，数据资本则不存在这个问题；二是不可替代性，实物资本是可以替换的，例如你可以用一桶石油替换另一桶石油，数据资本则不行，因为不同的数据包含不同的信息；三是体验性，例如电影和书籍等体验性商品只有在体验后才能体现其价值，数据也是一样，只有在使用后才知道其意义所在。数据资本的价值需要在数据交易和流通中体现。数据资本化就是将数据资产的价值和使用价值折算成股份或出资比例，通过数据交易和数据流通活动将数据资产变为资本的过程。2015 年 4 月 14 日，全国首家大数据交易所——贵阳大数据交易所[①]正式挂牌，并完成了卖方为深圳市腾讯计算机系统有限公司、广东省数字广东研究院，买方为京东云平台、中金数据系统有限公司的首批数据交易。[②]2015 年 5 月 27 日，中关村数海数据资产评估中心有限公司作为中国第一家主营数据资产盘点、整合、登记、确权、价值评估的服务机构正式登记成立，开启了数据资本化的序幕。

---

① 贵阳大数据交易所主要为数据商开展数据期货、数据融资、数据抵押等业务，提供完善的数据确权、数据定价、数据指数、数据交易、数据结算、数据交付、数据安全保障、数据资产管理和融资等综合配套服务，建立交易双方数据的信用评估体系，增加数据交易的流量，加快数据的流转速度。

② 朱志刚. “大数据 · 智贵阳”——记全国首家大数据交易所［J］. 产权导刊，2015（6）：60–61.

# 第三节 数据价格

价格是价值的表现，是商品的交换价值在流通过程中所取得的转化形式。数据作为一种特殊的商品，数据价值就需要用一定数据的价格来表现，以反映数据作为商品交换的本质。然而，由于数据的生产、交换、消费、再生产具有与一般商品完全不同的特性，不能沿用一般商品的价格体系，需要正确认识数据的价格形成机制，“发挥出价格在市场资源配置中的本质作用，有效调节和促进生产”[①]，形成合理的市场价格，从而促进社会数据资源的有效配置。

## （一）数据交易与数据定价

大数据时代，数据成为各行各业的核心资源，政府部门、科研机构、互联网产业、金融机构等在运行过程中产生了海量业务数据和运营数据，数据的存储和计算已经不再是唯一目的，对数据的分析挖掘和再利用，从而产生出巨大的商业价值是大数据时代数据的真正意义所在。因此，数据交易成为大数据时代创新的商业模式，推动着DT（数据处理技术）时代的来临。DT时代是IT（信息技术）时代的演进，在DT时代，数据成为公司的重要资产，数据从企业内部的独享走向企业间的共享。由于缺乏规范的数据共享渠道和统一的交易规范，数据交易平台和数据交易所

① 田先华. 变故鼎新、砥砺前行，构建适应时代发展的价格机制［J］. 价格理论与实践，2015（11）：48–49.

的出现是时代的趋势。

国外数据交易平台中比较知名的有美国的大数据公司Factual，该公司成立于2008年，面向大、中、小企业提供所需数据，小规模的数据是免费的，大规模的数据需付费使用，涵盖了政府数据及教育、医疗、服务和娱乐等多方面的数据，客户有脸书、美国电话电报公司、美国本地搜索服务商CitySearch等。大数据公司Infochimps早期也主要从事数据市场的服务，为用户提供数据上传的场所，用户可以让其他人免费下载，或者定价销售，此外，Infochimps平台提供API（应用程序编程接口），在用户超过免费API调用额度后收取使用费。微软提供的数据交易和分享平台Microsoft Azure Marketplace拥有数万亿个数据集，用户也可向该平台出售数据。日本富士通公司的数据交易平台Dataplaza的数据来源有流通业、制造业等各行业的企业产生的数据，智能手机的位置数据，社交网站内容数据等个人数据，数据中涉及的个人信息在进行匿名处理后可在平台上进行交易。

国内的数据交易平台从2014年开始呈现蓬勃发展的良好态势。2014年2月，中关村数海大数据交易平台成立，这是中国首个大数据交易平台，该交易平台为政府、科研单位、企业乃至个人提供数据交易和数据应用的场所。2015年4月，贵阳大数据交易所由贵州省政府批准成立，通过自主研发的电子交易系统面向全国提供数据交易服务，实现7×24小时不休市交易，截至2018年3月，已接入225家优质数据源，发展会员单位数目突破

2 000 家，经过脱敏脱密，可交易的数据总量超 150PB①，可交易数据产品 4 000 余个。伴随着大数据的浪潮，上海、湖北、河北、浙江等地的数据交易平台也纷纷成立，预计到 2019 年，各地政府推动建立的数据交易中心将达到 20~25 家。②

数据定价是数据交易的逻辑起点，是数据价值的货币化表现形态。目前国内外数据定价机制尚不完善。对数据来说，因其易复制、易传播、估值困难等区别于普通商品的特性，不能完全参照金融交易所和商品交易所的定价模式。传统交易所的竞价模式一般是连续竞价和集合竞价，涉及的是多对多的关系，而数据交易一般是一对一或者一对多的关系。不同类型的数据需要设计不同的交易机制，比如有的数据是一次性交易完成，有的数据需要卖方一段时期的实时供应，有的数据容易采集且同类型数据多，有的数据不易采集且同类型数据很少。数据交易需要平台的集中撮合，既要考虑到买方的利益，又要考虑到卖方的利益，同时还需要能够活跃市场，维护市场的正常秩序。

**预处理定价。**数据定价的双向不确定性问题是阻挠数据科学定价策略形成的重要原因。因此，对数据进行预处理后再进行交

---

① 1PB=$2^{50}$B。——编者注

② 包括贵阳大数据交易所、上海数据交易中心、武汉东湖大数据交易中心、华东江苏大数据交易中心、重庆大数据交易市场、长江大数据交易中心、浙江大数据交易中心、哈尔滨数据交易中心、华中大数据交易所、钱塘大数据交易中心、数据堂、北京大数据交易服务平台、优易数据、类聚、数读、发源地、京东万象、数据星河（九连环大数据平台）、数据宝、阿里云数据市场、百度API商店、数据淘、大海洋数据服务平台等。

易，实质上是将数据从一般性数据信息转化成真正可以为客户所直接使用的商品。对客户而言，经过预处理的信息属于可以直接给出购买价的信息，这无疑会大大减少数据买卖双方在价格谈判中的分歧，提升数据交易的成功率。预处理定价策略不仅有利于实现双方的定价信息对称，而且有助于保护隐私和元数据，进一步增加数据交易所的交易动力。当然，这种定价策略也存在一些问题，主要是会受到数据交易所自身数据挖掘与分析技术的限制，数据应用可能会出现错误等。预处理定价策略下，其应计算的成本除了常规成本外，还包括数据预处理成本。虽然预处理定价策略有助于缩小数据理论价格的区间，但由于用户还需考虑实际使用效果，即数据使用前后的效用差，往往会与其他定价策略同时使用。

**拍卖定价**。即使是经过预处理的数据，其价值依然具有很大的不确定性，即难以科学地给出数据的合理定价。特别是在数据交易之前，买卖双方对于使用数据究竟可以带来多大效用其实没有把握。在此情况下，一些交易者更倾向于通过拍卖决定价格，这既符合市场原则，也可以让买方更好地进行对比。为提高拍卖定价的科学性，可以采取多种方式进行。如为了提高买卖双方对数据信息及其价格的认可度，可以采取多次拍卖的方式进行。买方在使用数据并获得利益后，愿意付出的拍卖价格肯定更高，而卖方也可以从上次的拍卖中吸取教训，从而取得双方都满意的结果。再如使用买方竞拍、反向竞拍等多种形式进行，让双方在诚实的基础上就数据价格达成最大一致性，促进数据交易可持续发展。当然，数据拍卖定价也有其局限性，如需要有多个购买者参加，且每个购买者都想自己拍得的数据使用权是独一的、排他的。也就是说，拍卖定价策略失败的可能性比较大，容易出现多个客户合伙竞拍一个数据的道德风险。

**协商定价**。协商定价策略是商品交易中十分常见的一种定价方法。一般而言，只要买卖双方对商品价值有比较接近的认可就可以使用协商定价策略。在数据交易中，交易双方对数据价值的认可度是协商定价的基础。通常卖方认为自己所出售的数据是非常有效用的，可以让买方获得巨大收益；买方会理所当然地低估数据价值，且会尽可能地将风险因素考虑到协商定价中去。在协商定价过程中，数据买卖双方会尽可能地摸清对方的底价，即买方想知道卖方的最低交易价格，卖方则想知道买方到底能够出多少钱来购买数据。虽然协商定价策略可以充分体现双方的意愿，但是这一定价策略仍然存在较高的风险。一是时间成本很难得到控制。双方都希望最后达成的定价有利于自己，同时出于对对方底价的小心试探，可能会让整个协商过程变得十分漫长，进而导致时间成本过高。二是对协商话语权的争论可能会影响数据协商定价的结果。对买卖双方而言，一次协商成功的可能性非常小，在未能达成一致意愿的情况下，由谁来提出下一个价格以及价格差距有多大，对最后的协商价格都会产生不小的影响。

**反馈性定价**。数据具有高速变更的特征，这是数据交易中不可忽视的因素。因此，在数据定价实践中，出现了反馈性定价策略，即在原有协商定价、拍卖定价基础上，克服其静态价格的不足，在客户使用数据后及时反馈，买卖双方再对价格进行调整。例如，买方在通过其他定价策略获得数据使用权后，发现其实际效用与预期效用存在差距，这个差距就可以成为今后数据定价的重要参考因素。卖方可以根据实际效用对售价进行调整，避免出现价格过低的情况。在不断反馈、不断修正后，数据定价的合理性就可以得到最大限度的保障，为数据买卖双方的长期合作夯实基础。需要注意的是，谁来反馈实际效用、什么时间进行反馈等问题都是反馈性定价策略面临的难题。即便如此，反馈性定价策略因其可以提高大数据定价与市场实际的匹配度，对促进和保障数据可持续交易具有积极的作用。

**数据定价标准。**建立数据资产评估标准，制定通行的数据价格指标体系，是数据生态体系中重要的链条。定价模型中除了数据实时性、数据样本覆盖面、数据完整性、数据品种、时间跨度与数据深度等特质因子外，还需考虑与数据特质相关的其他因素，如数据产品专利、数据来源与内容是否侵权等，以及为确保数据产品无权利瑕疵而需要支付的成本及预算。中国应尽快建立一套全国通行的数据交易定价指标体系，这套指标体系包括两个部分，即基本价格指标（是成本价，也是最低价）和调整价格指标，最终结果是实现数据产品的科学、高效、自动计价（见表4–5）。

表 4-5 数据定价指标体系构想

| 类型 | 一级指标 | 二级指标 |
| --- | --- | --- |
| 基本价格 | 人力 | 人员职称级别费、人的工作时间报酬费等 |
| | 物力 | 通信费、交通费、被调查者的报酬、计算机及相关硬件的折旧费、正版搜集和加工软件的购买费、大数据分析产品的知识版权费、电费等 |
| | 佣金 | 交易佣金的确定与大数据交易平台向国家税收部门缴纳的税费密切相关，一般为 30%~50% 不等，比如数据堂官网规定交易佣金为 30%，贵阳大数据交易所规定交易佣金为 40% |
| 调整价格 | 数据产品 | 数据样本量、数据品种、数据完整性、数据时间跨度、数据实时性、数据深度、数据样本覆盖度、数据稀缺性、数据传输成本、数据拆分等 |
| | 历史成交价 | 针对同类同级数据集，分别按年度、季度、月度、周、日统计其最高成交价、最低成交价、平均成交价 |
| | 数据效用 | 这个指标目前属于纯理论探讨状态，实现难度很大，需要数据卖方、数据买方、数据交易平台三方形成良好互动机制 |

## （二）数据价值结构与交易

具有价值是商品交易的基础，也是进行商品定价的前提。①21世纪以来，大数据、移动互联网、人工智能、区块链、量子信息等新一代信息技术迅猛发展，推动了人类社会从信息时代迈向数据时代。在大数据时代，数据已经成为核心资产和关键资源，如何有效发挥数据的价值却面临不少难题。使用现有的理论和方法难以甄别海量数据中有价值的数据，难以有效分析与量化数据的

① 胡燕玲 . 大数据交易现状与定价问题研究［J］. 价格月刊，2017（12）：16–19.

价值，现行的数据资产交易模式难以保障数据价值实现过程的安全。因此，如何衡量数据的价值，如何构建安全可靠的数据交易模型，成为数据价值研究与交易研究的前沿问题。[①]

**数据价值影响因素。**数据是一种特殊的商品，影响数据价值的因素有很多，主要包括数据质量、数据规模、可访问性、鲜活性、关联性、使用效果、价值密度、数据类型、共享性、再生性10个方面。数据质量有多方面的体现，主要体现在准确度、完整性、广度、延迟性和粒度等方面。数据规模主要考虑数据集的大小，数据价值会由于数据规模的变化折价或者溢价。可访问性直接影响数据的使用频率，数据价值随着数据使用频率的增加而增加。鲜活性是指数据的新鲜程度，即数据产生的时间，是否为最新的数据，越新的数据其价值越高。关联性反映数据与其他数据间的关联关系，关联性越高的数据，越容易被整合与使用，其价值越高。使用效果主要取决于数据拥有者运用数据的能力，运用能力越高，则数据价值越高。价值密度是由高价值的数据在总体数据中的占比决定的，数据的价值与该项数据的价值密度成正比。数据类型多样性是指数据包含众多不同类型的数据，可以满足不同主体的需求，表现为数据类型越多，数据资产的价值就越高。共享性是指数据可以在多个用户、业务领域和企业之间共享，而不会对每一方造成损失，一般来说，数据共享会增加数据的价值。再生性是指数据具有非消耗性，数据使用得越多，数量不会变得越少（见表4-6）。

① 张驰.数据资产价值分析模型与交易体系研究［D］.北京：北京交通大学，2018：V.

表 4-6 数据价值的影响因素

| 影响因素 | 对数据价值的影响 |
| --- | --- |
| 数据质量 | 数据的价值会随着数据质量的提高而增加 |
| 数据规模 | 数据的价值会随着数据规模的扩大而增加 |
| 可访问性 | 数据的价值会随着访问、使用的便捷程度的提高而增加 |
| 鲜活性 | 数据的价值会随着时间的推移而降低 |
| 关联性 | 数据的价值会随着关联数据数量的增加而增加 |
| 使用效果 | 数据的价值会随着使用效果的增强而增加 |
| 价值密度 | 数据的价值会随着价值密度的增大而增加 |
| 数据类型 | 数据的价值会随着数据类型的增多而增加 |
| 共享性 | 数据的价值会随着多用户的共享而增加 |
| 再生性 | 数据的价值不会随着数据的使用而消耗 |

资料来源：张驰.数据资产价值分析模型与交易体系研究［D］.北京：北京交通大学，2018.

**数据价值结构。**探索以数据为关键要素，以分析量化数据价值为核心目标，建构一套数据价值指标体系，是度量数据价值的前提，也是保障数据交易的基础。依据数据的定义、基本特征、来源、分类与构成，我们试图提出“数据价值结构”这一概念来研究和分析数据的核心价值，并综合考虑数据价值的影响因素，建构一套数据价值结构体系来量化数据的价值。数据价值结构可以由颗粒度、多维度、活性度、规模度和关联度 5 个特征维度组成。颗粒度是指数据价值对数据质量、共享性的反应程度，多维度是指数据资产价值对数据类型多样性和可访问性的反应程度，活性度是指数据价值对活性、再生性和使用效果的反应程度，规模度是指数据价值对数据规模和价值密度的反应程度，关联度是指数据价值对关联性的反应程度。通过这 5 个特征维度可以较全面地衡量数据的价值（见表 4-7）。

表 4-7　数据价值结构

| 一级指标 | 二级指标 | 三级指标 | 价值影响因素 |
| --- | --- | --- | --- |
| 数据价值 | 颗粒度 | 数量、类型、精度、准确度、长度、完整度、合规性、维护频率、格式、编码方式、标准、命名规则 | 数据质量、共享性 |
| | 多维度 | 来源渠道种类、来源数量、来源方式、来源类型、覆盖范围、重复率、一致情况、采集方式 | 可访问性、多样性 |
| | 活性度 | 更新间隔时间、访问间隔时间、存在时间、更新差异度、访问系统数量、常用属性数量、累计访问次数、累计更新次数 | 活性、再生性、使用效果 |
| | 规模度 | 数据条数、资产大小、增长速度、使用范围、获取难易程度、独占程度 | 数据规模、价值密度 |
| | 关联度 | 流入数据数量、流出数据数量、流入数据频率、流出数据频率、流入数据大小、流出数据大小、流入数据关联强度、流出数据关联强度、数据依赖程度、数据独立程度 | 关联度 |

资料来源：张驰.数据资产价值分析模型与交易体系研究［D］.北京：北京交通大学，2018.

数据的价值可以通过颗粒度、多维度、活性度、规模度和关联度这 5 个特征维度的共同作用衡量，且这 5 个特征维度具有相同的权重。基于特征维度的数据价值分析模型框架，模型包括输入层、计算层、输出层与价值计算层。输入层由特征维度对应的细分维度指标构成；计算层是对输入的细分指标数据进行计算的过程；输出层是基于细分指标数据计算得到的 5 个特征维度的评价结果；价值计算层是依据 5 个特征维度的评价结果数值，代入数据价值计算公式，可以计算得到数据的价值（见图 4–2）。

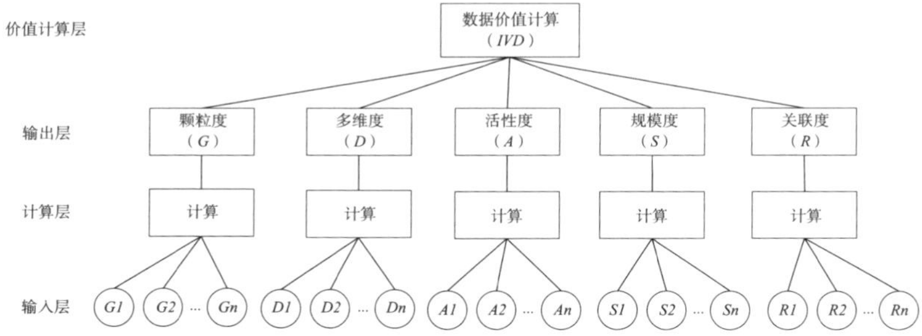


**图 4–2　数据价值结构**

注：$IVD=(1+G)\times(1+D)\times(1+A)\times(1+S)\times(1+R)-1$

$IVD$——数据的价值，$G$——颗粒度，$D$——多维度，$A$——活性度，$S$——规模度，$R$——关联度。代码对应指标名称见表 4–8。

资料来源：张驰.数据资产价值分析模型与交易体系研究［D］.北京：北京交通大学，2018.

**表 4–8　代码对应指标名称**

| 代码 | 指标名称 | 代码 | 指标名称 | 代码 | 指标名称 | 代码 | 指标名称 |
|---|---|---|---|---|---|---|---|
| *G1* | 数量 | *G12* | 命名规则 | *A3* | 存在时间 | *S6* | 独占程度 |
| *G2* | 类型 | *D1* | 来源渠道种类 | *A4* | 更新差异度 | *R1* | 流入数据数量 |
| *G3* | 精度 | *D2* | 来源数量 | *A5* | 访问系统数量 | *R2* | 流出数据数量 |
| *G4* | 准确度 | *D3* | 来源方式 | *A6* | 常用属性数量 | *R3* | 流入数据频率 |
| *G5* | 长度 | *D4* | 来源类型 | *A7* | 累计访问次数 | *R4* | 流出数据频率 |

（续表）

| 代码 | 指标名称 | 代码 | 指标名称 | 代码 | 指标名称 | 代码 | 指标名称 |
|---|---|---|---|---|---|---|---|
| G6 | 完整度 | D5 | 覆盖范围 | A8 | 累计更新次数 | R5 | 流入数据大小 |
| G7 | 合规性 | D6 | 重复率 | S1 | 数据条数 | R6 | 流出数据大小 |
| G8 | 维护频率 | D7 | 一致情况 | S2 | 资产大小 | R7 | 流入数据关联强度 |
| G9 | 格式 | D8 | 采集方式 | S3 | 增长速度 | R8 | 流出数据关联强度 |
| G10 | 编码方式 | A1 | 更新间隔时间 | S4 | 使用范围 | R9 | 数据依赖程度 |
| G11 | 标准 | A2 | 访问间隔时间 | S5 | 获取难易程度 | R10 | 数据独立程度 |

资料来源：张驰.数据资产价值分析模型与交易体系研究［D］.北京：北京交通大学，2018.

采用数据价值计算公式计算数据的价值有如下优势。一是可以计算出 5 个特征值的整体效应，即包含 5 个特征维度对数据价值的共同作用。二是可以保证每个特征值的效应是对称的，即每个特征对数据价值的作用是相同的，可以保证各个特征之间的相互作用是同等重要的，即相互作用项是各个特征值的对称多项式。三是可以避免单个特征值零化的影响，即某个特征值趋于零时，可以弱化该特征值对其他特征值的干扰。

**数据交易模型**。数据交易一般会涉及数据卖方、数据买方、数据交易平台三方主体。数据卖方即数据提供者，其参与数据交易一般是出于对现有数据变现的需要，例如物流企业、银行、电商平台、支付平台、证券公司、保险公司、金融公司等，或出于其自身社会责任的需要，例如政府监管部门、工商税务部门、安全部门、法院等。这些企业或机构都会成为数据提供者，通常政府部门的数据会免费开放，其余部门的数据需要进行交易。数据买方即数据购买者，其购买需求可能源自对现有数据扩充的需要，也可能源自对自身运营风险的控制，还可能源自对新型数据产品或服务的研发需求。通常互联网企业、银行、消费金融公司、保险公司、证券公司、网贷公司、各类服务业公司等都会成为主要的数据买方。数据交易平台是对整个数据交易体系进行运营和管理的一方，是连通数据卖方（数据拥有者）和数据买方（数据购买者）的桥梁，为交易双方提供一个安全、可靠、公平的交易环境，提高交易双方的交易成功率。数据卖方先将自己的数据按照规定进行预处理，交由数据交易平台审核，审核通过后在数据市场上挂牌待售。数据买方可以直接进入数据交易平台，浏览上面的数据及数据产品，选择自己需要的进行交易，也可以在数据交易平台上发布需求，经由数据交易平台对需求进行审核后，等待符合条件的数据卖方来应标，完成交易（见图 4–3）。

### （三）数据的价格模型

数据作为信息时代的产物，其价值需要用一定数量的价格来表现，以反映数据作为特殊商品交换的本质。然而，由于数据的生产、交换、消费、再生产具有与物质商品完全不同的特性，不能沿用物质商品的价格体系，需要正确认识数据的价格形

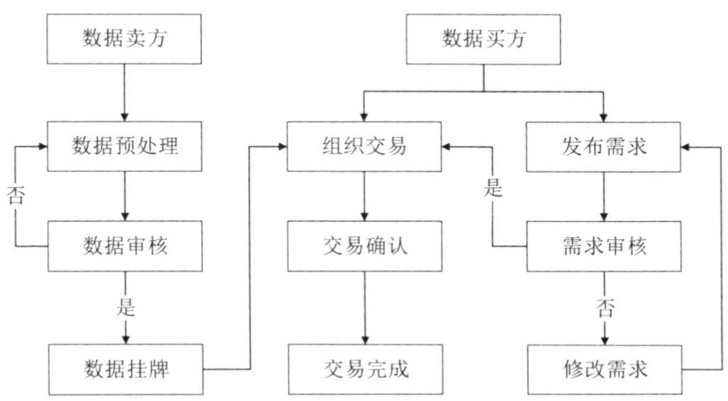


**图 4–3　数据交易平台交易流程**

成机制，“发挥出价格在市场资源配置中的本质作用，有效调节和促进生产”[①]，形成合理的市场价格，从而促进数据资源的有效配置。

**价格基本理论**。参照信息产品的价格理论，其主要有早期价格理论、马克思劳动价值论、现代西方价格理论三个理论支撑。早期价格理论包括效用价格论、供求价格论、成本价格论和价格特点论。效用价格论认为决定商品价格的是其使用价值；供求价格论认为决定商品价格的是供求关系，供求曲线的交点即为均衡需求；成本价格论认为决定商品价格的是成本；价格特点论则认为不同类型的商品的价格由其自身的价格特点决定。马克思主义劳动价值论认为商品的价格由其本身的价值量决定，即由商品生产的社会必要劳动时间决定。现代西方价格理论包括边际成本理

① 田先华. 变故鼎新、砥砺前行，构建适应时代发展的价格机制［J］. 价格理论与实践，2015（11）：48–49.

论、垄断价格论和均衡价格论。均衡价格论认为商品的价格应该以成本为基础，以使用价值为核心，同时考虑到供求关系的影响来对价格进行均衡；垄断价格论与对商品的产权界定相关，认为商品处于垄断阶段，则生产者会以高于平均成本的价格定价，形成垄断价格。[①]从对价格基本理论的描述来看，数据定价所能采取的模式并不多。数据及其价值的稀缺性和不确定性，决定了供求价格论是不大适用的。数据本身就具有唯一性，且数据的产生是一种数据获取和搜集的过程，很难用社会必要劳动时间来界定，故而马克思主义劳动价值论还需要一定的理论转化。数据的确本身属于垄断性的产品，但是数据市场尚未形成，加上每个数据可能都有其专门性，所以要从占市场份额和企业周期来决定定价模式是困难的，也是有些不合理的。边际成本理论将再生产一单位产品的边际成本等于消费者的边际收益时的价格确定为商品的价格，显然，数据的边际成本趋近于零，因此边际成本无法用来确定数据的价格。综上，较为适合的理论模型有效用价格论、成本价格论。[②]

**效用价格论：最高价格。**在效用价格论看来，数据价格的决定性力量就是数据的使用价值。该理论是将数据当作普通商品来看待的，只有确定了其使用价值，买方才愿意付出相应的成本来获得数据使用权。在效用价格论定价中，需要考量买方在使用数据后的预期收益与使用数据之前的收益差值。这种收益差值相当

① 马费成，靖继鹏. 信息经济分析［M］. 北京：科学技术文献出版社，2005：82–85.

② 刘朝阳. 大数据定价问题分析［J］. 图书情报知识，2016（1）：57–64.

于使用者使用数据能够得到的好处。如通过使用数据，企业可以更加准确地定位目标客户，从而大幅提升促销活动的针对性与成功率。根据使用效用来进行定价，对买方而言是比较容易接受的，相当于买方在付出一部分成本后可以获得更大的收益，但应该看到，由于预期收益具有不确定性，买方愿意付出的成本是有限的，此时应用效用价格论对数据进行定价，实际上制定的是一种最高价格。当然，随着数据挖掘技术和分析技术的不断进步，数据分析结果将越来越准确，进而提高数据预期收益的精准度，使数据交易更加普遍。

**成本价格论：最低价格。**在成本价格论看来，决定一件商品价格的关键因素是其生产成本，在成本基础上加入一定的利润率即可形成商品价格。与效用价格论相反，成本价格论定位的商品价格是最低价格。[①]数据行业是一个非常消耗资金的行业，其成本主要包括实施成本与运营维护成本。实施成本主要是指人员费用、数据搜集费用、软硬件投入费用等。自 2006 年全球最大的大数据中心——谷歌大数据中心建立以来，其已经先后投入了 450 亿美元的建设资金，这显然不是一般企业能够承受的。运营维护成本主要是指数据中心管理费用、运行费用及维护费用等。由于全球数据信息快速膨胀，仅仅是每年增加的存储设备就需要投入巨大的资金，而对这些规模越来越大的数据中心进行维护，更是需要相当大的一支人员队伍。由此可见，各数据中心的运营

① 刘敦楠，唐天琦，赵佳伟，等. 能源大数据信息服务定价及其在电力市场中的应用［J］. 电力建设，2017（2）：52-59.

维护费用将是一笔不小的支出。有鉴于此，成本价格论认为，数据定价应该保障数据中心的利润率，即切实保障数据中心的再投资和运营维护费用，从而确保数据中心能够满足全球数据信息不断扩张下的实时扩容。[①]

① 张敏. 交易安全视域下我国大数据交易的法律监管［J］. 情报杂志，2017（2）：127–133.

# 第五章 数据力与数据关系

生产力和生产关系是人类社会中最重要的一对关系。人类生产力在经历了农耕时代、工业时代之后，正迈向数据时代，社会生产力水平正在经历继工业革命以来最伟大的变革。进入大数据时代，毫无疑问，也存在数据力和数据关系的问题，而且这是一个值得深入研究的重大理论问题。数据力将是人类最重要的生产力，由于这种力量的相互作用与影响，整个社会生产关系也被打上了数据关系的烙印。数据力的发展带来数据关系的变化，数据关系的变化必将对建立在经济基础之上的整个上层建筑架构产生深远的影响。展望未来，以互联网、大数据、云计算和人工智能等新一代信息技术为支撑的科技革命，必将推动数据化社会的生产力向公平化、协调化、共享化和全球性开放等趋势演进，进而促进人的自由全面发展和实现人类文明的跨越式进步。

## 第一节　从生产力到数据力

生产力是马克思主义哲学的一个基本范畴，也是唯物史观的一个奠基性的概念。立足于当代实践，因现代科学技术的进步，生产力已经不仅仅是人类改造自然界的能力，同时也是开发、改造、利用和维护人类所创造的符号系统，比如数据资源。数据力是大数据时代人类利用数据技术认识和改造自然的能力，它既是一种认知能力，又是一种发展能力，归根结底就是一种数据生产力。可以预见，数据力将是未来人类社会最重要的生产力，推动人类文明和社会的进步。

### （一）生产力的变革

《哲学大辞典》这样定义生产力："亦称'社会生产力'，广义指人控制和改造自然的物质的和精神的、潜在的和现实的各种能力的总和，狭义指体现于生产过程中的人们控制和改造自然的客观物质力量。"[①]按照马克思主义理论，构成生产力的基本要素有具有一定生产经验与劳动技能的劳动者、投入生产过程中的劳

① 转引自让·鲍德里亚. 消费社会［M］. 刘成富，全志刚，译. 南京：南京大学出版社，2001：28.

动对象、以生产工具为主的生产资料，即“生产力=劳动者+生产工具+劳动对象”（见图5–1）。在马克思看来，生产过程并不是人类向自然界索取物质生活资料的单向过程，而是人与自然相互作用的过程，具体来说，是人与自然之间相互进行物质交换、能量交换和信息交换的双向运动过程。[①]纵观人类历史，可以发现，人类社会的进步是由生产力的发展变化决定的，每一次生产力的变革都伴随着生产力三要素的升级，并带来物质文明、精神文明的极大丰富。

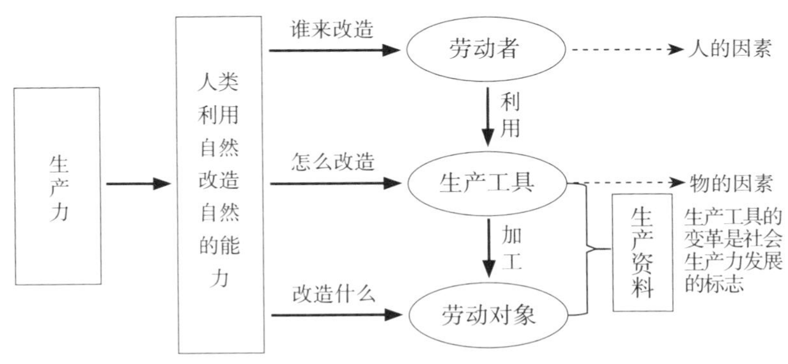


**图5–1　生产力的基本要素**

**生产力是推动人类社会发展与进步的根本力量。**回顾人类社会发展的历史，人类社会从低级到高级、从蒙昧到文明、从封闭到开放、从传统到现代的演进，其中生产工具的变革是生产力发展的具体表现，生产力的发展是人类社会进步的根本动

① 王学荣. 从传统生产力到生态生产力：扬弃与超越［J］. 武汉科技大学学报（社会科学版），2013（2）：13.

力。在原始社会，人类与野兽为伍，所创造的“物质财富”只能满足最低程度的需求。石器的发明和使用大大促进了生产力的发展，提高了劳动效率，人类由此步入奴隶社会。冶铁技术把奴隶从土地和贵族的附庸地位解放出来，并直接摧毁了奴隶制，封建社会开始，一种围绕土地价值的生产、分配关系诞生。蒸汽机的广泛使用，机器大工业替代工场手工业使资本主义彻底摆脱了封建主义的束缚。随后，电力替代蒸汽成为机器运转的新动能，大大加速了生产力的发展和劳动效率的提高，伴随着生产规模的不断扩大。因此，生产力的不断提高在社会物质生产中处于特殊重要的地位，它是社会物质文明及其变革的现实基础。

**生产力三大要素边界呈现不规则的非对称交融**。20 世纪中叶起，以原子能、电子计算机、空间技术和生物工程的发明与应用为主要标志的信息控制科技革命，推动人类进入信息化时代。此时，由于现代信息科技（如各种软件技术、信息技术）的作用，生产力已经不仅仅是人类改造自然界的能力，同时也是开发、改造、利用和维护人类所创造的符号系统，我们称之为“人文资源”。在此背景下，随着劳动力要素中知识创新的比重不断提升，劳动力、劳动工具与劳动对象三要素之间的边界划分也开始逐渐变得模糊。在人类社会进步到能改进或生产新型的劳动工具后，开始获得越来越多的“劳动红利”。[①]于是，劳动者自发地

① 原道谋. 试论大数据时代生产力革命的过渡过程［J］. 经济研究参考，2014（10）：22.

从单纯重视体力价值的观念转向更加重视知识和经验的价值。生产力三要素之间也开始呈现出质的变化，知识、信息成为最重要的非物质性劳动成果和资源，在加速提高劳动生产率的同时，也促使生产力三要素边界之间逐步演变成不规则的非对称交融（见图 5–2）。

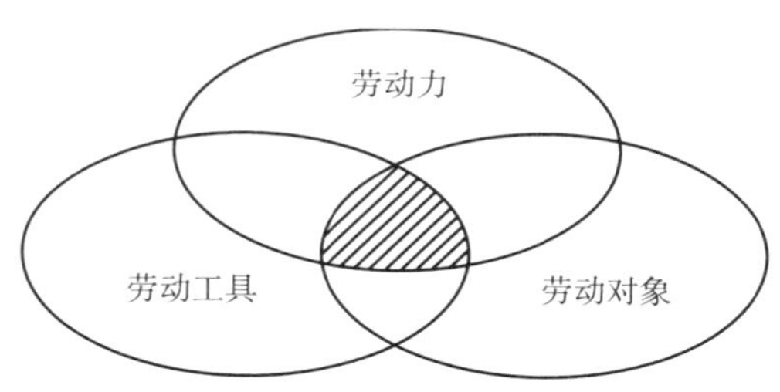


**图 5–2　生产力三要素交互激励循环**

资料来源：原道谋.试论大数据时代生产力革命的过渡过程［J］.经济研究参考，2014（10）.

**大数据技术创新引领社会生产力历史性变革。**进入 21 世纪，新一轮科技革命和产业变革蓬勃兴起，人类文明经历农业经济和工业经济之后，进入一种新的社会经济发展形态——数据经济。在这一时代，数据就像农业时代的土地、工业时代的能源一样成为核心资源，依靠数据决策、依靠数据管理、依靠数据创新成为“新常态”。数据使资源配置更加合理、更加科学，让生产和流通环节的决策更加精确，让劳动参与经济管理的权力更大、效率更高。毫无疑问，大数据等新技术属于生产力的范畴，无论是对生产者还是对生产对象与生产资料，都产生了深远的影响。大数据技术的发展与生产劳动者相结合，可以提高劳动者的技能和水平，同时也大幅提升了劳动生产效率；数据作为重要的生产要素，扩大了劳动对象的范围。因此，大数据时代与以往时代不同的是，科技进步不是在推动而是在拉动社会的发展。从某种意义上来说，大数据技术革命的发生也是自然科学领域的一个划时代发现，将直接促进人类社会实现数据化生存。

### （二）数据力：一种新型生产力

在一切皆可数据化的条件下，数据是具有客观性的，或者说数据就是物质。[①]在马克思主义哲学视域下，物质是可以认识和利用的。大数据技术作为一项由计算机、物联网、云存储、可视化等高新技术发展的综合产物，强调的是大数据利益相关者之间紧密协作以共同挖掘和利用大数据蕴藏的巨大价值。人类社会经过以耕牛、镰刀为标志的农业时代，以蒸汽、电力为标志的工业时代，正在进入以大数据、人工智能为标志的数据时代。可以说，数据生产力的提升，是人类社会生产力发展到一定水平的重要标志，将为人类发展带来更多的可能。

**数据生产力是顺应时代发展的一种新型生产力形态**。与过往第一次、第二次工业革命相比，大数据技术革命从数据到信息再到知识的过程刻画了数据革命的本质——用数据生产信息和知识。这一过程也创造了迥异于前两次工业革命的生产函数："生

---

① 陈仕伟. 大数据技术革命的马克思主义哲学基础研究［J］. 贵州省党校学报，2018（5）：67.

产力=（具有数据处理能力的）劳动力+数据资本+数据资本表现型技术进步”。因此，传统的生产力观念有其自身的局限性和矛盾性，无法全面描绘生产力三要素的全新关系，大数据从本质上成为一种数据生产力。数据力是大数据时代人类利用数据技术认识和改造自然的能力，它既是一种认知能力，又是一种发展能力，归根结底就是一种数据生产力。[①]简而言之，数据力就是由数据（或知识）劳动者以大数据技术和互联网络为劳动工具，以数据资源为劳动对象而形成的新型社会化生产能力。生产力作为人类社会系统中的关键因子，它并不是一成不变的，数据力同样遵循生产力规律和人类社会发展规律。

**数据生产力的关键因素。**数据处理能力是数据力的最重要组成因素，数据处理能力的水平是判断数据力水平的重要指标。目前，大数据时代我们最缺乏的是对数据有用性和有效性的认知与挖掘能力，而不是技术，需要解决的是对数据的认知和跨领域的应用、处理问题。[②]“数据处理能力是指会整理、分析数据，能从大量数据中抽取对研究问题有用的信息，并做出判断。”[③]数据处理能力的特点是用数据说话，说真实和有用的话，用数据穷尽真理。数据处理的目的是从数据中提取有效的、有用的信息，为做出决策提供科学有效的依据。数据处理能力包括数据采集能力、

① 大数据战略重点实验室. 块数据 2.0：大数据时代的范式革命［M］. 北京：中信出版社，2016：195.

② 大数据战略重点实验室. 块数据 2.0：大数据时代的范式革命［M］. 北京：中信出版社，2016：196.

③ 李红梅. 数据处理能力的内涵［J］. 课程教材教学研究，2014（Z6）：94–95.

数据存储能力、数据关联分析能力、数据激活能力和数据预测能力（见表 5–1）。随着全球化和数据化的发展，大量的数据和信息产生，这些数据、信息的积累增加了数据和信息处理的难度与压力，有可能对社会生产力的发展形成阻碍作用，但可以肯定的是，大数据处理技术的高速发展，必然拉动社会生产力系统革命性的发展。

**表 5–1　5 种数据处理能力**[①]

| 能　力 | 主要内容 |
| --- | --- |
| 数据采集能力 | 组织作为数据的使用者，能够掌握基本的数据获取方法，从适当的渠道获取所需数据；组织作为数据的生产者，能够通过记录、观察、实验等方法采集实践活动中所产生的各种数据；善于利用各种数据工具在互联网和其他数据源里采集所需数据；能够混合使用购买、搜索、截取等方法采集数据 |
| 数据存储能力 | 能够以适当的格式对不同特点的数据进行保存；能够通过连接大量大规模、高容量的服务器存储数据；懂得运用“集群式网络附加存储”满足多节点数据访问和存储的服务方式；通过购买和租赁云储存供应商的数据存储容量存储数据；能够使用适当的数据存储工具对存储的数据进行全生命周期的科学管理，能够在必要时及时提取使用 |
| 数据关联分析能力 | 能够准确理解数据的含义及其产生背景；能够按需利用关联规则分析法、回归分析法、归类分析法、社交网络分析法、自然演化算法等方法对数据进行必要的关联分析，找寻数据之间的逻辑关系，并能够把分析结果以最适当、最直接的方式呈现给需求者；能用辩证思维看待数据，不盲目崇拜数据，又能坚持用数据反映客观现实的原则 |

① 大数据战略重点实验室. 块数据 2.0：大数据时代的范式革命［M］. 北京：中信出版社，2016：197.

（续表）

| 能　力 | 主要内容 |
| --- | --- |
| 数据激活能力 | 能够发掘抽象化数据、暗数据的潜在价值；能够以恰当的方式发布自己获得的数据；能够根据不同的受众及时采取相应的数据交流方式；能够预见性地进行自主搜索数据，在分析前期关联的基础上，更为精准地预判并搜集全面的数据资源 |
| 数据预测能力 | 能对数据保持较高的敏感度，能够使用数据进行预测；能够使用科学的理论和方法建立数据预测模型；能够运用数据准确预测未来一段时间的行业表现和发展趋势；能够运用数据进行更为准确的监测、预测、预警 |

**数据生产力的基本特征。**生产力的提升以财富为落脚点，数据力的提升也具有相同的效果，在创造全新财富内涵的同时，也再造了传统的生产关系，这种影响所带来的直观体现便是对劳动时间和非劳动时间的交往的改变，而数据力的大小主要取决于人类的数据处理能力。与传统的生产力形态相比，数据力要利用人工智能进行更大规模和更深层次的数据处理，在更高层面强化数据的自组织和暗数据的自激活，尤其是要进一步发现数据引力波的作用和影响，推动数据力在更大范围和更高程度上的聚合与裂变。[①]此外，数据资源具有流通性，因而数据力不具有地域局限性，它是一种全球性的生产力，积极参与国际间、区域间的跨境数据流动合作与交流对于提升数据力具有重要意义。总之，大数据技术对于生产力的提升和生产方式的巨大作用都是突飞猛进的，只有通过系统分析数据力是如何提升社会生产力和生产效率

① 大数据战略重点实验室．块数据 2.0：大数据时代的范式革命［M］．北京：中信出版社，2016：198.

的，才能让人类飞驰在信息高速公路上不偏离轨道，更好地把握人类在数据时代的变革和人类自身的发展。

### （三）零边际成本与极致生产力

2014 年，在对未来社会经济模式的预测中，杰里米 · 里夫金①在《零边际成本社会》一书中首次提出了“零边际成本”和“极致生产力”的概念。他认为：“如果生产一件额外商品或服务的成本几乎为零，则代表着生产力处于最佳水平。”他更多的是从通信、能源和运输三大系统来论述这一观点的。随着大数据技术与各行各业的深度融合发展，数据力使生产、销售和服务等环节的边际成本降至接近零，从而不再受到市场的局限。“零边际成本”正在逐渐成为社会化大生产在一些领域的新趋势，传统的资本主义生产方式将因此受到挑战，甚至被完全颠覆。

**从成品到定制，实现极致生产。**随着大数据技术、物联网技术的飞速发展和广泛应用，所有的人、事、物将聚集在一条不可分割的智能网络的经济链中。物联网系统通过传感器将生产要素、消费习惯、市场需求等各个方面连接起来并收集实时数据，这些数据通过智能分析、计算、预测，进而提高生产效率，并将整个经济体内生产、销售和服务的边际成本降至趋近零。在对

① 杰里米 · 里夫金是美国“新经济学家”、社会理论家、华盛顿特区经济趋势基金会总裁，曾任美国宾夕法尼亚大学沃顿商学院资深讲师、欧洲委员会前主席罗马诺 · 普罗迪的顾问，他出版了多部畅销书，内容均有关于科技改变对社会、经济、环境的影响。如《零边际成本社会》《第三次工业革命》《同理心文明》《欧洲梦》《氢经济》《路径时代》《生物技术世纪》《工作的终结》等。

接制造企业方面，供应链管理服务商可通过接入产品定制系统平台，将消费者的产品定制信息传递到制造企业，实现个性化定制，避免传统供应链运营中的“牛鞭效应”[①]，达到零库存和零浪费的理想状态，通过定制平台由制造商独自设计变成消费者参与设计，避免产品研发失误和浪费，降低库存成本，从而将边际成本将至趋近零。可以说，在大数据时代，基于社会化的数据力正成为更先进的生产力，资本通过零成本技术复制，其稀缺性大大降低，大规模定制正成为更先进生产方式的标志，它扬弃社会化大生产，代表着先进生产力发展的要求。

**从分散到集聚，实现极致分工。**随着数据力的不断发展，我们必须按照各个劳动过程之间的联系方式——集聚、分工、协作、机器大生产中人们之间的作业关系等，分析这些联系方式如何决定数据力的性质与水平。传统型供应企业为了追求最优区位条件，降低生产成本，通常呈现出产业分散布局形式。大数据时代，产业之间或产业内部的企业之间存在着分工专业化和合作关系，并且有相应的市场中间组织存在，进而就形成了产业集聚，通过集聚经济效益降低了企业的成本。数据力推动形成的产业集聚作为一种特殊的组织形式，其自然地实现了与企业分工合作网络的融合，通过利用产业集聚自身的优势，实现了分工合作网络

① “牛鞭效应”是一个经济学术语，指供应链上的一种需求变异放大现象，即信息流从最终客户端向原始供应商端传递时，无法有效实现信息共享，导致信息扭曲而逐级放大，需求信息出现越来越大的波动。此信息扭曲的放大作用在图形上很像一根甩起的牛皮鞭子，因此被形象地称为牛鞭效应。

的有效协调。分工网络构成了产业集聚形成的微观基础，产业集聚的形成又进一步提高了要素收益，促进了区域的经济增长。产业集聚作为介于企业和市场之间的要素组织形式，通过其自身的外部经济效应大幅降低了成本。

**从交换到共享，实现极致消费。**大数据时代，每个人都变成了产消者，可以更直接地在物联网上生产并相互分享能源和实物，这种方式的边际成本接近零，近乎免费，这与我们在互联网上做出的制造和分享信息产品的行为相似。在数据经济中，社会资本和金融资本同样重要，使用权胜过了所有权，可持续性取代了消费主义，合作压倒了竞争，资本主义市场中的部分“交换价值”被协同共享中的“共享价值”取代。在经济活动组织和测量的特定方式下进行的基本技术改革意味着经济实力从少数人向多数人流动和经济生活的民主化。数据力形成的经济形态具有共享的特征，并可以形成新的社会资源组织与匹配，解决需求侧和供给侧的动态平衡、有效均衡问题，促进协同合作，增加有效供给，最终推动共享协同时代的到来，社会也将发生重大变革，将从市场机制进入共享机制，人们不再关注物权，而是回到如何提升人类个人和集体幸福感上，最终到达一个新文明时代。

## 第二节　从生产关系到数据关系

生产力和生产关系是人类社会中最重要的一对关系，生产力决定生产关系，生产关系反作用于生产力。同样地，进入大数据时代，也存在数据力和数据关系的问题，随着一切皆可数据化和万物互联互通时代的到来，所有的人、事、物作为一种数据化的个体而存在并交互影响。正如我们在《块数据 2.0》一书中所预言的，数据力与数据关系影响着社会关系，这意味着数据力的改变将推动数据关系的改变，而数据力与数据关系的改变，又将引发整个社会发展模式前所未有的变革和重构。[①]

### （一）生产关系的变革

在马克思主义哲学中，生产关系是表示社会内部人与人的关系的哲学范畴。他在 1847 年曾对“生产关系”概念进行过界定：“各个人借以进行生产的社会关系，即社会生产关系，是随着物质生产资料、生产力的变化和发展而变化和改变的。”[②]也就是说，马克思认为，从某种意义上来说，生产关系是高于生产力的，生产力是社会生产关系的物质载体。我国权威学者也提出，“生产关系是人们在物质生产过程中结成的经济关系，从静态看由生产资料所有制关系、生产中人与人的关系和产品分配关系构成，从动态看由生产、分配、交换、消费 4 个环节构成”[③]（见图 5-3）。历史实践证明，生产力和生产关系的统一，构成了社会的生产方

① 大数据战略重点实验室. 块数据 2.0：大数据时代的范式革命［M］. 北京：中信出版社，2016：176.

② 中共中央马克思恩格斯列宁斯大林著作编译局. 马克思恩格斯选集：第 1 卷［M］. 北京：人民出版社，1995：345.

③ 李秀林，王于，李淮春. 辩证唯物主义和历史唯物主义原理［M］. 北京：中国人民大学出版社，2004：104-105.

式，生产力是其中最活跃、最革命的因素，它决定生产关系并进而决定全部社会关系，是人类社会发展的最终决定力量。

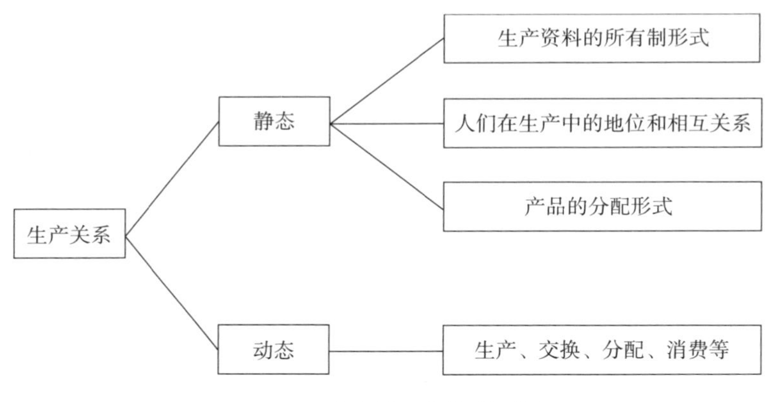


**图 5–3　生产关系的构成要素**

**生产关系实现了关键要素的根本性转变。**在传统模式中，由于信息封闭、不对称，生产与消费是相对独立、彼此分离的两个领域，生产与消费之间隔着层层的批发、分销、配送、零售等中间环节，产品要经过多个中介、商人才能到达消费者。大数据时代是以网络、数据为核心的人类生产与生活方式的社会新形态，它整合了虚拟数字与人类现实存在，让人类开始生存在虚拟化的数据空间中。大数据促进了新的生产方式的形成和发展，使整个社会由工业革命时期的大生产转而形成更加针对用户需求而生产的网络生产销售模式。数据是重要的生产资料，它可以被整理成信息。人们对于互联网数据和云服务的需求促成了大数据时代新的消费模式——信息消费，通过网络在人与人、人与生产商之间进行相互连接，生产者可以直接了解消费者的需求，从而根据消费者的实际需求生产相应的产品。正是这种更加符合人们需求的生产方式，打破了传统的生产关系，并且重组实现了网络化、数据化、智能化的生产关系。

**大数据技术推动社会生产关系的历史性变革。**大数据时代，人与人之间的交流越来越紧密，联系的方式也越来越多样化，并且交往的范围也越来越广阔，特别是人与人之间的数据化交往更能体现出双方的对等与公平原则。这个地位并不是由于相互之间的物质财富对等，而是由于在数据空间中根本就不知道对方是谁。正如有人调侃所言，在网络世界里，你不知道对方是人还是狗。这意味着，所谓等级森严的社会体系即将崩溃，所谓的上与下之间的交往在大数据时代已一去不复返，特别是随着人工智能的发展，人与人之间的关系越来越简单化、对等化和公平化，反过来又促进了大数据技术更易于被广泛传播和利用。这充分体现大数据时代的生产力与生产关系必须符合马克思主义的“生产关系一定要适合生产力发展”的运动规律，即大数据技术革命引发生产力变革，数据生产力变革必然导致生产关系的调整，生产关系的调整反过来又进一步促进了数据力的发展，推动大数据技术不断变革。

**生产关系的变革必然会调整与之相适应的上层建筑。**马克思主义认为，生产力是社会发展的最终决定力量，生产力决定生产关系，经济基础决定上层建筑。大数据时代，数据力是第一生产力的具体标志，大数据对生产关系和经济基础起决定性作用，让人们看到真实的经济基础。通过大数据，人们会迅速而又精准地认识到生产关系和社会关系的变化，对阶级和阶层的分布有了更加清晰明确的认识。2012 年美国政府发布了《大数据研究和发展倡议》，大数据从此在全球如雨后春笋般发展起来，欧盟等地陆续将大数据产业发展纳入国家或地区发展的重点，中国也在 2015 年印发了《促进大数据发展行动纲要》，将大数据提升为国家战略，着力推进大数据发展和应用。上层建筑之所以做出这样的调整，就是因为大数据所引起的生产力和生产关系的变革已经产生，做出相应的调整就是为了适应大数据时代的发展要求。毫无疑问，作为上层建筑的国家发展战略必然会进一步促进大数据技术变革，大数据也必将进一步推进人类社会全面发展，进而形成良好的互动关系。

### （二）数据关系：一种新型的生产关系

万物皆数、互联互通，大数据正在从根本上改变人类的生产生活方式，重塑原有的生产关系，数据关系这一新型关系在这样的背景下形成。数据之间存在相互作用，这种相互作用出于数据质点之间的数据引力形成的数据引力波。数据引力波将大量零散、割裂的数据有机地关联起来，大大释放了数据力的潜在价值。由于数据引力波的推动，组织之间可以实现完全对接，对数据的追本溯源将形成全链条数据力合力，将海量数据转变为直接的生产力，从而实现数据力的极大解放。[①] 从普遍意义上来说，

① 大数据战略重点实验室. 块数据 2.0：大数据时代的范式革命［M］. 北京：中信出版社，2016：195.

数据力是推动大数据时代发展的根本力量。由于这种力量的相互作用影响，整个社会生产关系也被打上了数据关系的烙印。

**生产全球化**。农业或工业社会时代，人们为了生产而执行简单的分工协作或工厂制度，无一例外都是将具有相同或不同劳动力的人安置在一家工厂里进行生产。在大数据时代，遍布全球的物联网、大数据、人工智能和云计算等系统，让来自不同地方的人与人、人与物、物与物之间都能实现即时连接，使各个国家的企业能够快速而便捷地组合全球资源进行生产。特别是智能制造技术的迅速发展和广泛应用，通过智能传感技术实现自动化，实现人机自由交互，从而进行决策执行过程和后期反馈结果，进而实现产品的设计和生产制造。可以说，工业时代的分工协作是一种基于分工的协作，大数据时代的分工协作则是协作前提下的分工，打造的是一个“全球本地化”的工厂。各国人民将在这种“新全球化”体系中获益，而一个国家从这种全球化中获益的多少，与其数据力的发展水平呈正相关。

**交换平面化**。从原始社会时期的物物交换到工业时代买卖商品交换，再到信息时代以交换价值为目的，交换包括在生产过程中的劳动者与生产资料之间的交换，以及物质产品、精神产品的交换。大数据时代，数据（信息）是最重要的生产资料，它作为一种无形的资源，获取方式是基于计算机网络、大数据平台系统实现的，这实际上是一种信息互换，催生一系列的电子商务平台，将线下的商品放到线上来，如亚马逊、淘宝、京东等。同时，这种产品交换模式也衍生出了新的支付方式——第三方支付，改变了以往的货币交易模式。基于平面化的交换方式也改变着人们的交往方式，人们突破了地域、职业、等级的限制，得以更加平等、更加自由地交往。可以说，大数据时代平面化的交换模式，是跨越了不同社会制度和不同社会生产方式的社会经济交往模式，是社会平等交往的体现。

**分配公平化**。在不同社会中，存在着不同的生产方式和消费品的交换方式，这也决定了分配方式有所不同。如资本主义社会，社会财富更多地掌握在并不具有物质生产资料的资本家手中，资本主义的所有制形式导致了资本主义的按资分配。大数据时代，一方面，数据力实现智能化生产，机器取代人类的许多体力劳动，这促使人的脑力得到解放，人可以更好地运用自身的知识创造财富；另一方面，信息的透明化让商家与消费者之间、资本家与雇佣工人之间在交换上是平等的，有助于促进社会财富分配的公平。因此，大数据时代的数据关系通过对人、机、物的有效连接，以及各种交换平台，将交换信息充分扩散，这在很大程度上增加了消费者剩余，从而减少了生产者剩余，使财富可以充分流通起来，这有利于社会财富的分流，促进分配的公平。

**消费多元化**。人类生产的原本目的，就是满足消费。工业时代的生产方式是一种大规模的标准化生产，这种模式使厂商生产统一的产品面向不同的消费群体，这种无差别产品生产方式造成了消费的进度跟不上生产的进度。大数据时代，由于信息化与自动化相结合，消费者与厂商可以通过网络建立起连接，因而大规模的无差别生产已经无法满足消费者的需求，这促使生产者不得不生产个性化、定制化的商品。伴随大数据、互联网等技术的迅速发展，人类社会进入数据化生存模式中，每个人的个性化体验都能以文字、图像、声音或视频等数据化形式在网络空间中分享，每个人都可以根据自身爱好自由地选择他人分享的产品，这个分享过程即是一种体验，这个体验以及分享的过程也满足了人们的精神需求。因此，数据关系下的生产不再表现为异化的活动，而回归了其原本满足消费的目的。

### （三）数据剥削与价值再分配

大数据时代，新一代信息技术的深度融合和广泛应用解放了新的生产力，在带给人们便捷的同时更带来了经济的转型和升级，数据经济尤其是共享经济开启了经济新增长极。同时，人这一社会性动物与社会构成的基本单位，作为所有社会关系的总和，也在数据力与数据关系的影响下获得更大的自由和发展空间。但是，大数据技术革命带来的数据时代也是一个新生事物，其发展同样注定不可能一帆风顺。人们处在“数据化生存”的方式中，也伴随着诸多现实困境，比如隐私泄露、劳动异化和资本剥削等现实问题越发凸显。在数据经济领域，如何在数据化世界减少资本家对劳动者的剥削、降低技术带来的劳动异化、缩小技术带来的贫富差距和实现劳动价值的合理分配仍是不可回避的时代课题。

**劳动异化**。数据时代与以往的任何时代都不同，数据劳动作为数据经济时代的特有产物，其本质是将物理世界的一切数字、文本、影像等符号化数据信息进行量化和关联分析，这在一定程度上扩大了马克思主义劳动价值论的内涵和研究范畴。大数据时代，劳动不再限于传统的手工作坊或机器大工业，而是数据化和技术化的，主要依靠互联网、大数据、智能技术对数据进行分享、挖掘、分析和整合等，大数据社会条件下以数据信息等智力成果为基础的无形资产构成为主，复杂的知识劳动、管理劳动、技术劳动、服务劳动等智慧劳动占据主要地位，形成了数据化、多样化的劳动形式新格局。因此，马克思主义劳动价值论中的“劳动”与数据时代的数据技术相结合形成一种与以往不同的数据劳动新形式。在劳动者之间，掌握数据劳动知识技能和享有数据资源优势的用户有能力全面参与各种生产生活，不具备优势的劳动者则面临被社会淘汰的困境，这造成了更为严重的社会分层和阶级矛盾，即数据劳动导致的“数据鸿沟”现象。

**数据资本剥削**。以互联网、大数据为代表的信息技术将劳动场所从工厂转移到了网络，转移到了每个人的手机和电脑中，让人们自愿地为资本家生产剩余价值。网络用户花费在企业社交媒体平台上的时间全都是剩余劳动时间，在此期间所创造的剩余价值被平台所有者侵吞。数据企业不（或几乎不）因用户生成内容而支付给他们薪酬，而仅仅向用户提供免费的平台和服务，让他们生成内容并积累大量的产消者，然后把这些受众商品出售给第三方广告商。因此，被剥削剩余价值的生产者不仅包括那些受雇于大数据公司负责编程、软硬件更新和维护的员工等，而且包括那些没有被雇用的网络用户产消者。这意味着资本主义的“产消合一”经济是一种拥有极端剥削方式的经济，网络用户劳动是生产性的，是被资本家剥削创造剩余价值的劳动。可以看出，与原始的资本主义社会相比，资本家对数据劳动者的剥削不但没有被消灭，反而变得更加残酷。

**数据劳动剩余价值再分配。**数据劳动在大数据时代商品经济社会中具有新的劳动“剥削”本质，换言之，数据劳动作为新的劳动形态也存在剥削，而且是一种数据剥削、技术剥削。当代资本主义商品生产日趋全球化、金融化、数据化和智能化，基于剩余价值生产和实现的资本积累模式呈现出新趋势、新特征、新挑战。首先，由于信息网络技术的发展，游离于雇佣关系之外的无偿劳动或低酬劳动正成为资本吸纳劳动、榨取剩余价值的新途径，体现的是资本对无酬劳动的无限剥削。因此，要针对数据劳动异化和剥削的理论构建安全、健康、和谐的网络劳资关系，并通过制度和机制创设维护数据劳动者的权益。其次，大数据时代，技术、知识、信息是不同于货币资本的新型资本、新型财富，它们成为重要的生产要素，技术致富成为一种普遍的社会现象。因此，在推动大数据与实体经济深度融合的同时，要重视数据经济发展中出现的贫富分化问题，不断缩小国家之间、地区之间、城乡之间，以及（不同年龄、学历、种族等）人群之间的“数据鸿沟”，促进资源流动无疑有利于社会财富的重新分配。最后，数据劳动是在信息网络技术推动下劳动资源配置网络化、数据化和全球化的产物，针对数据劳动属性和基本维度的分析与阐释需要基于全球劳动力市场的国际分工视角来具体展开。

总之，数据劳动是大数据时代下马克思主义劳动价值论在社会生产领域中继承和创新的理论成果，是大数据时代社会生产的具体表征。[①]目前关于数据劳动的理论研究较少，对于数据劳动的具体形态、数据劳动异化和剥削的主观维度、剩余价值生产具体机理等方面的问题，应该坚持马克思主义基本原理的指导作用，借鉴西方关于该理论的有益成果，深度剖析数据劳动理论，理清大数据社会条件下的数据劳动与马克思主义劳动价值论的关系，并结合行业或企业个案展开深入的实证分析。

## 第三节　块数据经济

数据力和数据关系的变化，深刻影响着生产力和生产关系的变革，而且正引发一场更为广泛的社会经济运动。[②]数据力改变了社会分工体系，推动大规模社会化协同和分享，这种再配置和再分配是一种更新中的社会体系，将形成新的社会经济模式，催生新经济的崛起。块数据经济就是在这样的社会条件下形成的一种新型经济形态，具有资源数据化、企业无边界、零边际成本、极致生产力等特点。未来，块数据经济将引爆一场更广泛的社会运动，促进效率与公平的高度统一，推动人类从共享经济加速走向共享社会。

① 吴欢，卢黎歌. 数字劳动与大数据社会条件下马克思劳动价值论的继承与创新［J］. 学术论坛，2016（12）：7.

② 大数据战略重点实验室. 块数据 2.0：大数据时代的范式革命［M］. 北京：中信出版社，2016：IX.

## （一）从效率到公平

从经济学的角度来看，效率的一般含义是指利用现有的资源去最大限度地创造社会财富。公平是一个实证性概念，体现的是人与人之间的一种平等关系和状态。效率与公平是经济政策追求的基本目标，然而现实的状况是这对矛盾体总是难以协调，“鱼和熊掌不可兼得”。甚至还有一种“公平效率替代说”，认为如果效率和公平能够量化的话，一方的增加将带来另一方的减少，这种关系可以用减函数来表示（见图 5-4）。大数据时代，数据力和数据关系共同推动下形成的块数据经济似乎找到了破解公平与效率悖论的方法，在合理配置资源追求效率的同时，有效抑制了数据剥削带来的贫富差距，改善了社会公平状况，促进了公平与效率动态均衡。

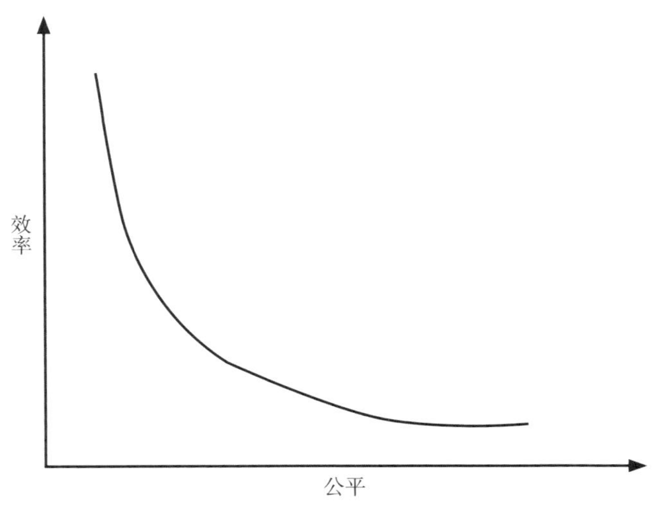


图 5-4　效率与公平的悖论

**权利平等决定起点公平。**每个人天赋的能力或许不尽相同，存在着许多先天性的差异，具体表现在智力、体力、健康等诸多方面，但人生来平等，每个人都应该平等拥有享受自然资源和社会公共资源的权利，拥有平等的生存、发展的权利和机会。块数据经济环境下，所有的人、事、物以数据化的“数据人”个体形态而存在并交互影响，每个人都可以通过大数据自由地构建社会关系，建立起世界性的普遍联系。教育公平是社会公正的组成部分和重要基础，是起点意义的公平。大数据时代，信息技术对改革教育方式、促进教育公平、提升教育品质发挥着支撑作用，政府利用互联网、大数据、区块链、人工智能等新一代信息技术，不仅加大公共教育资源方面的精准投资，而且让城市的优质教育资源走向偏远地区，大幅改善了教育的公平性。因此，块数据社会环境下保障了每个人享有起码的基本权利，实现了构建相对公平的竞争环境，满足了实质的机会公平的要求。

**规则透明重塑过程公平。**过程公平是每个人都可以在透明和公正的规则下参与公平竞争、参与政治实践活动的权利公平。大数据时代下，法律所规定的公民知情权、参与权、表达权不再流于一种抽象概念。块数据让人们认识到数据的威力及其背后的逻辑，认识到维护自身利益的重要性，找到发声的欲望和可以发声的地界，拥有话语权和参与权。在数据技术的“倒逼”下，数据获取权、知情权越发为人们所重视，政府数据逐步开放共享，使政府的决策、管理更加透明、民主，让公权置于阳光之下，公民更加容易对政府权力运作各个链条的合法性和正当性产生怀疑。

基于块数据经济的市场体制也将变得更加完善，能够在充分运用大数据最新的理念、技术和资源，激发市场活力促进经济发展的同时，推进简政放权和政府职能转变，维护市场正常秩序，提高行政效率，也提升政府透明度和公信力，加强公众参与社会管理的能力，促进市场公平竞争。

**价值分配实现结果公平。**结果公平是指人们参与社会活动之后获得的待遇、分配等具有公正性，结果的公平是最终衡量公平与否的重要指标。块数据组织下，数据力将大大提高国家治理现代化的能力，不断推进城乡一体化发展，缩小“数据鸿沟”产生的社会分层和贫富差距。因此，块数据经济让参与生产过程并提供大量劳动时间进行价值生产的劳动者享有权利，更加民主、自由、平等地参与生产决策和剩余价值分配，使广大农民平等参与现代化进程、共同分享现代化成果，减少了数据劳动异化和剥削现象。从某种意义上来说，块数据经济的特点是推动社会实现自主劳动、平等共享的数据劳动体系，比如，区块链技术的不可篡改性和不可伪造性使数据劳动产品能够追溯每一位为产品做出贡献的劳动者，从而确定每位劳动者的劳动量，实现按劳公平分配，为维护社会公平正义发展提供了新的可能。

总之，大数据发展已经深入人们生活的各个领域，正在改变人们的思维方式、唤醒人们的公民意识，也促使政府管理革新，推动政府信息公开，为企业创造公平竞争环境。因此，在块数据经济背景下，社会公正所要求的权利是实现平等，与经济效率绝无矛盾和冲突；相反，它还能促进经济效率的提高和社会进步。

换言之，数据力推动下的数据社会的公平实现程度越高，则经济效率越高，社会越进步。

## （二）从分工到合工

马克思主义理论认为，劳动分工依据生产力的要求产生。新的生产力产生新的劳动分工，劳动分工又处在生产关系体系的基础层面，它的演变必然会牵引着整个生产关系的变革。块数据经济背景下，数据力是人类社会最重要的生产力，数据力决定着数据关系，必将推动大数据时代形成新的分工体系，促进大规模社会化协同和分享时代的到来。

**分工理论。**分工[①]是人类最普遍的一种社会现象，也是研究人类社会发展规律的一个重要范畴。分工是一个外延极为广泛的概念，它既指企业内部的分工，也指企业之间、行业内部的分工，还指企业与政府以及国与国之间的分工，这些分工能否彼此协调决定了社会生产能否进行下去。社会分工是人类劳动的社会存在形式，它经历了一个从简单到复杂、从宏观到微观、从低级到高级的发展过程。社会分工的发展，一方面表现为社会劳动细化、专业化程度的提高，另一方面表现为不同形式社会分工的更替。前者是社会分工与生产力之间相互作用的客观趋势，后者是社会分工在不同所有制和分配形式下的阶段表征。[②]这也体现了分工演进具有的报

---

① 分工是劳动的社会存在形式，因此文中“分工”的概念，其实就是“社会分工”。

② 徐国民. 社会分工的历史衍进与理论反思——以社会主义和谐社会的构建为指向的研究［D］. 上海：华东师范大学，2009：i.

酬递增特征和自我强化、自我循环的“路径依赖”性质。就现实而言，分工的演进从本质上促进了生产方式的变革，是实现经济长期增长和良性循环的要旨所在。表 5–2 中罗列了一些主要的分工理论。

**表 5–2　主要的分工理论**

| 学　派 | 代表人物 | 主要观点 |
| --- | --- | --- |
| 古典经济学 | 亚当 · 斯密（1776 年） | “劳动生产力上最大的增进，以及运用劳动时所表现的熟练、技巧和判断力，似乎都是分工的结果。”① |
| | 大卫 · 李嘉图（1817 年） | 提出外生比较优势是分工产生的动因，他认为只有个人事前存在差异才能产生分工 |
| 马克思政治经济学 | 马克思（1844 年） | 在批判继承斯密分工思想的基础上，将分工的发展与资本主义生产组织的变迁结合起来，描述了手工工场逐步演变为机器大工业的过程，指出“分工提高劳动的生产力，增加社会的财富，促使社会精美完善，同时却使工人陷于贫困直到变为机器”② |
| 新古典经济学 | 马歇尔（1890 年） | 比较看重工业集中于特定地区给厂商带来的利益——“祖传的技能、辅助行业的发展、高度专门机械的使用，专门技能在本地有市场”，以及交通工具改良对于工业地理分布产生的影响——“每当交通工具跌价，和远地之间的思想自由交流每有新的便利，会使工业发布于某地的种种因素的作用就随着变化”③ |

① 亚当 · 斯密．国民财富的性质和原因的研究：上卷［M］．郭大力，王亚南，译．北京：商务印书馆，1972：5．

② 马克思．1844 年经济学哲学手稿［M］．中共中央马克思恩格斯列宁斯大林著作编译局，译．北京：人民出版社，2000：13．

③ 马歇尔．经济学原理：上卷［M］．朱志泰，译．北京：商务印书馆，1964：284．

（续表）

| 学　派 | 代表人物 | 主要观点 |
| --- | --- | --- |
| 新兴古典经济学 | 杨小凯（20 世纪 80 年代） | “在新兴古典的框架中，帕累托最优不一定与生产可能边界吻合。而当交易效率改进时，帕累托最优和市场均衡会越来越接近生产可能性边界。这意味着，交易效率是市场生产力的推动力量，是流通效率决定着生产力的水平。当交易效率改进时，可以通过提高生产力而减少稀缺性。由于分工的发展，同样的资源可以用来生产更多的产品。”① |

**分工体系的解构与重构。**大数据已经成为新一轮产业变革的核心驱动力，将重构生产、分配、交换、消费等经济活动环节，形成从宏观到微观各领域的数据化新需求，催生新技术、新产品、新业态，引发经济结构变革，深刻改变人类的生产生活方式和思维模式，社会分工也在大数据的冲击下进行重构。大数据、移动互联网技术使数据自由存储、流动、聚合，形成了大量的信息共享平台，全世界每个人、每个组织都可以随时随地分享、交换和消费信息。因此，合作分工不必限于一个固定的组织或单位之内，全世界可以分工合作，协同完成一项项工作，并通过简化、合并，清除不创造价值的活动或降低流程成本，可增加流程的收益，使流程具有或增加经济性，从而运用合工②理论，比如

① 杨小凯，张永生．新兴古典经济学与超边际分析［M］．北京：社会科学文献出版社，2003：36．

② 合工定义为“在生产产品或提供服务的流程中，将流程中的活动适当合并到其他活动中，以降低流程成本，增加流程收益，使流程具有经济性”。参见李爱民，李非．分工与合工理论研究——以服务业为例［J］现代管理科学，2007（1）。

“众包”[①]的出现。合工理论并不否定分工理论，即并不否定分工带来的生产效率提升和规模经济性。合工模式的价值是从分工与合作、供给与需求、经济结构的复杂性等多个维度全面理解，不断拓展范围、边界和视野。与工业经济时代相比，块数据经济的崛起对基于分工经济所产生的制度构成冲击，它是对整个社会资源的一种极大节约和对整个生产力的极大释放。

**大规模社会化协同。**大数据时代，通过云计算、物联网、大数据、移动终端、智能设备等新的技术手段和平台，不仅人与人之间的联系更加简单，而且人与设备、虚拟世界与物理世界的连接和互动成为现实。同时，由于技术手段的提升、数据开放和流动的加速，以及相应带来的生产流程和组织变革，社会经济发展的新变革产生。此背景下，社会分工日益精细，生产体系日益复杂，原来的同质化竞争必然被异质化关联取代，生产样式已经从“工业经济”的典型线性控制转变为“块数据经济”的实时协同。可以说，数据力正在重构传统的社会分工体系，块数据经济推进了大规模的社会化协同和分享，打破社会组织服务的边界，越来越多的组织内部服务被外包，泛在网络技术能够增强跨组织边界的大规模社会化协同，并延伸到衣、食、住、行、娱乐等各个行业，同时覆盖各行业在企业全价值链中的每个环节，从而彻底改变了企业生态和社会形态。

① 所谓“众包”就是一个企业或机构把过去由员工完成的工作任务，以自由、自愿的形式包给非特定的网络民众，通常由个人承担；企业与用户之间没有传统的雇佣关系，企业通过充分调动网民的积极性和创造性，与之共同参与广阔的创新与合作过程，共同创造价值。

### （三）从独占到共享

基于大数据、物联网、云计算、人工智能等新兴生产力平台，以社群经济、平台经济、共享经济等为代表的块数据经济形态正成为当下经济转型的新风向。在未来的数据化社会，数据力是最重要的社会生产力，数据力又带来数据关系的深刻变化，而这种数据关系的变化将引爆一场更广泛的经济运动和社会运动，推动人类社会形态从私权社会向共享形式的有机社会加速转变，进而走向共享社会。尽管这一过程比较漫长，但是在某些领域已经开始转变，共享经济就是数据生产力最前沿的发展阵地之一。

**共享理念与数据博弈。**大数据时代，最令人困惑的就是来自互联网的悖论。一方面，人们的生产生活越来越依赖大数据提供的服务，企业要对数据进行分析，制定战略决策和提供优质服务；另一方面，把数据交给别人来管理、分析，就会造成隐私泄露风险。这是不是一个悖论？数据科学家可以通过结构化的方式用博弈论分析这种竞争态势。博弈论考虑游戏中个体的预测行为和实际行为，并研究它们的优化策略。对数据科学家来说，博弈论数据科学是一个额外的概念，数据科学家可以利用它来预测理性的人会如何做出决策，并帮助他们在当前战略形势下做出有效的、基于数据驱动的决策，随着数据科学技术的发展，在已经能使自己的利益最大化的同时，做出最优策略组合，比如，区块链技术的去中心化、不可篡改、信任化等明显特征，使其能为人们搭建起一个又一个共享平台，平台充当双面角色，形成新的资源配置的决策体系，各个经济主体可以做出效益最大化的选择，进而推动共享理念和共享范式实现有机统一。

**从数据共享到数权共享。**块数据经济以大数据作为最基础、最重要的生产资料，大数据蕴含着巨大的经济与社会价值，数据开放共享也成为时代发展的必然。与此同时，对于生产生活资料的私人占有，也越发违背共享理念的精神。人们共享自己的数据，同时也意味着数据作为一种权利属性被主动让渡。在大数据技术的发展和应用中，权利人对数据信息的独占权是对相关主体占有、支配其所运营的信息网络中所收集数据的法律承认，是对数据、信息作为一种财产性权利参与社会经济活动的认可。一旦数据的使用权被让渡，获取数据的一方就完整地拥有了数据本身，数据就会脱离初始权利人的掌控，此时对数据本身的占有权就因此失去了意义。可见，数据生产者首先考虑的是方便自己控制和管理。作为一种独享资源，数据仍然可作为一种权利实现共享。值得强调的是，尤其是在大数据环境中，对于数据、信息这样特殊的新事物，社会发展对其提出了更高的数据权利共享需求，亦要求法律制度为其寻求保障措施和实现路径。

**从共享经济走向共享社会。**在块数据组织体系构建的背景下，大数据、物联网把所有的能源生产系统联结起来，构成了一个分享世界，其中的共享是最经济、最合理的行为。共享经济是对整个社会资源的一种极大节约和对整个生产力的极大释放，推动创建人与人之间“互信”“共赢”的协作关系。随着共享经济的发展，人类已经逐渐意识到物品所有权与使用权相分离带来的巨大社会进步。协同共享将改变人类社会的世界观，所带来的新激励机制更多地基于提高人类社会福利的期望，而不再是重视物质回报，更应探寻如何应对全球经济范式转换带来的剧变。共享社会建立在一定的经济社会结构和生产方式、分配方式之上，是一个动态的、逐步发展的过程，具有开放性、包容性、共生性等特征，共享社会将实现人的自由全面发展。共享社会主张经济社会发展与人的发展的一致性，倡导中国与世界各国共享发展机会。[①]在普遍的信任基础上，共享社会将成为未来人类最典型的社会形态。这一过程中，信任与共享社会是人类迈向数据文明时代最本质的特征和必经路径。

数据文明时代，物质生产和非物质生产这两种不同类型财富生产的结构将发生巨大变化。并且，随着新科技的发展，非物质生产的比例将逐步提高。非物质产品具有非排他性、公开性、共享性并通过消费不断增值的特征，大数据恰恰具备这些特征，无法被私人占有。在非物质生产过程中，劳动者不仅创造价值（创造、提炼、分享数据），而且自身的知识和能力均会提高。随着数据力与数据关系矛盾运动规律的不断变革，非物质生产的规模正在逐步扩大，未来的社会将越来越依赖不可分割、不可私人化的数据资产。马克思当年所畅想的消灭私有制、建立生产资料社会所有制的条件正在现实社会中存在并壮大。可以预见，最终资本主义会走向自我毁灭，共享社会的到来是大势所趋。

---

① 大数据战略重点实验室. 块数据 3.0：秩序互联网与主权区块链［M］. 北京：中信出版社，2017：292.

# 第六章　共享价值

自第一次工业革命爆发与经济学理论诞生以来，人类的生产效率大幅提升，生产力水平不断增强，人们的物质生活水平得到极大改善，但这些都是建立在利用地球资源的基础之上。人类只有一个地球，地球上的生产资料是有限的，无法满足人类无限增长的欲望。近年来，资源危机、生态危机等问题日益严峻，这迫切要求我们应对好地球资源稀缺性难题。在无法从宇宙其他星球中获取相关替代资源前，共享是破解资源稀缺性难题的最佳方案。任何物品、劳动都具有共享价值，特别是面对着新一代信息技术革命，数据、网络等资源的共享价值还能无限扩大，成为一种永不稀缺的资源。在新一轮科技革命和产业变革之中，共享必将成为一股变革性的力量，推动人类文明走向新的阶段，而共享价值理论将成为继剩余价值理论之后最具革命性的理论。

## 第一节　共享价值的发现

无论是动物还是人类，从远古时期到现代社会，共享的理念一直深入人心，但共享的价值从未被发现。在英雄的带领下，人们只看到了英雄的威武，而忽略了众人贡献的集体力量。但随着时代的发展，个人的力量越来越式微，共享的力量越来越凸显。近年来，共享汽车、共享单车、共享住宿等共享经济新模式不断涌现，人们才开始重新认识共享的价值，利用共享的价值。

### （一）从物的共享到数的共享

“共享”一词是最近几年才流行开来的，但回顾人类文明的发展历史，共享的理念、模式早已融入人们的生产、生活之中，成为推动人类向前发展的重要力量。那么，什么是共享呢？共享是将自己的东西给他人使用的行为。这里的“东西”既可指能力、物品，也可指知识、信息、数据等，一切你所拥有的东西都可以进行共享；“他人”既可指个体，也可指集体；“给”既包括无偿地给，也包括有偿地给。因此，共享的行为有很多种，包括分工协作、语言交流、文字记录、商品交易、数据共享等。

早在远古时期，人类就意识到了共享的力量。在那个茹毛饮血的时代，人类只是大自然进化过程中的一个物种，尚未成为地球的主人。为了应对来自大自然的天灾与兽祸，人类不得不联合起来，进行分工协作，将自己的能力与他人进行共享。有人制陶织网，有人采集野果，有人进行狩猎。甚至在面对猎物时，他们也是分工协作的：有人扔石斧，有人扔标枪，有人携棒打击，这样人们就能猎取更多的猎物。分工协作应该是人类所运用到的第一种共享的力量，通过这股力量，人类的生产力得以大幅度提高，人类得以大规模存活，从而形成了一个个群居的原始部落。自此，人类有了立足之本，有效地应对恶劣的自然环境，为后期人类的进化与发展奠定了坚实的基础。可以说，分工协作的共享行为既是自然环境所逼，也是人类自身发展所需。

语言是交流的工具，而交流则是人类的一种信息共享行为。关于语言的诞生，目前仍是学术界尚未完全解决的重大问题，存在着很多的争议。我们认为，语言是人类与自然对抗的产物。人类在协同劳动过程中需要交流，而光靠动作比画已满足不了人们应对恶劣自然环境的需要，急需要有声的语言提升协作交流效率。语言的出现，使人们能够向他人分享自己的想法，改善了人类的沟通表达方式，从而推动信息共享的便利化。时至今日，语言依旧是人类最主要的沟通表达媒介，尚无一种工具能够完全取代语言的作用。它随着人类社会的发展而发生变化，并根据不同的地域空间分布形成了不同的语系、语种，推动人类文明向前发展。

同语言一样，文字也是人类的一种共享工具，它脱胎于远古壁画。远古人类喜欢在山洞的墙壁之上雕刻图案以记录英雄战胜大自然的事迹。但随着人类社会向前发展，这种繁杂的记录方式已远远不能满足人类的发展要求。最终，壁画演变成象物的文字，即象形文字。文字的出现是人类文明史上开天辟地的大事，它以独特的魅力承载着人类的生存经验、发展知识等文明成果，并将它们共享给他人、后人，从而驱动人类不断地进步。人类的语言与文字都是一种共享媒介，但两者的侧重点不一样，语言侧重于共享信息，而文字则是信息与知识双侧重。信息的交流与知识的传承都是人类文明史上诞生得比较早的共享行为，它们对人类的贡献是根本性与革命性的，助推人类从物种演化、万物竞争过程中脱颖而出，最终成为地球的主人。可以说，共享是人类生存与发展的核心动力。

商品交易是现代社会的重要特征，同时也是人类社会一种很重要的共享行为。从最初的物物交换到货币的出现，再到经济学理论的形成，商品交易的规模不断扩大，已经渗透到人类生产生活的各个方面，成为人类不可或缺的经济社会活动。商品交易是一种特殊的共享行为，它将人们自身拥有的物品共享给他人，并获得一定的报酬。共享分为有偿共享与无偿共享，而商品交易常常表现为有偿共享，它通过获得报酬增强人们共享的动力，从而满足彼此的需要，在一定程度上破解了商品的稀缺性难题。同时，与信息交流、知识传承等共享行为不同，传统的商品交易往往表现出有体性特征，商品交易的客体主要是有体物，这是由有体物便于定价决定的。但随着商品无体化趋势不断扩大，数据、信息、知识等具有价值的无体物在人类经济社会生活中占据越来越重要的位置，现代商品交易的无体性特征将越来越明显。

随着人类进入大数据时代，数据作为人类生产生活的重要资源也被纳入共享的范围。但由于历史发展的惯性以及顶层设计的缺乏，出现了大量的数据孤岛，数据资源得不到有效利用，数据潜力得不到有效挖掘，造成了巨大的资源浪费。同时，数据具有关联性特征，必须打破数据孤岛，增强数据的关联性，才能充分发挥数据的价值。打破数据孤岛最重要的方式就是数据共享，它主要包括数据开放与数据交易两种共享方式，其中数据开放是无偿的数据共享，数据交易是有偿的数据共享。这两种数据共享行为有助于破解数据资源稀缺性难题，激发人类生产数据的热情与共享数据的动力，从而创造出更多的数字财富，推动人类文明走向新的高度。因此，共享是大数据发展最重要的引擎。目前，数据开放和数据交易仍处在初级阶段，还有很多问题尚未解决，未来存在很大的发展空间。

从共享的客体来看，共享行为目前可分为物的共享与数的共享。其中，物的共享是人们可以看得见、摸得着的共享，属于物理世界的共享；数的共享则是人们看不见、摸不着的共享，属于虚拟世界的共享，语言、文字、数据、信息等都可被纳入数的共享范畴。因此，两者相较，数的共享更为复杂，代表了共享价值未来的发展方向。可以说，共享是人类生存与发展的重要动力。它可以增强人们的集体力量，有效地利用与改造大自然；它可以促进人们交流，提升人们的协同效率；它可以传承智慧，推动人类不断进步；它可以推动人们开展商业活动，破解资源稀缺性难题；它还可以打造数字空间，将人类带入数字文明新时代。共享之于过去、之于当前、之于未来，其价值都不可估量，我们必须利用好这股必然而然的力量，推动人类更好地向前发展，更好地造福人类。

### （二）从剩余价值到共享价值

价值理论作为经济学领域重要的理论之一，其源头可以追溯到商品的诞生。一件物品之所以能够成为商品，就是因为商品凝结了物品的价值，没有价值的物品很难成为商品。亚里士多德在继承古希腊先哲、智者，特别是苏格拉底与柏拉图的思想基础上，构建了一个比较完整的价值思想体系，这是价值理论的萌芽。比较遗憾的是，在之后的 2 000 年，亚里士多德的价值思想缺乏实践的沃土，价值理论一直未能成形。

随着资本主义的诞生，商品交易的规模不断扩大，为价值理论的发展提供了沃土。1776 年，亚当 · 斯密出版了《国民财富的性质和原因的研究》（简称《国富论》）一书，创立了系统的政治经济学体系。亚当 · 斯密认为，生产商品所耗费的劳动量决定商品的价值，即商品的价值等于当时该商品所能购买的劳动量，因此价值决定交换价值，而劳动量是衡量交换价值和价值的唯一正确的尺度。他还把价格分解为工资、利润和地租三种收入。[①]亚当 · 斯密的理论为后来者开展价值理论的研究打下了坚实的基

① 管德华，孔小红. 西方价值理论的演进［M］. 北京：中国经济出版社，2013：8.

础，但亚当·斯密的理论是不完全的，缺乏有关劳动力与生产价格的论述，混淆了价值创造与价值分配的关系，使得后来价值理论的研究分化成为三个学派。

一是以李嘉图、马克思为代表的劳动价值论学派，该学派侧重于从供给侧对价值进行分析。李嘉图修正了亚当·斯密关于“没有使用价值的商品也具有交换价值”的说法，认为“价值由耗费的劳动决定而不是由购买的劳动决定”，这使李嘉图成了劳动价值论的最终完成者。但随着生产力的提高，商品的相对过剩开始出现，许多商品的价值在市场中无法得到实现，李嘉图的价值体系解体。而马克思在继承李嘉图的劳动价值论的基础上，提出了商品二重性与劳动二重性学说，将劳动分为创造使用价值的特殊劳动和创造价值的一般劳动，并提出了剩余价值理论，实现价值向生产价格的转化。[①]马克思的劳动价值论反映的是商品交换背后人与人之间深刻的社会关系，是人与人的关系，这是他与李嘉图的劳动价值论的根本性区别。

二是以门格尔、杰文斯、瓦尔拉斯、克拉克为代表的边际效用价值论学派，该学派主张需求决定论。他们把价值归结为主观评价的边际效用[②]，即价值决定于商品的边际效用，从而颠覆了价值实体的客观性，并提出了边际生产力理论，从而彻底地否定了

① 孟奎.经济学三大价值理论的比较［J］.经济纵横，2013（4）：15–17.

② 边际效用是指某种物品的消费量每增加一单位所增加的满足程度。边际的含义是增量，指自变量增加所引起的因变量的增加量。在边际效用中，自变量是某物品的消费量，而因变量则是满足程度或效用。消费量变动所引起的效用的变动即为边际效用。

劳动价值论。由于边际效用价值论侧重于消费领域的研究，注重的是消费和分配，系统地对消费者均衡（交换的均衡）和生产者均衡（劳动和资本投入的均衡）进行了阐述，使经济研究中不大被重视的消费领域被提到了中心位置，为微观经济学体系的建立奠定了基础，成了现代西方经济学的起源。[①]

三是以马歇尔、萨缪尔森为代表的均衡价值论学派。该学派认为，在商品价值的决定上，供给和需求两方面的力量都不容忽视，商品的价值要由市场力量即供求均衡来决定，生产或消费无法单独决定商品的价值。可以看出，均衡价值论是在劳动价值论与边际效用价值论基础上提出的综合性方案，它所反映的是人与物之间的关系，即某种物品与整个社会需求的关系，往大了说，就是人与自然的关系。它通过（满足社会需求所带来的效用与满足社会需求所付出代价之间的）成本—收益计算来反映人们的需求程度与物品稀缺程度或者获得物品的难易程度之间的关系，[②]这种反映对经济现象具有很强的诠释力。因此，从马歇尔提出均衡价值论以来，该理论一直都占据着西方经济学的主流地位。

但也是从马歇尔创立均衡价值论之后，价值理论领域一直都缺乏真正的突破。随着经济的发展和社会的进步，特别是在互联网诞生之后，全球化、网络化、信息化、虚拟化的态势越来越明显，三大价值理论都无法对经济现象做出令人信服的诠释，越来

---

① 管德华，孔小红. 西方价值理论的演进［M］. 北京：中国经济出版社，2013：99–102.

② 孟奎. 经济学三大价值理论的比较［J］. 经济纵横，2013（4）：15–19.

越无法指导现代经济的运行。很多新兴经济学理论，如信息经济学、公共经济学、博弈论、新制度经济学、心理经济学等，都提出了各自的新价值理论，但都只是对三大价值理论的发展和补充，无法形成一个统一的有机整体，不具备普遍适用性。因此，当前经济社会发展呼吁新的价值理论诞生。

从经济社会形态来看，当今世界分为资本主义与社会主义，马克思、恩格斯所提出的剩余价值理论是分析资本主义的整个生产过程的理论。对于剩余价值，他们曾这样表述："剩余价值就是商品价值超过消耗掉的产品形成要素即生产资料和劳动力的价值而形成的余额。"[①]他们把整个资本主义生产过程概括为剩余价值的生产过程。在生产领域，剩余价值以商品的形式完成生产；在流通领域，剩余价值以商品的销售来实现。这样，剩余价值的生产和实现之间就形成了尖锐的矛盾：生产者会在商品生产过程中尽可能多地占有剩余价值，以取得更高的利润；与此同时，剩余价值率的提高将会阻碍商品剩余价值在流通领域的实现，经济危机由此而产生。他们用剩余价值理论揭示了资本主义经济运行最本质的规律、资产阶级与无产阶级对立的经济根源和资本主义必然走向灭亡的根本原因。[②]但剩余价值理论无法反映社会主义的本质特征，当然目前也没有任何一种价值理论能够对社会主义做出完美诠释。在这种情况下，随着共享经济形态的出现，共享的价值为人们所重视，共享价值理论脱颖而出，完美地诠释了社

① 马克思，恩格斯．马克思恩格斯全集：第 23 卷［M］．北京：人民出版社，1972：235.

② 孟奎．经济学三大价值理论的比较［J］．经济纵横，2013（4）：17-18.

会主义乃至整个社会的价值规律。

所谓共享价值理论，是指围绕共享行为产生的价值而形成的理论。从地球资源的稀缺性来看，地球上所有的资源都是有用的，我们必须充分利用好这些资源。同时，我们拥有同一个地球，人人都享有利用地球资源的权利。这就要求我们必须通过共享来提高地球资源的利用效率，这是共享价值形成的源泉和必要性。在价值形成过程中，劳动、资本、土地三种生产要素的提供者都发挥了作用，直接或间接地共享了自己的劳动，他们理应参与价值分配。因此，共享能够产生价值，且同剩余价值理论一样，共享价值理论的基础是劳动价值论，它们都是形成于劳动。不论是在资本主义社会还是社会主义社会，共享价值理论都倡导劳动者要能够享受自己创造的价值，同时，它使按劳分配与按生产要素分配有机地结合起来，为社会的收入分配奠定了理论基础，在全社会形成利益共同体，从而调动各方面的积极性，进一步解放与发展生产力。①

### （三）共享价值的创造

共享在社会经济的发展过程中无时不在、无处不在，成为当前一种非常普遍的社会经济现象。它从纯粹的无偿信息分享走向以获得一定报酬为目的，向陌生人转移私人物品使用权或是提供个人服务的共享模式，实现了从共享行为向共享价值的转变。

---

① 刘金燕，洪远朋，叶正茂. 共享价值论初析［J］. 复旦学报（社会科学版），2015（3）：119–120.

价值是如何创造的？一般来说，价值的创造需要投入一定的资源，形成一定的产品。因此，价值的创造过程就是产品的形成过程。在传统经济中，企业是市场的主体，市场是自由的、开放的，而企业则是封闭的。作为创造价值的载体，企业通过占有资源，生产出市场所需的产品，从而创造出价值，这里的资源主要为资本、技术能力、人力等物质资源。因此，企业所创造的价值也呈现出封闭的特点。随着经济社会的发展，企业的资源基础逐步从物质资源向以数据信息、知识智力等为代表的无形资产转变，这种转变使得资源的获取与使用都呈现出非连续性特点。共享模式可以较好地消除这种资源获取与使用的非连续性，因为企业只需要消耗部分资源，而将闲置或冗余的资源共享给其他企业，提升资源的使用效率，其他企业借由共享获取了稀缺资源，实现创造价值的提升，[①]共享价值由此而生。

共享既是一种经济模式，也是一种社会模式，其价值主要体现在以下三个方面。一是共享提供了更多的主动权，更高的安全性与透明度。以共享经济为例，在传统经济模式下，市场缺乏透明度，商品与服务质量存在很大的不确定性，消费者不具备消费的主动权。而在共享经济模式下，消费者可通过共享掌握更多的信息，提升商品与服务的透明度，从而掌握消费的主动权，保障消费安全。二是共享解决了共享双方的信任危机。不论是商品交易还是信息交流，由于共享双方信息不对称，彼此存在一种天生

① 邵洪波，王诗桪. 共享经济与价值创造——共享经济的经济学分析［J］. 中国流通经济，2017（10）：100-109.

的不信任感，从而影响共享行为的发生。共享的出现则增进了共享双方的信任，让共享行为随处可见。三是共享提升了共享双方的福利水平。供给者通过共享提供更多的产品或服务，从而取得收益，而消费者也可以通过共享以更低的价格获取商品或服务，双方的福利水平都得以改善。

随着时代的发展，共享不断在全球拓展着影响力，共享经济的发展与共享社会的建设取得了巨大的成就，共享价值不断扩大，主要表现为以下几点。第一，以互联网、大数据等为代表的新一代信息技术兴起，降低了共享成本，共享平台极大地提高了供需双方的匹配效率，将共享物品的边际成本降至几乎为零，从而扩大了共享规模。第二，由于物质、文化等资源的不断丰富，共享价值拥有坚实的资源基础。一方面，人们不再以取得所有权作为终极目标，愿意与他人共享自己的物品，为共享价值的创造提供了资源基础；另一方面，不同阶层的消费能力差异为资源的上下流动提供了环境。第三，人民群众的消费理念发生了变化，社会整体的环保意识在不断觉醒与升华，人们愿意通过共享重新配置闲置资源，从而提高资源的使用效率，减少商品的生产以及资源的过度使用，降低外部依赖性，创造共享价值。①

从共享价值的创造机理来看，共享价值的形成至少包含以下几个要素。一是活跃的共享行为。只有共享行为才能创造共享价值，这是共享价值产生的源泉。在共享模式下，只要拥有资源，

① 刘根荣. 共享经济：传统经济模式的颠覆者［J］. 经济学家，2017（5）：98–99.

都可以拿来与他人进行共享。任何人、任何组织都可以成为共享主体；任何商品、服务，无论是有形的还是无形的，只要是有价值、有需要的事物都可以成为共享客体。二是构建共享平台。共享行为必须要借助共享平台来实现，这是创造共享价值的基础。在这个过程中，共享平台主要承担着提供供求信息，实现供求匹配等中介服务职能。因为共享资源分散地存在于社会中，必须要通过共享平台进行集中、整合、展示、关联与交易，集聚潜在供给者和需求者，实现共享资源跨时空的对接。三是资源的使用权共享，这是创造共享价值的核心动力。在传统的模式中，要想使用一个物品，必须先获得其所有权，然后才有使用权，这会浪费大量的资源。共享必须要将资源的所有权与使用权进行分离，形成一种“不求所有，但求所用”的格局，实现使用权共享。四是完善信任机制，这是创造共享价值的纽带。共享行为主要发生在陌生人之间，因此必须要建立完善、可信的信任体系，解决陌生人之间的信任问题，这是产生共享行为的重要保障。一种新的模式产生的时候，必须要通过商业信誉吸引用户去使用，才能创造它的价值。五是开放的共享系统，这是创造共享价值的活力保证。开放的共享系统要降低共享准入门槛，不限制人员的进入，否则共享规模会因为共享主体的受限、共享资源的枯竭而缩小，从而使共享丧失活力。只有开放才能保证共享规模以低成本的手段迅速扩大，实现更多的资源共享，创造更多的共享价值。[①]

---

① 刘根荣. 共享经济：传统经济模式的颠覆者［J］. 经济学家，2017（5）：99–101.

## 第二节　共享价值的理论基础

毫无疑问，共享价值对于人类的生存与发展具有非常重大的意义，我们不能对共享价值视而不见，因为这是对资源的巨大浪费。我们必须利用好共享价值，使之更好地为人类文明发展做出更大的贡献。这要求我们必须深刻认识共享价值的客观规律：共享价值是如何供给的，共享价值是如何增长的，共享对市场竞争有什么影响，会不会带来新的垄断，共享如何提升发展效率与促进公平，等等。只有抓住这一系列关于共享价值的理论基础问题，才能指导我们更好地利用共享价值。

### （一）共享价值的需求与供给

在西方经济学领域中，人们主要研究的是需求和供给与物品价格的关系，因为物品的价值是由物品本身决定的，不会随着物品供求关系的变化而发生变化，而物品的价格会。此时的价值是指物品的原始价值，其价值的高低由生产成本与其所发挥的作用决定。而共享价值是一种由物品的原始价值衍生出来的价值，这种衍生行为本身就已经改变了物品的供求关系。因此，研究共享价值必须要研究其供求关系，而不能只局限于对共享价格的研究。

1. 共享价值的需求分析

共享价值的需求是如何产生的？我们认为，地球资源的稀缺性和个人能力的不完备性是共享价值需求产生的原因。因为人类只有一个地球，地球上的任何资源都是有限的，人类不能无限度地利用地球上的资源，只能利用地球上有限的资源以满足生存与发展的需要。通过共享，同样的资源只要不损坏，就能被更多人利用，从而创造无限的价值，满足人们对资源的无限需求。因此，共享的目的是最大限度地满足人们对资源的需求，让任何人在任何时间、任何地点都能利用地球上的任何资源。当然，这是一个理想状态。但回顾人类的共享发展史，共享发展的每一步都在朝着这个目标前进。同时，人类是群体性物种，个人的能力终究是有限的、不完备的，大部分工作无法依靠个人能力独立完成，必须进行分工协作，共享个体的能力，形成集体合力，共同应对生存和发展难题。

那么，影响共享价值需求的因素有哪些？它们都是如何影响共享价值需求的？决定共享价值需求的因素主要是共享资源的必需程度。对于某个人、某个组织，如果资源属于必需品，则该资源的共享价值就处于需求最高点。如果资源属于非必需品，从共享的全过程来看，该资源的共享价值需求将受到该资源的原始价格（出手价格）、共享中间成本（中间价格）及预期价值（终极价格）三个因素影响，其关系方程可表示为：

$$Q=F(\frac{P,\ M}{V})$$

其中，$Q$为共享价值的需求度，$F$为需求函数，$P$为共享资源的原始价格，$M$为共享资源的共享中间成本，$V$为共享资源的预期价值。共享资源的原始价格越高，共享价值的需求度就越低；

共享的机制越繁杂，共享中间成本越高，共享价值的需求度就越低；人们利用共享资源创造的预期价值越高，共享价值的需求度就越高。综合来看：当（$P+M$）/$V$的值越小，越趋于 0 时，共享价值的需求度就越高；当（$P+M$）/$V$的值越大，越逼近于 1 时，共享价值的需求度就越低；当（$P+M$）/$V$的值大于或等于 1 时，共享价值的需求度为 0（见图 6–1）。需要特别指出的是，与传统的有体物共享不同，数据等无体物在网络中进行共享时不需要运输，节省了大量的物流成本，因此它的共享中间成本很低廉，除去基础设施建设成本，数据共享的$M$值无限趋近于 0。

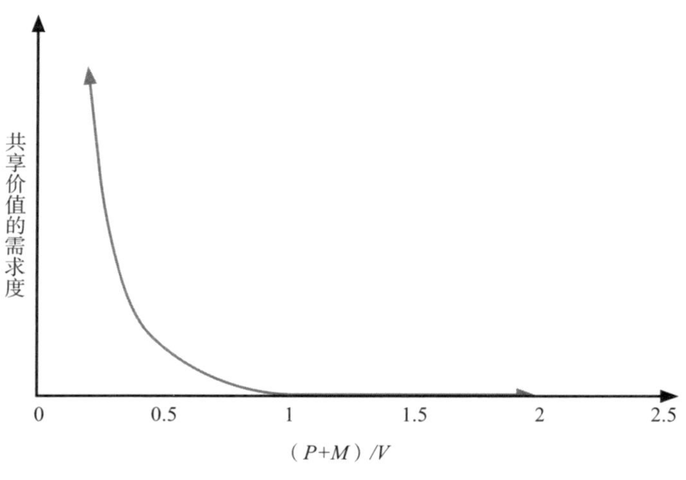


**图 6–1　共享价值需求分析图**

2. 共享价值的供给分析

经济学上的“供给”是指生产者在某一特定时期内，在某一价格水平上，愿意并且能够提供的一定数量的商品或劳务。而共享价值的供给并不是指共享物品的数量，而是指共享价值的创造。对于数据、商品或服务，它们都具有两种价值：使用价值与共享价值。所谓使用价值，是指能够满足人们某种需要的效用，它是物品的自然属性，反映的是人与自然的关系。而共享价值是指人们将物品共享给他人后所产生的价值，反映的是人与人之间的关系。因此，共享价值是使用价值的衍生价值，其供给是以使用价值为基础的。从主观上看，共享价值的供给受共享人意愿的影响很大。共享是一种自愿行为，对于所拥有的物品，共享人可以选择共享，也可以选择不共享，任何人都不得强迫。当共享人选择不共享物品时，该物品的共享价值的供给为零。因此，在一般情况下，我们都默认共享人有共享意愿，选择对所拥有的物品进行共享，这是讨论共享价值供给的前提。

假设物品的生产成本为$P$，使用价值为$M$，共享价值的供给为$Q$，则有：

$$P \leqslant M+Q$$

即物品的生产成本必须小于或等于使用价值与共享价值的供给之和。从这个公式可以看出，共享价值的供给受到物品的生产成本与其使用价值的影响，但两者的影响机制不一样。当物品的使用价值一定时，物品的生产成本越高，其共享价值的供给也就越多，因为人们必须收回成本并取得一定的收益；当生产成本一定时，物品的使用价值越高，通过使用收回成本并取得收益的可能性就越大，人们共享的意愿就越低，在一定程度上会减少共享价值的供给。

当然，很多物品不会只被使用一次或只被共享一次，当物品被多次使用与多次共享时，该公式可表示为：

$$P \leqslant \sum_{i=1}^{m} M_i + \sum_{k=1}^{n} Q_k$$

其中，$M_i$为物品第$i$次被使用所产生的价值，$Q_k$是物品第$k$次被共享所产生的价值供给。从使用或共享的客体来看，当客体为有体物时，经过多次共享使用后，物品会逐渐受到损害，最终丧失其使用价值，这时$m$与$n$是一个定值，其使用价值与共享价值的供给是可数的。当客体为数据等无体物时，多次共享使用并不会对原无体物造成损害，因此$m$与$n$是无限大的，其使用价值与共享价值的供给也都是无限大的。需要特别指出的是，对个人的有体物而言，共享只有一次，因此$n$的值为 1。对个人的无体物与公共集体利益而言，共享是可以不限次的，$m$与$n$为无穷大，此时共享价值的供给才有讨论的意义，因此共享价值的研究要有整体视角。

3. 共享价值的供需均衡

供给与需求不是孤立的，而是彼此相互联系、相互影响的，从而形成供给与需求的均衡。传统经济学关于供给与需求的均衡分析已比较完备，它主要是通过价格与资源数量的相互影响来实现，但无论价格与数量如何变化，只要供给量不超过需求量，供给总能被市场消化，这也可被称作一种均衡。当供给量超过需求量时，就会出现资源过剩，均衡态势就会被打破，造成资源的浪费。供需均衡理论应用的目的是让供给刚好满足需求，但这是一种比较理想的状态，很难达到。因此，保持一定程度的资源短缺并无限接近于理想状态才是较为实际的做法。

从供给方面来看，供给可分为生产供给与共享供给。在传统经济学领域，人们比较重视生产供给，往往是通过扩大生产来增加供给，而忽视了共享供给，造成了资源共享价值的巨大浪费。而共享可以使已生产的资源得以大规模流转，让更多的人能够接触到该资源，从而扩大了资源的使用范围，增大了资源的共享价值，在不扩大生产的情况下增加供给。与传统的供需均衡理论不同，共享价值的供需均衡分析将资源的共享价值纳入研究范围，利用共享价值的供给弹性，调节生产供给与共享供给的比重，以满足资源需求增加或减少的要求，从而实现整体的供给与需求的均衡（见表 6-1）。共享价值供需均衡分析的目标是在人类需求长期、整体增长的情况下，通过增加资源的共享供给，减少生产供给，从而保护有限的地球资源。

**表 6-1　需求变动时，生产供给与共享价值的变化情况**

| | 生产供给未变 | 生产供给增加 | 生产供给减少 |
|---|---|---|---|
| 需求未变 | 共享供给不变<br>共享价值不变 | 共享供给减少<br>共享价值降低 | 共享供给增加<br>共享价值增大 |
| 需求增加 | 共享供给增加<br>共享价值增大 | 共享供给不确定<br>共享价值不确定 | 共享供给增加<br>共享价值增大 |
| 需求减少 | 共享供给减少<br>共享价值降低 | 共享供给减少<br>共享价值降低 | 共享供给不确定<br>共享价值不确定 |

### （二）共享价值的竞争与垄断

人们对共享价值的重新认识必然会对当前的竞争范式带来巨大的冲击。对生产者而言，共享甚至可以称得上一场灾难。因为其购买者既可以自己使用其产品，也可以共享给他人进行使用。对产品的使用者而言，当新产品与共享物都能满足自身所需时，他既可以使用生产者生产的新产品，也可以使用非生产者共享出来的二手产品（即共享物）。那时，人们更为看重两者之间的价格。对共享者而言，他可以通过共享物品赚取额外的收益，从而使物品价值最大化。对于共享物，其价格存在无可比拟的优势，这从当前各类二手商品市场的火爆程度就可以看出。这样，生产者每生产并卖出一件产品，就会自动地给自己增加一个竞争者，竞争的视角不再局限于生产相同或相似产品的企业，竞争对手从同行拓展到了产品的购买者，甚至消费者，竞争将变得更加复杂。产品的生产数量与定价也必须考虑共享的因素，而这个因素在过去是被人们忽略的，这是共享环境下对竞争范式最大的变革。

从竞争范式上来说，产品的竞争主要有两个方面：资源的竞争与技术的竞争。传统上，很多人能够通过自身的各类优势垄断生产资源，形成价格垄断，从而维护自身的利益，但是这种垄断对公共利益来说是一种巨大的伤害。他们会依靠各种手段维护自身的资源垄断地位，维持自身的竞争优势，毕竟对资源进行垄断要比技术创新来得更加容易，通过相应的规则机制和霸权力量就可以实现。因此，这种垄断将会严重打击技术创新的动力，阻碍人类文明向前发展。而共享则是打破这种资源垄断最有效的手段，它将购买者、消费者纳入竞争的范畴，降低了自身的资源竞争优势，使垄断的格局不攻自破。生产者可以通过各种方法对传统竞争者进行限制，但是他们没有办法限制自己向消费者销售自己的产品，因为消费者是生产之基、生存之基和发展之基。产品的购买者、消费者越多，生产者的竞争者也就越多，竞争的压力也就越大。

值得警惕的是，为了维持自身的竞争优势，生产者会利用各种手段对购买者的共享行为进行限制，如诉诸知识产权、反不正当竞争法、隐私保护法等。在传统的竞争范式下，共享对商品定价和生产数量的影响微乎其微，生产者对购买者、消费者从不加以限制。但是，当人们认识到共享的价值，共享产品形成一定的规模并足以影响到市场上产品的数量与价格时，生产者就无法做到淡然处之，必定会对购买者的共享行为进行限制，以维护自身利益。但从地球资源有限性的角度看，物尽其用是人类生存与发展的必要原则，当前人类所倡导的集约型、节约型、绿色型、环保型、循环型社会，正是物尽其用原则的体现，而共享则是实现物尽其用的重要手段。通过共享，人们总能使物品流转到最需要它的人手中，从而挖掘出物品的共享价值，实现物品价值的最大化。因此，从人类文明的可持续发展来看，共享是符合人类生存和发展的根本利益的，不应该受到限制，反而要进行大力的弘扬与推广。

共享的好处显而易见，但其带来的坏处也不容忽视。在过去，生产是供给的基础，传统的供给体系是以生产为核心而形成的。当时的人们尚未意识到共享的价值，共享对供给体系的影响不大。随着人们共享意识的觉醒，共享成了供给体系的一个重要部分，对传统的供给体系形成冲击，也就是对生产形成冲击。举个例子，原来市场对产品A的需求为1 000件，假如没有消费者对产品A进行共享，则企业需要生产1 000件产品A。假如消费者能对产品A共享1次，那么企业只需要生产500件即可满足市场需求（在产品A没有损耗的理想情况下）。假如消费者能对产品A共享2次，那么企业只需要生产334件即可满足市场需求……以此类推。假如产品A能被无限次共享，比如数据，那么企业只需要生产1件即可满足市场需求。这对已有的产业来说是巨大的生存压力，企业不得不面对更加残酷的竞争。同时，在行业价格一定的情况下，生产数量的减少必将影响生产企业的赢利水平，甚至造成其亏损，这对企业的生产积极性来说是一种巨大的打击，企业将更多地从生产型企业向共享型企业转型。但对共享来说，生产才是根本，没有生产就没有共享，共享价值永远要受到生产价值的制约。因此，这种转型是错误的。特别是对于很多高技术产品，生产者投入了更多的研发资金，生产成本极为高昂，必须依靠薄利多销带来大规模的销量才能取得盈利。而共享的出现腰斩了其销量，必然对企业的赢利水平造成冲击。为了赢利，企业不得不提高对产品的定价，使产品的价格远远高于其价值。

因此，在共享的环境下，产品的规模对企业竞争力的影响将不断弱化，企业的竞争力将更依赖产品的价格，通过高定价、低销量迅速赢利，并在依次共享时逐步降价，待降到成本价时迅速推出第二代产品，取代第一代产品，如此进行迭代，从而保持自身的竞争优势。这就要求企业要有更强的技术创新能力，以保持产品的先进性，企业的竞争更多地转向技术创新的竞争。可以说，共享将竞争导向了技术的竞争，而不是资源的垄断竞争，这是符合人类文明发展需要的。但有一种情形必须注意，为了避免共享带来的影响，企业会更多地转向生产一次性或者不易、不能共享的产品，这对地球资源来说是巨大的浪费，社会需要设定相应的机制对这类产品加以限制。

### （三）共享价值的效率与公平

效率与公平是人类发展面临的一个重要问题，这个问题一直伴随着人类文明的发展，可以说人类文明发展史就是一部提升效率与促进公平的历史。在新的历史时期，新的经济形态不断涌现，新的社会变革蓄势待发，如何协调效率与公平两者之间的关系成为当前人类发展面临的重大问题。共享的出现为我们提供了一条协调两者关系，提升两者水平的新型路径。

所谓效率与公平的问题，就是调动人类个体生产的积极性，缩小个体间贫富差距的问题。一般而言，市场追求效率，而社会追求公平。因为不论是资本主义体制还是社会主义体制，市场在资源配置中都发挥着决定性作用，使各类型的人才流、资本流、资源流在市场上自由流动，从而创造出人类生存与发展所需要的各种商品与服务。在市场中，人们必须通过自身的劳动、机会、勤奋和表现来获取财富，这里的财富包括收入、荣誉、地位和尊严等。这就要求市场必须通过对效率的追求创造出更大的价值，这是市场本身的逐利性所决定的。当然，市场对效率的追逐必然会导致财富和资源向少数人手中集中，加大社会的贫富差距，使社会个体间出现不公平的现象，从而影响社会的稳定。市场只能决定财富的初次分配，其本身无法解决公平性问题，因此公平性问题就交到了社会手中。社会通过税收、公共资产、社会福利参与财富的二次分配、三次分配，从而缩小贫富差距，达到社会公平的效果。

承担者的不同造就了效率与公平的矛盾关系：一定时期内，公平的实现要以牺牲一定的效率为代价，效率的提高也要以牺牲一定的公平为代价。诸如效率优先论、公平优先论、并重取舍论、交互同向论等都是这对矛盾关系演化的结果。而在现实生活中，效率的提升往往要比公平的实现来得容易。但是，如果只追求效率，忽视了公平的构建，这样的发展不是人们所追求的。同样，如果只追求公平，忽视了效率的提升，也不是人们的发展目标。一直以来，人们从利己性出发，建立了以私有制为基础、以占有为目的的社会制度，保障了人们拥有诸多基本权利和自由，提升了经济效率，推动着经济社会快速发展。①但这种排他性制度限制了人们分享更多美好的事物，阻碍了人们追求更为广泛的权利和自由，也带来了诸多社会不公平问题，效率的提升也遭遇

① 张国清. 作为共享的正义——兼论中国社会发展的不平衡问题［J］. 浙江学刊，2018（1）：6-8.

瓶颈。共享价值的出现为协调效率与公平之间的关系带来了新的思考、新的方向、新的路径。

首先，共享价值能够激发劳动者的积极性和创造性，提高效率。在实际生产过程中，合理的财富差距会激发大多数人的劳动积极性，但过大的财富差距只能激发高额利益获得者的劳动积极性，而对于大多数人的劳动积极性则会产生消极影响。共享价值的共享就在于能够缩小贫富差距，使各共享主体更加公平地享有资源和财富，让人们的付出与获得相匹配，提升人们创造财富与价值的积极性，从而提高效率。因此，共享价值确保了人们的劳动积极性。

其次，共享价值能够有效地调节社会利益关系，为经济的持续发展提供健康稳定的环境。一方面，社会缺乏公平，经济的发展必定是不健康的，它只能是少数人的发展，大部分人的利益将会受到损害，这种不公平的利益分配必将反馈到社会秩序中；另一方面，由利益分配不公所产生的高额利益既得者往往会利用自己手中的财富与外界进行资本交换，比如与公权机构开展权力寻租等交易。长此以往，政府将为这些掌握大量利益的少数人服务，从而引发大部分利益受损者对高额利益既得者与政府部门的不满，从而威胁到政权的稳定。这两种情形都将损害经济健康发展的环境，从而影响发展效率。因此，为了避免这些状况的发生，必然要通过共享使受益较多者让渡一部分利益给受益较少者或未能受益者，从而缓和彼此间的紧张关系。[①]

最后，公平共享必须要以高效率的经济社会发展为基础。共享贫穷并不是人类的发展期望，历史经验告诉我们，在物质资源匮乏的土壤上建立的公平社会只能是一座空中楼阁，物质资源总量的不足才是社会矛盾产生的根源。发展的低效必然导致物质资源的匮乏，为了尽量多地占有有限的物质资源，人们必然会动用很多不公平的手段，从而产生社会矛盾与冲突。因此，在物质资源极大丰富，每个人都能各取所需的情况下，谈共享是多余的。而在物质资源极度匮乏，每个人的自身需求都无法满足的情况下，谈共享又是不切实际的。人类只有一个地球，地球的资源是有限的，物质资源不可能无限地满足人类所需，必须依靠共享化解物质资源的稀缺性。因此，共享必须在一定的发展效率基础上才能实现真正的公平。

因此，基于共享价值的效率与公平呈现出一种相互统一、相互促进、相互制约、相互作用的关系。首先，共享价值在体现公平的基础上，充分调动、激发人们创造价值的主动性与积极性，从而提高效率。其次，共享价值的实现是以效率的提升为前提的，通过促进社会生产力发展，创造出更多、更好的物质与精神财富，满足人类生存和发展的需要，从而实现公平发展。再次，只强调公平而不追求效率，社会将缺乏足够的物质精神财富，而且很容易滑向低效的平均主义，导致人类文明难以向前发展。

---

① 王维杰. 构建和谐社会的两个维度：经济发展与利益共享的辩证思考［J］. 学术交流，2011（8）：86–88.

最后，只追求效率而以牺牲公平为代价，将会导致贫富差距加大，影响人们生产的积极性与消费需求，效率的提升也将受到制约。因此，必须要通过共享价值处理好公平与效率之间的关系，在三者之间形成一个互相促进的闭环，从而推动人类文明向前发展。[①]

## 第三节　共享价值的范式革命

共享价值为人类生产生活带来的改变是革命性的。在经济领域，共享价值将重构经济学的理论基础，为当前疲软的经济困境带来强大的动力，助推世界经济走向新的高度。在文化领域，共享作为一种新的价值理念将革新人类的观念，构建一种以共享为思想内核和价值取向的文化样态。在社会领域，共享价值将引发社会变革，形成以共享为基本诉求的社会形态，实现效率与公平的兼容。共享经济、共享文化、共享社会将共同构成未来人类发展的超稳定结构，塑造新的文明形态——共享文明。

### （一）共享经济：共享价值的经济形态

共享价值最直观的体现就是共享经济，它的出现必将深刻地改变传统经济形态，使共享经济以变革的姿态出现在人们的面前，为当前经济的发展注入新的动力。在新的历史条件下，共享

① 罗健. 论共享发展的内在张力及合理调适［J］. 伦理学研究，2018（5）：34-35.

经济正以不可阻挡的态势向前发展，与人类生产生活的方方面面进行融合，扩大着共享的经济价值，引领着新时代的发展。

**共享价值推动产权变革。**产权制度是现代经济制度的重要组成部分，产权理念也是重要的经济理念，深刻地影响着现代经济的发展。在现有的产权观念中，产权是经济所有制关系的法律表现形式，包括所有权、占有权、支配权、使用权、收益权和处分权等。当前的经济体制强调产权的完备性、不可让渡性与不可侵犯性，使产权制度呈现竞争性、排他性特点。同时，由于巨大的资源财富差距，这种排他性产权制度使市场上的资源和财富不断向少数人群聚集，导致产权的交易和流通过度僵化，阻碍了经济的发展。因此，过分强调产权的完备性、不可让渡性或不可侵犯性，不利于人才流、资本流、资源流的自由流动，不利于经济的健康自由发展。[①]共享价值的出现为打破产权的完备性、不可让渡性或不可侵犯性提供了一条新的思路。共享价值在保留所有权的基础上将闲置的使用权进行共享，形成了一种新的产权观，我们称之为“共享权”。这种产权观呈现出一种双层结构模式：位于上层的是所有权，决定了物品的归属；位于下层的则是共享权，共享了物品的使用权与收益权。将剩余产品共享给他人使用，有利于盘活闲置资源，使社会资源得到充分利用。共享权的基本理念是“不求所有，但求所用”，其本质是弱化所有权，强调使用权，推动产权私有的观念向产权共享的观念转变，从而实

① 张国清. 作为共享的正义——兼论中国社会发展的不平衡问题［J］. 浙江学刊，2018（1）：4–5.

现资源有序而自由的流动，提升资源配置效率。共享价值通过共享权建立了一种“共有产权”的经济形态，它通过整合大量的闲置物品信息，包括房产、汽车、自行车、知识、衣物、课本等各类财产，并将其准确地提供给需求者，使需求者只需支付较小的代价就可同他人共享一种产品或者服务。这样，共享价值在减少资源浪费的同时，也扩展了人们的需求渠道，帮助人们实现更大范围的自由。可以说，共享价值为人类提供了一条不需要通过占有就能达成愿望、实现自由的路径。[①]在这方面，优步、滴滴、爱彼迎、摩拜单车等共享经济先行者都取得了一定的突破，有效地挖掘和利用闲置的资源、时间、机会、知识和信息等，为共享价值的实现提供了新思路。

**共享价值增加消费者剩余。**所谓消费者剩余，是指消费者在消费一定数量的某种商品时愿意支付的最高价格与商品的实际价格之间的差额。这是从马歇尔的边际效用价值论中演化出来的概念，用来衡量消费者的额外收益。一方面，共享价值为消费者带来了更多的选择渠道，弱化了厂商的垄断地位，分散了市场势力，改善了消费者的被动地位。这样，通过价格博弈，消费者的诉求更易得到满足，商品的实际价格降低，消费者剩余增加。另一方面，共享经济开启了以租赁消费为主的使用权共享市场，降低了交易的成本，提高了资源的利用率，创造了更多的财富。以出租车行业为例，按照传统的出租车行业的商业逻辑和运营机

① 韩晶，裴文. 共享理念、共享经济培育与经济体制创新改革［J］. 上海经济研究，2017（8）：4–5.

制，乘客的乘车成本极为高昂，且供需双方之间缺乏便捷的信息沟通方式，较高的出租车空驶率与较大的乘客出行需求缺口同时存在，带来了大量时间、金钱和精力的浪费。而共享经济的出现使汽车租赁市场的数据实现快速共享，加强了供需双方的精准沟通与高效匹配，降低了中间成本，增加了消费者剩余。总之，共享经济打通了供需双方的数据鸿沟，使其能够充分利用社会资源，实现了供需双方精准、自由、有序的匹配，降低了生产要素的机会成本与消费者所支付的实际价格，为微观参与主体创造了更大的价值，从而增加了消费者剩余。①

**共享价值变革竞争范式。**共享经济改变了传统零和博弈的竞争逻辑，实现了向基于共享价值的新型竞争范式转变。从商业实践来看，共享经济使企业追求的目标从经济价值转变为共享价值，追求的收益也从经济收益拓展到综合收益。因此，企业为了充分发挥创造共享价值的潜力，获取综合收益，基于共享价值开展竞争与合作成为最为现实的选择。可以说，竞争与合作是一种存在于企业间的关系统一体，它们共同发挥作用、相互影响，并在一定条件下实现相互转换。一方面，企业间通过开展竞争与合作扩大信息交流的规模，促进各类显性知识与隐性知识的扩散，提升知识、数据、技术等要素的使用效率，更大程度地发挥各自的资源、资本等优势，激发出更多的创新，扩大生产可能性边界，形成协同效应与耦合效应，从而创造出更多的发展机遇与商

① 张玉明. 共享经济学［M］. 北京：科学出版社，2017：429–431.

业机会，帮助企业实现共享价值的增值和价值网络的扩大。另一方面，竞争与合作使企业突破资源边界的限制，能够获得更多的互补性资源，包括获取更多的知识、技术、信息等，增强企业创新的动力与能力，同时又能通过共享网络使自己的价值剩余获取更多的经济租金、社会效益等，创造满足自身的经济价值，更好地满足社会需求。①

**共享价值弥补市场失灵。**所谓市场失灵，是指市场出现资源配置效率低的情况，主要表现为负外部性、垄断与信息不对称等问题。而共享经济能够有效地改善市场的信息不对称和负外部性，打破垄断，从而弥补市场失灵。在破解信息不对称的问题上，由于消费者缺乏完整的信息，无法全面了解产品与服务的质量等信息，因而丧失了实际意义上的购买主动权，消费者只能参考平均价格去购买产品与服务，导致大量“劣币驱逐良币”的情况发生。共享经济通过搭建供需双方的信息沟通平台，提高双方的信息透明度，使消费者了解到更为全面的信息，为消费者辨别产品与服务的优劣提供了重要参考，支撑消费者的消费决策，刺激供给侧生产出高质量的产品，提供卓越的服务，从而提高市场效率。在负外部性方面，共享经济通过行使共享权，让人们在不增加私人财产的情况下达成自己使用与收益的目的，减少了人们对于生产资料的占有，最大限度地避免了负外部性的影响，缓解了社会环境压力。因此，共享经济能够减弱市场信息的不对称

① 肖红军. 共享价值、商业生态圈与企业竞争范式转变［J］. 改革，2015（7）：133-134.

性，降低负外部性，推动资源的精准匹配与充分利用，弥补了市场失灵。[①]

### （二）共享文化：共享价值的文化形态

共享既是一种方式，也是一种理念。因此，共享具有文化价值，体现为共享文化。所谓共享文化，是指以共享为思想内核和价值取向，它是共享价值在文化维度的时代映现。它涉及经济社会发展的价值追求、总体认知、道德评判、实践取向与制度塑造。作为一种文化创新与价值重铸，共享文化主要表现为利他文化、集约文化、众创文化、多元文化与和合文化。

**共享价值重塑利他文化。**利他是一种社会性表现，是对他者利益实现的一种期待。由于文化的渗透和影响，人类不断为利他行为注入文化的理解与阐释，使利他行为深深地打上了文化精神的烙印，表现出更多的能动性、主动性和创造性，形成了一种社会文化的规范，即利他文化。[②]共享在关注人类的现实利益诉求的基础上，为其生存、生活与发展提供现实力量的支撑，使人类的发展成果惠及全人类。从人类个体来看，这种利益实现的普惠性表明自身与他人的利益都得到了实现。人类个体都能够借由交往而对他人的情况有所认知，并且能够以抽象的方式认知他人所具有的共性需求，从而使他人对利益的期待得到积极回应。因

① 张玉明. 共享经济学［M］. 北京：科学出版社，2017：445–447.

② 易小明，黄立. 人类利他行为的自然基础［J］. 河南师范大学学报（哲学社会科学版），2015（3）：101–102.

此，共享价值重塑了利他文化。由于人类发展成果产生于人类个体的生产实践，他人利益的实现也包含了自身的功劳，每一个个体都能通过生产实践满足他人的利益诉求，从而使利他文化随着人类发展成果的普惠而在现实中得到重塑、弘扬与发展。①

**共享价值重塑集约文化。**资源稀缺是人类发展面临的一个关键难题，因此我们要秉持对未来负责、对人类负责的态度来破解资源稀缺性难题。共享价值能够以更经济的生产方式和更集约的消费方式实现人与自然的和谐发展，从而重塑集约文化。共享价值的核心理念是“用而不占”“物尽其用”，通过行使共享权，消费过剩或闲置的资源，提高资源利用率，减少浪费，促进资源的集约利用和环境保护。这会从根本上改变了人们的文化观念，使人们从“重占有”的浪费文化转向“重使用”的集约文化，让人们真正为了需要而生产与消费。共享价值使所有权与使用权发生分离，改变传统的“开发、制造、废弃”的生产文化，让消费者遵循“生产—消费—多次消费”的循环消费模式，形成“只要租赁，无须购买”的集约文化，有效盘活闲散或闲置资源，实现效益的最大化，提高资源的利用率，达到“物尽其用”的目的，减少对自然资源的损耗，既保障了人与自然的和谐共处，又能实现生态资源的可持续使用和共享，实现代与代之间权利公平。②

**共享价值重塑众创文化。**众创是一种新型发展形态，正逐渐

---

① 焦阳. 共享发展的价值基础［J］. 哈尔滨学院学报，2018（1）：32-33.

② 李雨燕，曾妍，张琼月. 论共享经济的伦理意蕴［J］. 长沙理工大学学报（社会科学版），2017（6）：65-66.

改变着人类的生产生活方式。它可以降低大众购买成本，重新整合社会闲置资源，进而形成共享优于拥有的新文化，摈弃拥有至上的传统观念。因此，众创文化是一种享受共享物的使用权，而不改变和转移共享物所有权的文化样态。它倡导“自为联系观”，摒弃“自在联系观”，构建以技术为平台、以实践为目标、以人本为基础的自为联系。因此，众创文化对产权清晰的经济制度是一个巨大的历史挑战，它更加重视共享权，而非所有权。众创文化的功能性和共享性蕴含着社会的平等性和秩序性，反映出社会分配的正义价值和开放共享的核心理念，这种核心理念在于建构开放共享的创新创业氛围，而这种氛围能够真正体现人的全面发展，也完全契合众创文化的终极目标。同时，随着大数据、互联网等新一代信息技术的发展，众创文化将更加注重对于自然物的控制，从而利用“应用系统+通信网+传感网”扩展控制与触及的范围。一旦众创网络实现全时控制，随着信息的产生、自然物的移动、资金的流动与技术的共享，人类社会将形成针对众创的全时控制，从而推动众创文化理念的全时扩展，智慧地球、智慧国家、智慧城市都会应运而生。①

**共享价值重塑多元文化。**共享文化是促进文化和谐与构建人类命运共同体的哲学基础。当前，全球化、信息化、现代化加速了文化信息传播的速度，扩展了文化交流的平台与空间，同时也不可避免地带来了多元文化间复杂而纠结的关系。在多元文化共

---

① 周博文，张再生. 众创哲学：一个基于众创经济的哲学领域［J］. 自然辩证法研究，2017（9）：80–83.

生的环境下，多元文化的冲突往往是常态。如何让多元文化共存而不冲突，最好的办法就是通过共享重塑多元文化，通过共享文化解释文化经验，生成可以被理解的文化行为，进一步互通有无，从而实现“各美其美，美人之美，美美与共，天下大同”的理想状态，这是多元文化发展中可见的实惠。共享价值的理念与精神不仅强调多元文化存在的合法性，而且确立了多元文化“美美与共”的和谐关系，这种和谐关系将成为文化交流、融合、发展过程中化解冲突的认知基础，有利于多元文化共同发展，共同解决人类文明的难题，构建人类命运共同体。①

**共享价值重塑和合文化**。中国古代文化中的“和”思想即为和合文化，“和而不同，有容乃大，相融共生”等思想观念中都蕴含了中国特有的“和”的社会价值观。和合文化既是社会和谐发展的理想文化目标，也是一种基本的价值追求，还是一种总体式的思维方式和文化理念。塑造和合文化，一方面有利于增强全社会的向心力、凝聚力，改善和融洽人们之间的社会关系，另一方面有利于丰富人们的精神世界，培育和谐的思维方式和行为方式。因此，合和必须要以个人利益与社会利益的相互平衡、相互融洽作为实现条件，这正是共享价值的内涵体现。因此，共享价值与合和文化之间存在内在联系，它能够重塑和合文化，为人们提供尽可能多的、健康有益的文化成果，让人们在享受文化成果的同时满足自己的精神需求和审美需求，调节自己的情感和心

---

① 付秀荣，刘蕊萱．“文化共享”何以可能［J］．中原文化研究，2018（2）：76.

理，净化自己的灵魂，提高自身素质，形成积极、健康、包容、宽容的心态。[①]

### （三）共享社会：共享价值的社会形态

所谓共享社会，是指以共享为基本诉求的社会形态。从广义上来看，共享社会早在人类文明出现之时就已存在。就像前面所论证的那样，语言、文字是共享的渠道，分工协作、商品交易是共享的方式，这些都是人类文明的一部分。因此，共享是人类文明的重大成果，共享社会早已形成，只是早期缺乏合适的概念进行统摄。同时，共享也是人类社会发展的目标和方向，共享社会的构建任重而道远。但伴随着共享经济的兴起，共享价值逐渐深入人心，借助互联网、大数据等新一代信息技术的发展带来的便利条件，共享社会的构建触手可及。

**共享价值变革社会制度安排。**共享社会是一个基本解决贫富两极分化，缩小各地区发展水平差距，实现共同富裕的社会。从社会正义的角度来看，共享的实质正义与制度正义呈现出相辅相成的关系：一方面，共享的实质正义是制度正义的基础，判定共享制度是否正义必须要以其是否能促进生产力的发展，是否与生产方式保持一致为衡量标准；另一方面，共享的制度正义是实质正义的保障，是正义价值的具体化和实体化，是实现实质正义的

① 郭良．论文化共享工程在构建和谐社会中的作用［J］．科技情报开发与经济，2009（19）：119.

制度保障。[①]因此，必须要通过构建共享制度保障共享社会的建设。同时，与共享经济相比，共享社会的建设非常艰难，无法自发地形成，必须要借助共享制度才能实现。这个制度必须要协调好共享经济与共享社会之间的关系，因为共享经济是以追求效率为核心目标，保障人们获得更多的物质财富。而共享社会以追求公平为核心目标，要让更多的人享受到物质财富。共享经济与共享社会在一定程度上是一对矛盾关系，需要刚性的制度来进行协调，使它们能更好地发挥作用。因此，共享社会就是共享制度安排的结果，它使共享价值找到了追求效率与公平的平衡点，从而创造出更多的财富，缩小人们的财富差距，构建起一个幼有所育、学有所教、劳有所得、病有所医、老有所养、住有所居、弱有所扶的共享社会，保障人民平等参与、平等发展的权利，维护社会公平正义，从而实现每个人的自由全面发展。

**共享价值改善社会分层结构**。所谓社会分层，是指因人们的社会地位差异而形成的社会阶层结构，它们是因为人所谓的能力不同、所占有资源的不同而产生的。在这个社会分层结构中，不仅存在因为职业差异而形成的各种身份阶层，还存在基于收入、财富、资源占有量等因素而形成的经济、社会、政治和文化的等级阶层。比如，在当前，城乡二元结构之间、不同城市之间、同一城市内各行业之间、各阶层人员之间都存在高度分化的现象，社会结构分层化、等级化和固态化趋势越发明显。在社会分层结

① 苗瑞丹，代俊远. 共享发展的理论内涵与实践路径探究［J］. 思想教育研究，2017（3）：98.

构中，人口、技术、资本等要素流动性不足，各类生产要素不断向高层集中，中低阶层获得感低，不同阶层的资源占有份额和资源分配比例不均衡。人们尝试用各种举措来打破这种社会分层结构，比如优先照顾最低收入阶层，在社会经济政策方面向其倾斜，但效果并不好。无论政策怎样倾斜，都很难改变社会底层人民财富收入低下的状况，其固化的社会阶层地位更加难以改变。通过构建共享社会，充分利用私人占有或公共占有的闲置资源，创造更多可共享的商品、机会和服务，挖掘共享价值，满足其他阶层成员特别是底层人民的需求，实现资源共享和机会共享，从而打破社会阶层隔阂，使中下阶层人民有改善自身处境的机会。共享社会的构建使各个阶层的人都享有利用自然资源和社会资源的权利与能力，改变在资源共享方面严格按照社会等级、收入差距、家庭或个体等特定社会身份来划分的做法，让共享价值惠及各阶层人群。①

**共享价值提升政府治理能力。**无可否认，无论是在资本主义社会，还是在社会主义社会，政府在资源配置中仍然起着非常重要的作用，影响着经济和社会的利益分配。在传统的社会形态中，效率和公平往往很难兼容。但在共享社会中，政府将通过制度创新，变革当前的政府管理方式，转变政府职能，提高政府治理能力，使政府、市场的职能达到一个动态的平衡，从而使效率和公平都能得到很好的兼顾，实现政府与市场的最大公约数。一

① 张国清. 作为共享的正义——兼论中国社会发展的不平衡问题［J］. 浙江学刊，2018（1）：14–15.

方面，共享社会鼓励非公有制经济发展，最大限度地调动社会的人才流、资本流和资源流，激活各类社会发展因素。而公有制经济可通过共享扩大公共财富，让发展的福利惠及更多人群，特别是底层低收入群体。这样，政府通过鼓励企业追求效率，承担社会责任，实现经济利益和社会利益的最大化，保障共享经济的发展。而另一方面，政府以公众需求和偏好为导向，通过共享为社会提供高质量的产品和服务，发挥政府与企业各界的积极性、主动性和创造性，汇聚各方的智慧和力量，形成群策群力、共建共享的局面，保障参与者利益，破解公共资源归属和增值部分的分配问题，增强人民的获得感。[①]

**共享价值保障社会公平正义。**共享社会是一个以社会正义为原则的社会，它强调全体成员的社会应得，重视人与人之间的平等关系。共享作为新型的资源分配模式，能够弥补政府与市场在资源上分配不均的状况，矫正资源分配与二次分配环节产生的不公平状况，克服传统社会模式所带来的、由于信息不对称而造成的交易不平等与资源浪费，提高社会运行效率。共享社会能够弥补市场对社会正义的忽视，使全体社会成员平等享有各类资源，并基于平等而获得社会权利和经济利益，使普通民众都能享有基本的社会价值。共享在政府与市场领域扮演着协调者角色，它使人们在教育、就业、医疗、社保、养老等方面都享有均等的机会与公共福利，增进人民团结与社会和谐。共享社会为全体社会成

---

① 田信桥，张国清. 通往共享之路——社会主义为什么是对的［J］. 浙江社会科学，2018（2）：25–26.

员均等地共享社会资源提供广阔的空间，实现从关注个人与公共财富的再分配向关注社会资源的平等共享的策略转向。因此，在当前人际收入和财富差距存在扩大化趋势的情况下，通过共享进行调节是必要的。因此，共享社会不仅要保护个人所有权，更要关注社会基本资源的均等共享，从而实现社会正义。[①]

① 田信桥，张国清. 通往共享之路——社会主义为什么是对的［J］. 浙江社会科学，2018（2）：26.

# 第三编

## 数据博弈论

# 第七章　数据权利与数据权力

随着数据不断朝着资源化、资产化和资本化方向演变，一种新型权利——数权呼之欲出。数权具有私权属性和公权属性，私权属性表现为“数据权利”，公权属性则表现为“数据权力”。其中，数据权利以体现和维护个人利益为主，是个人的权利，其本质上是个人在数据方面的利益与资格，这种“个人”从根本上是私人性质的，是私权利；数据权力则强调公共性，权力的行使主体主要为公共机关和社会组织，权力的直接作用内容都是法律所保护的公共利益，是公权力。数据权利与数据权力是数权的核心构件，对两者的属性、结构、边界等内容进行界定，探讨二者之间的现实冲突并寻求新的平衡路径，是研究数权制度，构建数据文明时代新秩序的关键和基础。

## 第一节　数据权利

大数据不仅深刻改变了人们的生活方式、生产方式，也在不断革新着人们的思维方式，在国家治理、科学发展、社会生产等方方面面发挥着越来越重要的作用。大数据具有大价值，但随着大数据应用的推广和深入，与大数据相关的权利问题日益突出，例如个人数据隐私保护、数据使用权限边界、数据价值利益分配等，而与之相对应的是现行数据法律制度的缺位，这种缺位带来的权利困境成为制约大数据发展的巨大障碍。

### （一）数据的权利

大数据浪潮正席卷全球，数据及其分析正在取代经验和直觉，引导人们量化自我、精准决策，引发人类社会生活、工作与思维的巨变。然而，在大数据让诸多社会问题迎刃而解的同时，给我们带来便利的路由器、网络、软件系统和手机、电脑等终端，正在造就诈骗者、偷窃者和恶意攻击者的新乐园，数据正成为他们的利器，使他们行恶与遁逃都悄无声息。透明化悖论、身份悖论和权力悖论[①]成为大数据发展绕不开的难题。大数据悖论

① 尼尔·M. 理查兹在 2013 年提出大数据三大悖轮：（1）透明化悖论，即信息透明化要求与搜集信息秘密进行之间的悖论；（2）身份悖论，即大数据的目标是致力于身份识别，但也威胁着数据主体的个体身份；（3）权力悖论，即大数据是改造社会的强大力量，但这种力量的发挥是以牺牲个人权利为代价的，而让各大权力实体（服务商或政府）独享特权，大数据利益的天平倾向于对个人数据拥有控制权的机构。

需要破解，数据秩序需要重建，而数据权利正是构建这些规则的基础。基于此，人格权、财产权、知识产权和商业秘密权等主张纷纷涌现。

**人格权主张。**人格权属性是数据权利最为典型的特征之一。首先，从权利内涵的特性出发，个人数据权以人格利益为保护对象，数据主体对于自身数据具有控制与支配的权利属性，具有特定的权利内涵。其次，从权利客体的丰富性出发，公民个人数据包括一般个人数据、个人隐私数据和个人敏感数据，其中有些数据，如姓名、肖像、隐私等，已经上升为具体的人格权，不再需要依靠个人数据权的机制进行保护，而其他数据则必须要通过个人数据保护权的机制进行保护。再次，从保护机制的有效性出发，对于侵犯公民个人数据的侵权行为，如果将个人数据权界定为财产权，则可能没有必要通过个人数据保护权的机制予以保护。反之，如果将其界定为人格权，则一方面能够保证不会因为个人身份的差异而导致计算方式上有所区别，从而维护了人格平等这一宗旨，另一方面，公民还能依据《中华人民共和国侵权责任法》第二十二条主张精神损害赔偿。最后，从比较法的角度出发，世界上个人数据保护法所保护的主要是公民的人格利益。但是，自然人的人格权具有专属性、不可交易性，即便能产生经济价值，但也不能将其作为财产对待，否则便会贬损自然人的人格意义。而数据权利除了人格属性外，还具有典型的财产属性。

**财产权主张。**数据作为一种生产资料、一种社会资源，其财产属性不言而喻。早在 2008 年，“数据银行”“数据公约”的出现表明，以数据为交易对象的全球大数据交易市场已经开始形成，数据作为一种新型财产已经成为一个普遍的认识。随着数据时代的到来，个人数据事实上已经发挥出维护主体财产利益的功能，此时，法律和理论要做的就是承认主体对于这些个人数据享有财产权。以数据为客体的财产权与以物为客体的传统财产权不同。传统财产权是物权，这里的“物”具备物质形态，在使用过程中会产生消耗。而数据的非物质形态使数据可以以接近零成本的代价进行无限次复制且不会产生损耗。因此，数据财产权的权利归属和支配与对有形物的占有和支配模式不同，对数据而言，适用于有形物的物权制度是无法被套用过来的。但是，如果单纯把个人数据权作为一种财产权，则会过于强调它的商业价值，反倒忽略了对于公民个人数据的保护，而后者才是个人数据法律制度的首要目标，也是公民最现实的需求。此外，如果忽略了个人数据中“人”的因素，则必然“在商言商”，妨害人格的平等性，“因为每个人的经济状况不同，信息资料也有不同价值，但人格应当是被平等保护的，不应区别对待”。

**知识产权主张。**数据与知识具有高度相似性，因此，有人提出可以将数据权利看作一项知识产权并加以保护。首先，对于选择和编排上有独创性的数据库或数据集，可以将其视作汇编作品，考虑用著作权制度进行保护。《中华人民共和国著作权法》第十四条规定，汇编若干作品、作品的片段或者不构成作品的数据或者其他材料，对其内容的选择或者编排体现独创性的作品，为汇编作品，其著作权由汇编人享有。这里的“独创性”不是指内容上的独创，而是选择和编排上的独创性。其次，对于不具独创性的数据库和数据集，则可以考虑通过邻接权制度加以保护。邻接权是对作品传播者赋予的权利。德国法律明确把邻接权制度用于数据库的保护。由于数据库的持有人对数据收集和数据库的形成进行了实质性的投入，因此，对于无法用著作权制度保护的数据库和数据集，要赋予其收集持有人邻接权，因为他为数据的收集和编排付出了劳动和金钱。但是，数据的低辨识度和独特的价值实现方式决定其难以成为知识产权客体。原因在于，第一，相较于智力成果的创造性和新颖性，数据的辨识度较低。低辨识度的数据一旦被不法利用，难以被有效发现并给予及时有效的救济。“无救济则无权利”，救济的乏力使数据即使被赋权也难以得到有效保护。第二，知识产权的价值在于对经济利用或流通的独占和垄断效益，而数据的价值则更多地表现为对潜在信息的挖掘分析。知识产权客体的价值在于智力创造“结果”，其本身就是价值所在，而数据的价值在于工具性“利用”，其本身并无价值，价值在于对其进行的操作控制及内容分析。

**商业秘密权主张。**同知识产权一样，数据与商业秘密也具有一定的相似性，在特定情形下可以被当作商业秘密看待。首先，通过获取商业秘密能够获得相应的商业利益，因此商业秘密具有商业价值。同时，商业秘密还具有非公开性和非排他性。由于具有占有控制上的非排他性，因此，商业秘密一旦被公开，被其他主体知晓，它对于原权利人的商业价值就随之丧失。而通过对数据进行挖掘分析也可以获得相应的商业利益，因此数据也具有经济价值。同时，数据一旦被他人掌握，就意味着失控，他人也就取得了同样的权能，因此，数据也具有非公开性和非排他性。其次，在大数据技术下，碎片化的商业数据在经过分析后可能还原出完整的商业秘密，从而导致商业秘密的泄露。但是，商业秘密的特点是不为公众所知悉，能为权利人带来经济利益，而网络空间中的数据是可以随意获取的，这意味着大部分的数据不能作为商业秘密。此外，将数据单纯列为一种商业秘密的保护行为将会严重阻碍数据的流通和应用，数据的价值也将会因此难以实现。

### （二）数据的私权属性

数据具有私权属性。由于数据无所不在的特性，这种私权属性具有多元特征，但主要体现为人格属性与财产属性，因此，数据权利通常被认为是一项兼具人格权与财产权的综合性权利。这两种权利属性同时存在又不可分割，使数据权利突破了传统民事权利的边界，成为一项新型的民事权利，无法利用传统的民事法律对其进行规制。因此，构建新的数据权利保护制度成为必须和必然。

**数据权利是新型民事权利。**数据权利的客体是数据，多指个人数据。确定数据作为客体是否具有民事客体的特征是研究数据民事权利的前提。首先，数据存于人体之外。数据是对事实、活动的数字化记录，其通常被认为是彻底脱离具体物的物质性原子构成，而呈现为非物质性的比特构成。其次，数据具有确定性。确定性是指民事主体对客体的独占和控制。数据不具有实体性，它必须依赖一定的载体而存在，而且其载体所承载的数据的内容与数量都是可以独占和控制的。再次，数据具有独立性。客体具有独立性是构成民事权利的一个要素。数据本身的呈现形式是比特，数据所承载的内容是事实和活动，它不仅能与比特形式在观念和制度上进行分离，还具有独立的利益指向。最后，数据是以其所含内容来界定权利义务关系的，而不是以作为存储在网络上的比特形式来加以讨论的，故数据本身具有类似知识产权所具有的信息垄断性的内在特征。

依据德国民法典的“主体—权利—客体”结构，客体作为界定权利内容和界限的附着对象，由此获得了实体法上的权利表彰意义。[①]数据作为现代社会的战略资源，在现实中的数据应用的法律事实行为已经成为民事法律关系中的权利客体。数据是对事物、活动和状态等的记录。数据的内容是特定的，数据不是协助民事主体取得或转让某种民事权利的比特，而是比特所承载的内容，因此具有特定性。数据的内容是确定的、稳定的，并可以通过法律制度进一步赋予其作为民事权利客体的属性。在现实中，数据已经成为一种社会需求的资源，而且其客体的自然属性决定了依据已有的权利制度的调整无法真正规制所形成的法律关系，必须建立新的权利保护制度。

**数据具有人格权属性。**德国学者卡尔·拉伦茨认为，人格权是一种受尊重权，也就是说，人格权承认人所固有的“尊严”以

---

① 卡尔·拉伦茨. 德国民法通论：上［M］. 王晓晔，邵建东，程建英，等，译. 北京：法律出版社，2004：402.

及人的身体与精神，人的存在和应然的存在。[①]“人格权指以人的价值、尊严为内容的权利（一般人格权），并个别化于特别人格法益（特别人格权），例如生命权、身体、健康、名誉、自由、信用、隐私、贞操。”[②]“人格权是以权利者的人格利益为客体的民事权利。”[③]现代民法的人格权立法价值是以人为本，保障人格尊严、人的价值和人的主体性，根据人对自身的决定和支配需要和人的一般伦理观念设置了法律底线。《中华人民共和国民法总则》第一百一十条“自然人享有生命权、身体权、健康权、姓名权、肖像权、名誉权、荣誉权、隐私权、婚姻自主权等权利”中将姓名权、肖像权、名誉权、荣誉权、隐私权确认为“权利”。

人格权是一种原始的、专属的、绝对的、开放的权利。从各国立法对人格权的范围的规定来看，其随着当代社会变迁和社会关系的复杂化而不断扩展，人格权益日渐增加，旨在维护非物质利益的人格权的地位有所提高。法律创设了各种类型的人格权，通过法律技术将人的内在伦理价值外化于法律条文，形成对人格权的外在保护。从数据实践中所呈现的内容看，自然人的数据有姓名、身份证号、家庭住址、信用状况、运动轨迹、各类证照号、收入、爱好等方方面面。这些内容体现其人格尊严和自由意志，属于人格权的内容。尤其是在数据实践中的人脸识别，人

① 卡尔·拉伦茨. 德国民法通论：上［M］. 王晓晔，邵建东，程建英，等，译. 北京：法律出版社，2004：282.

② 王泽鉴. 民法概要［M］. 北京：中国政法大学出版社，2003：38.

③ 谢怀栻. 论民事权利体系［J］. 法学研究，1996（2）.

脸就是肖像，肖像属于人格权。因此，数据如具有姓名权、肖像权、名誉权、荣誉权、隐私权的内容就具有人格权的属性。

**数据具有财产权属性**。法学理论中的“财产”，一层含义是具有经济利益的权利的集合，另一层含义是财产性权利的客体。例如，德国学者卡尔·拉伦茨在第一层含义上使用“财产”，他认为：“某主体的财产是其具有经济价值的多个权利所集成的，只有具备经济价值的权利方为财产，这些权利在一定的法律关系中可以转化为物质利益。”[①]2017 年出台的《中华人民共和国民法总则》第一百二十七条规定：“法律对数据、网络虚拟财产的保护有规定的，依照其规定。”立法的选择是将“数据”和“虚拟财产”并列，表明两者有相似性，隐含着立法对数据财产属性的认可。经济学理论中的“财产”应当具有使用价值和交换价值。“不论财富的社会形式如何，使用价值总是构成财富的物质内容。在我们所考察的社会形式中，使用价值同时又是交换价值的物质承担者。”[②]

实践层面，数据已作为商品进行交易，具有交换价值，如各地方的数据交易平台所交易的客体就是数据。数据交易已经成为一种产业，尽管不同的交易平台或交易中心对数据、大数据交易范围的界定存在差异，其交易的对象最终都是数据。中关村数海

① 卡尔·拉伦茨. 德国民法通论：上［M］. 王晓晔，邵建东，程建英，等，译. 北京：法律出版社，2004：410–411.

② 马克思，恩格斯. 马克思恩格斯全集：第 23 卷［M］. 北京：人民出版社，1975：48.

大数据交易平台交易的是除涉及国家安全数据和个人数据以外的数据（含底层数据），贵阳大数据交易所交易的是经过清洗后的数据，不含底层数据。虽然被交易的具体数据类型有差别，但数据交易本身表明，数据、大数据等产品被用于交易体现出了交换价值。数据的使用价值体现在社会生活的方方面面，如用户画像。形成每个行业独有的用户画像，一方面可以帮助公司做好定向营销，降低营销成本，另一方面可以精准发掘用户需求，针对用户需求提高用户服务品质。在企业管理的核心因素中，大数据技术与其中一点高度契合。企业管理最核心的因素之一是信息搜集与传递，而大数据的内涵和实质在于大数据内部信息的关联、挖掘，由此发现新知识，创造新价值。大数据能够帮助企业在数据分析的基础上进一步挖掘细分市场的机会，最终能够缩短企业产品研发时间，提升企业在商业模式、产品和服务上的创新力，大幅提升企业的商业决策水平，降低企业经营的风险。政府能够运用数据分析成为一种新型的社会治理模式。

### （三）数据隐私权

隐私权是数据权利构建中面临的首要问题。在大数据出现以前，个人数据泄露已经给人们的生活带来无尽烦恼，而在大数据分析下，人们的一切生活行为将变得无所遁形，从而成为所谓的“透明人”。在这种情况下，数据隐私的保护显得格外重要。基于数据的人格权属性和财产权属性，数据隐私权的保护也有人格权进路与财产权进路。

1. 从隐私权到数据隐私权

隐私权一词源于英文Privacy，按照《韦氏大辞典》的解释，其主要含义有三个方面：一是指独立于其他公司或其他人的性质或状态，二是指不受未经批准的监视或观察，三是可以解释为隐居、私宅、私人事务、私密环境等。我国目前没有统一的对隐私权的定义。杨立新教授认为："隐私权是指公民对自己的秘密按照自身意志进行支配的人格权。"张新宝教授提出："隐私权是指公民享有的私人生活安宁和私人信息受到法律保护，不被他人打扰、知晓、利用和公布的一种权利。"①

过去的法律之所以能较好地保护个人隐私，并不是因为拥有完善的立法与司法，只是由于技术手段落后，人们无法高效地收集和处理信息与资料，难以广泛获取与发掘民众的个人隐私。如今，大数据时代带来的海量数据信息与高效运算处理模式，使个人隐私越来越难以掩藏，因而更加容易暴露在社会公众面前，隐私权的含义和范围也发生了较大的转变。数据隐私权作为传统隐私权在数据空间中的延伸，具有有别于传统隐私权的明显特点。

第一，保护范围更大。数据隐私权保护范围的扩大既有技术进步的原因，也有公民认识进步的因素。传统时期，隐私的客体主要是私人事务和私人空间。进入互联网时代后，人们逐渐意识到个人信息的重要性，对他人未经许可或超限获取和使用个人信息的行为感到不快。大数据时代来临，原本不属于个人隐私保护

① 张新宝. 隐私权的法律保护［M］. 北京：群众出版社，2004：21.

范围的个人信息，经过分析后也可得出个人隐私，这就使本应纳入隐私保护范围的数据较以往大为增加。

第二，财产属性增强。传统隐私权的人格性色彩更为浓重，进入大数据时代后，数据隐私泄露除了会造成人格尊严受损，往往也会带来直接的经济损失，有的甚至完全脱离人格损害而单独存在。此外，大数据分析结果往往能带来一定的经济效益，数据隐私作为分析的元素，也成了大数据分析结果价值的承载物。数据隐私权的财产属性愈来愈凸显，一般表现在两个方面：一种是将数据隐私直接作为财物进行交易，另一种则是对数据隐私内含经济价值的发掘。

第三，保护难度提高。随着大数据技术的发展，数据的收集、发布、传播更加快捷，数据分析的结果也更加精确，人们隐私泄露的风险更高，影响更大，数据隐私权更易受到侵害。此外，在经济利益的诱惑下，越来越多的主体参与个人数据的获取、发掘、利用，导致实施侵害的主体范围也有所扩大。主体范围的扩大致使现有法律法规因主体范围不符无法适用，导致这类侵害数据隐私的行为得不到应有的法律制裁。

2. 数据隐私权的人格权保护进路

早在 1890 年，塞缪尔 · 沃伦与路易斯 · 布兰代斯在合作发表的经典文献《隐私权》中就提出了一种基于不可侵犯的人格权的隐私权。在他们看来，随着大众媒体的兴起，私人空间日益被各种媒体侵犯，有必要发展出一种普通法上的“一般隐私权利”，普通法应当保护“思想、情绪和感受”这些构成人格的要素。其后，虽然美国法律在实践中日渐抛弃了以人格权理解隐私权的进路，但仍然有美国学者坚持认为应当以人格权分析隐私权。而在德国，基于人格权的隐私保护则成了主流进路。德国联邦最高法院先后通过1954年的“读者来信案”、1958年的“骑士案”、1973年的“伊朗前皇后案”确立了对个人隐私的人格权保护。

欧盟《通用数据保护条例》的部分条款就采用了人格权保护进路，该条例认为应当禁止处理涉及个人人格的数据。而且，数据主体应当是具有主体性的个人，用康德的话来说就是，人必须成为目的而不是手段，对个人具有法律影响或重大影响的决策，不能仅仅通过自动化处理来做出。在中国，隐私权被纳为人格权范畴加以保护，如《中华人民共和国民法总则》中将隐私权看作现代人格权的一种。不难看出，由于数据隐私具有鲜明的人格特性，人格权将成为数据隐私权保护的主要进路。

3. 数据隐私权的财产权保护进路

数据具有财产属性，有学者据此提出，除人格权进路之外，还可以采用财产权进路对数据隐私权进行保护。这是对著名隐私法学者阿兰·威斯丁的隐私观的继承。1967年，威斯丁出版了现代隐私法上的里程碑式著作《隐私与自由》。威斯丁认为，隐私的关键是对信息的控制，即“个人、群体或机构对自身信息在何时、如何以及在何种程度上与他人沟通的主张”。其后，威斯丁又于1972年出版了《自由社会中的数据库》，详述了当代的计算机框架如何制造出新的隐私问题，并且提出类似的个人对于信息与数据的控制权。

基于这种强化个人数据控制权的数据隐私权保护进路，不少学者发展出了个人数据财产权的观念。例如，保罗·施瓦茨教授、薇拉·贝格尔松教授、爱德华J. 扬格教授都指出，在现行法律下，法律没有提供诸如强制令之类的事前救济，也没有提供惩罚性赔偿的保护手段。他们认为，当前的法律，无论是美国还是欧洲，都只对隐私提供了基于责任规则的保护，而没有提供基于财产规则的保护，未来有必要以财产规则来对隐私进行保护。

在实践中，这种数据财产化或商品化的做法已经被企业广泛采用，企业收集、储存与分析、出售个人数据，已经成为一种常态。在很多企业看来，以财产权的进路对待数据隐私权，既可以保护消费者，将选择权交给消费者个体，又可以促进企业合理地发挥大数据的作用。但另一方面，已经有很多学者与评论者指出，基于传统财产权保护的进路可能面临对个人数据保护不足的问题。特别是当这些数据被某些犯罪分子掌握时，即使这些数据是碎片化的，也可能会带来意想不到的风险。

## 第二节　数据权力

数权不仅仅是一项个体性的私权利，它还关乎企业发展、社会运行、国家安全等方方面面，数权还是一项具有公共性的公权力。数据权力与数据权利的区别在于，后者的核心在于保护私人利益，而前者的核心在于保护公共利益，这里的公共利益不仅包含社会利益和国家利益，还包括企业、团体等组织的利益。关于数权的探讨，不能仅仅关注数据私权，也应重视数据公权。“大”是数据的价值基础，而这个“大”必然来源于个体“小数据”的汇集和融合。没有数据公权的规制，这些汇集后的数据要么无法获得充分应用，要么会被随意滥用，前者会抑制科技的进步和社会的发展，后者则会造成群体性甚至是社会性的严重后果。

## （一）数据的权力

### 1. 权力的起源

权力从何而来？在人类社会的原初状态，作为个体的人需具备两种能力：从事生产的能力和从事维护的能力。权利就是两种能力的结果与体现。维护的能力又由专门维护力和基本维护力构成。基于社会分工之需，人们把自己的专门维护力让渡出去，从而形成专门从事维护的群体。让渡专门维护力是为了“效率”，保持基本维护力是为了“安全”。权力就是专门从事维护的群体的能力。与此同时，专门从事管理的群体也分化而出，并组成行使公共权力的机构，例如国家、政府或组织，从而形成今天的政治权力、经济权力和社会权力。

权力的本质是公权力。无论是政治权力、经济权力还是社会权力，权力的行使主体都是公共机关和社会组织，权力的直接作用内容都是法律所保护的公共利益。权力姓“公”不姓“私”，正如习近平主席所强调的：“公权为民，一丝一毫都不能私用。”[①]

① 段凡. 权力与权利：共置和构建［M］. 北京：人民出版社，2016：9–14.

公权力作为国家的主要象征，是国家一切职能活动的根本前提，具有以下基本特征：第一，公权力的主体是公众而非个人，也就是说，公共性是公权力的核心内涵，公权力体现的是一种公有性、共享性及共同性；第二，公权力的客体应该指向公共事务，涉及私权利的事务不应该动用公权力去干涉，否则就会构成对私权利的侵犯；第三，公权力的来源和基础是公共利益，公权力是承担着公共责任并且为公共利益服务的，否则公权力就很有可能私化或变成私有。

相较于权利，权力具有诸多特性。一是强制性。权力本质上是特定的力量制约关系，因此强制性是一切权力的基本特性。既然权力本身是一种法定资格，权力的享有者为了实现自己的利益和意志，可以通过权力去支配他人的意志，要求他人绝对服从而无须征得他人同意。这种特性在国家权力中表现得最为突出，国家权力在作用范围上的普遍性、作用方式上的排他性、作用效果上的至上性及其强大的物质基础决定了在国家范围内其他任何权力都必须服从于国家权力。二是合法性。一般来说，民主形式的政府及其代表者的权力是人民通过相应的机关赋予的，他们行使权力必须有合法程序，并且他们的这种权力受到具有同等权力甚至权利大于他们的立法机构或监督机构或舆论的监督。三是扩张性。权力的强制性决定了掌握权力者存在扩张和聚敛权力的欲望。这种欲望在空间结构上表现为打破原有权力界限和范围，侵犯其他权力以扩张自己的权力；在时间结构上表现为拼命排他，结果导致权力的膨胀和终身制的产生，使权力的社会化步履维艰。四是整合性。权力是权力主体能量的高度积聚，具有巨大的能动性。这种能动性一方面体现在它是权力主体实现和维护自身利益的能动杠杆，能够使其利益得到最大限度的实现。另一方面体现在它是一种积极的支配力量，能够对其他成员和力量施以强大的支配和影响作用。同时，权力实质上是一种价值控制和资源控制，权力主体依靠其能动性，通过控制能够给权力客体带来精神利益或物质利益和资源，迫使权力客体服从于自己的支配。因此，权力能够使分散的社会力量一体化，使社会秩序维持在权力意志的范围之内。

2. 权力的转移

1990 年，托夫勒在《权力的转移》中指出，权力作为一种支配他人的力量，自古以来就通过暴力、财富和知识这三条途径来实现。在第三次浪潮文明中，知识将成为权力的象征，谁拥有知识，谁就拥有权力。但知识和暴力、财富不同，后二者具有排他性，一种暴力或财富若为一个人或一个集团所拥有，其他人或其他集团就不能同时拥有这种暴力或财富。而知识没有排他性，同一种知识可以同时为不同的人所占有。因此，“知识是最民主的权力之源”。谁掌握了知识的控制权和传播权，谁就拥有了权力的主动权。

知识是对数据背后的规律的抽象化提炼，与知识一样，数据也是“最民主的权力之源”。在大数据时代，随着数据的重要性不断提升，数据成为一种权力。并且，随着数据权力的发展，传统权力也因此发生转移和转化。这种转移和转化主要表现为

4 点。第一，全球权力中心发生地区性转移。在信息科技的推动下，中国等新兴国家发展迅速，经济实力及国际影响力和话语权不断提升，而美国和欧洲日渐衰落，世界权力中心正在向东转移。第二，权力从高层次向低层次流动，并且逐渐扩散到大多数人手中。在知识密集型企业里，管理人员、技术专家和工人掌握了更多权力，这印证了“知识是最民主的权力之源”。权力的低层化和分散化还体现为工业经济时代的工业巨头和金融巨头为后起的小企业、小公司甚至个人所取代。第三，由低质权力向高质权力的转化。在数据经济时代，主要是以数据为权力，数据具有暴力和财富所不具备的改变世界面貌和社会面貌的功能。第四，新的以数据作为衡量标准的权力中心正在形成。那些掌握了信息情报、最新科技知识和关键数据资源的技术专家集团成为权力中心。

3. 数据权力的崛起

数据即权力，权力亦数据。权力是可以数据化的，而数据也将是一种越来越重要的权力，甚至从某种意义上说，谁拥有数据谁就将掌握权力。数据权力的提法最早可追溯到英国前首相戴维 · 卡梅伦，他在一次讲话中提出：“新的数据权最令人激动。这将确保人民有权向政府索要各式各样的数据，用于社会创新或者商业创新……你会有足够多的信息来了解政府是如何运行的，如何花钱的，以及我们工作的效果。使用这些数据，开发这些数据，让我们负起责来，一起努力，创建一个现代民主的典范。”卡梅伦认为，数据权力是信息时代每一个公民都拥有的一项基本权利。现实中，作为公权力代表的政府实际上是最大的数据控制者。数据权力的提出恰恰符合道义论，即公民向政府主张数据权力是救济性的、防范性的，主要是为了保护公民，避免公权力以及其他庞大数据控制者对私权利的侵犯。

数据作为最民主的权力之源，具备不同于以往以暴力和财富为内容的权力的特性，例如可共享性、无限增殖性、非磨损性等。因此，在新的形势下，权力内涵和外延的扩展使权力享有者在行使权力的过程中形式更加多样化，在某种程度上也为滥用权力创造了新的方法和途径。在这种背景下，原有的措施必然难以对权力形成有效、完备的制约和监督，一种新的权力体制——数据权力正在崛起。对于数据权力来说，权力的适用范围从原来的政治、法律领域扩展到商业、医疗、经济等社会生活的各个领域，这无疑扩大了数据权力享有者行使权力的空间，使滥用权力的行为变得更具隐蔽性，造成数据权力制约难度的加深。针对这种情况，除了以上的权力制约途径外，最为重要的是，必须在有可能出现数据权力滥用的社会生活领域加强相关法律、法规的制定。

此外，在大数据时代，权力主体的范围扩大，特别是在密集型企业里，管理人员、技术工程师掌握了更多权力。权力的这种低层次化和分散化，一方面使得更多人了解和参与权力的行使，有利于对权力的制约和监督，但另一方面也有可能导致更大范围的权力滥用，给制约权力带来更多新的问题。在权力的转移过程中，政府的权力也在发生变化，一种分权的、多元化的民主正在形成。这种分权的、多元化的民主对于在国家管理中预防权力过分集中，防止因权力行使的隐蔽性而带来的腐败行为，具有重要意义。

## （二）数据的公权属性

数据具有公权属性。公权具有丰富的公共性和集体性意涵，可以将其界定为以国家和政府为实施主体，以公共利益最大化为价值取向，强力维护公共事务参与秩序的一种集体性权力。①数据权力具有公权属性。首先，从数据权力的结果导向来看，虚拟网络世界作为现实世界的镜像世界，使公权利有了新的载体空间和实现形式，公众在享受网络和技术带来的便捷的同时，也无法摆脱在网络世界中遭受恶意攻击的担忧、晦暗权力的裹挟和无所遁形的恐惧。虚拟网络空间和现实物理社会的高度融合，形成了两者既相互独立又相互影响的格局。数据权力的行使结果会影响法律所保护的公共利益。其次，从对数据权力的保护来看，数据权力的保护需要公权力的涉入，应当同时受到宪法、刑法、行政法、民法等多个法律部门的保护。因此，尊重公私主体的数据权，需要通过立法对公权力主体的执法程序进行明确，以保障其数据要求的合法性。

数据权力具有自我扩张性。法治的核心是规范公权力，保障私权利。公权力本身具有强制性和天然扩张性，所以有对其进行

---

① 陶鹏. 虚拟社会治理中公权与私权的冲突与调适［J］. 甘肃理论学刊，2015（3）：76.

制约的必要。公权力对于人民有一种管理的权力，一旦失控，很可能对人民的私权利造成伤害。在实践中，公权力与私权利相冲突的情形时常发生，比如公权力滥用直接侵害私权利，政府提供新公共产品损害公众的原有利益，政府公共服务的“供给本位”与公众需求之间的矛盾，政府不作为致使公众利益受损。究其原因，关键在于强公权、弱私权这一传统思维的惯性作用，制度设计偏废以及监管问责不力。

大数据时代，数据权力制度的缺失和公权力天然的自我扩张性会导致数据公权的滥用，使数据私权受到不同程度的损害。这主要体现在两个方面。第一，公权私用。大数据时代，数据在网络空间跨行业、跨领域的流动涉及数据生产者、接收者及使用者，数据在整个流动过程中会涉及很多实际地点，比如数据的发送地、接收地、目的地以及提供服务设施的地点，多元治理主体的权利与权力边界划分尚未清晰，使得公权力和私权利在一定程度上表现出相互侵扰的现象。往往只有在服从数据公权的管制时，公民才能享有行使数据私权的自由。但是，在现实中，经常出现数据公权私用现象，从而影响数据私权的安全性。数据公权私用有两种表现形式：一种是数据公权被滥用，违反正常使用程序和规则，侵犯公民的私权使用自由；另一种是一些平台通过寻租和设租，使公民数据私权受损。第二，权力重心偏移。在物理世界中，公权力总是强于私权利，公权力的天然强扩张性往往会压缩私权空间，这种冲突在网络空间仍然延续。现代信息技术的发展为官与民之间的信息不对称添加了砝码，并严重偏向掌握公权力的一方。例如，利用人体固有的生理或行为特征来进行个人身份识别或认证的技术在近些年突飞猛进，使个人信息的私密性变得越来越脆弱，若无法律制度的保障便会难以维持。

公权力的天然自我扩张性导致其较容易不断扩大自己的权力边界，公权力与私权利在网络空间相互侵扰、相互博弈和相互制衡。此外，由于公权力来源于私权利，而私权利的总量是恒定的，私权利与公权力之间是此消彼长的关系，两者相互联系并可以互相转化。[①]公民权利是国家权力的基础，国家权力是公民权利的保障。权利不是来自国家的恩赐，而是国家权力存在的合法性依据。也正是从这个意义上来说，权利应当是权力的本源，权力是为巩固、捍卫权利而存在的。当数据私权与数据公权相互冲突时，公权应优先于私权。比如，当隐私保护的权利和处置原则与国家安全、政府监管、公共安全、公共利益、司法程序与司法独立等发生冲突的情况下，应当优先满足后者的需求。数据私权与数据公权应当严格界分，只有规范数据公权，防止数据公权的滥用，才能真正保护好数据私权。但是，规范数据公权绝不意味着削弱数据公权的权威，而是指通过相关的规则、程序规范数据公权的行使，这样不仅不会削弱数据公权的权威，反而会使数据公权得到更好的发挥。

### （三）数据权力的结构

数据权力的结构逻辑是致力于现代文明体系自我发展和维持

① 阮传胜. 公权力与私权利的边界［N］. 学习时报，2012-11-12.

的产物，通过对其加以分析，我们可以了解到数据权力是如何附庸于理性能力，改进人类理性体验的，这一特征又是如何对我们周遭产生影响的。

**数据权力的政治社会结构。**政治社会结构是数据权力结构的公共意义系统，它解释了数据权力会塑造出什么结构的公共秩序。数据权力的政治社会结构作用主要体现在政治社会化实践上面，这种实践贯穿微观领域与宏观领域，它是享有数据权力的权威主体（一般是政治权威主体）通过各种资源对社会进行控制、动员、说服、汲取乃至符号生产等实践过程而构建的一种国家行为，这种国家行为合乎国家权威及治理逻辑。在提高国家对政治社会化过程的时空整合水平，发展和优化传统的政治社会化机制上，数据权力大有可为，它能使结构秩序呈现出功能优化和组织再造的趋势。

**数据权力的经济演化结构。**经济演化结构是一个“萌芽—形成—成熟—僵滞—衰退—裂变—萌芽”的循环过程，是社会经济形态和规律变迁的历史。数据权力的出现为其注入或然性和不确定性，使整个结构过程更加浓缩和紧凑，还有可能强化长期经济演化过程中理性意志因素的能动性。人类历史上经历过几次生产结构革命，每一次革命都离不开各类形态的数据。在早期的农业和游牧文明时代，对自然数据的经验捕捉和归纳就已经开始了，在这个过程中，帝国或城邦自有的经济组织形式和阶层群体得以形成；在中世纪之后，全球文明单元通过对人口、天文、地理等基础数据的掌握，让文明的扩散成为可能，并形成了“文明辐射—统治—融合”的历史，影响了经济权力格局的来回更替；进入近代工业文明之后，人类通过对理论数据和文本数据进行精细化、制度化、专业化、规律化处理运算，让人类的经济文明远超千年历史，并形成了较为稳定的现代社会分工的阶层架构，而其所花时间不过短短两三百年，在这个过程中，数据起到了关键作用；在大数据发展的现在和未来阶段，数据的类型是海量的、真实的、非结构化的，将对既有的市场格局形成挑战，对资本的博弈姿态造成影响，对微观产权的社会化再分配形成诱导。

**数据权力的观念生活结构。**观念生活结构是人类意义系统和文化系统的整体性架构，相比前两种结构，该结构更加多元和复杂。从古至今，数据一直都未曾缺位，而是以日常化、知觉化、感官化的姿态与我们精致化、细节化的生活互动。在传统社会，人们的观念生活并不为数据所支撑，数据最多只是一种权力单位，权力主体的意志行为直接决定了数据权力的强弱和使用方式。而在现代社会，人类的生产生活发生了变化：一是财富收入、知识水平、年龄分布不断集中化；二是人类观念生活空心化和形式化；三是人类还难以解决笨重的数据实体与价值理性的冲突，数据权力虽然逐渐规范化和科学化，但依旧只能被技术精英掌控；四是数据最多也还只是权力的背景，数据的利用在于控制权力和使用权力。在大数据时代，数据不再是权力结构的剩余，而是以权力的姿态参与观念生活结构的整合重组。在万物互联和海量数据的背景下，人类成为数据化的人，生活中的一切行为都被数据化并被填充到人们的主观世界中。数据也成了结构性的生活货币。将来，人们可能不再完全以血缘、族群、姓氏、职场为定位，而是以数据身份、物联社区、网络区位彼此认同，主流意志将逐渐变换为无意识的数据。虽然数据之外的理性依旧无法被撼动，但理性并不能免于数据情绪的感性行为，此时的数据成了无权力的理由。权力可以离开数据，但无法离开自主理性的支配。

## 第三节　数权共享

数据权利和数据权力是数权体系的两个维度。[①]法治的核心是规范公权力，保障私权利，但是数据公权的规范和数据私权的保护并不是单向和对立的。一方面，过分强大的数据公权会对数据私权造成损害；另一方面，过分保护数据私权也会对大数据的开放和利用形成制约。当前，数据公权对于大数据的控制和使用与普通个体无法控制自己的数据之间已经形成了一种强大的非对称力量，在倡导数据开放和利用的同时，应当重视数据私权与数据公权间的关系，在保护与规范中探寻数权共享路径，考虑大数据利用与社会伦理、个人权利之间的平衡，真正促进大数据的发展。

### （一）私权利与公权力的博弈

1. 私权利与公权力的关系

公权力是指以维护公共利益为目的的权力。基于此，可以将

① 肖冬梅，文禹衡. 数据权谱系论纲［J］. 湘潭大学学报（哲学社会科学版），2015（6）：70.

公权力理解为国家机关及其公务人员基于公共利益而享有或行使的职务上的权力。而私权利则是私人性质的，它是以满足个人需要为目的的个人权力。为了捍卫自身的自然权利和弥补自然状态的缺陷，人们通过签订契约自愿放弃自己的部分权利，并将这部分权利交给人们一致同意的某个人或某些人，从而出现国家。洛克认为，“这就是立法和行政权力的原始权利和这两者之所以产生的原因”。虽然洛克的国家观点不是建立在历史考察而是建立在形而上的观念之上，但发展出了现代正统的权利与权力的理论和宪政理念。正是由于公权力来源于公民对国家的让渡，所以，权力来源于权利，如果不对权利主体的利益进行保障，公权力就失去了其存在的合法性基础。

既然公权力的存在是为了保障私权利，那么被让渡出来的公权力应当具有公益性，若公权力不保护而是随意侵犯私权利，则会违背公权力来源的宗旨。但实际情况是：一方面，公权力往往会自我扩张，私权利虽然为其本源却常常受其侵犯；另一方面，私权利是公权力之源，而私权利的总量是恒定的，因此私权利与公权力相互联系并可以互相转化，是此消彼长的关系。所以，公权力的膨胀必然会造成对私权利的侵害。只有提高公民的维权意识，权利才能得到好的保障，这也必然会形成对公权力的控制和监督，从而防止其肆意扩张。

2. 私权利与公权力的冲突

正是由于公权力与私权利之间的这种相依共生、此消彼长的关系，使公权力与私权利之间经常发生冲突。从传统来看，私权利与公权力的冲突主要表现为过度作为和消极作为，过度作为即公权力对私权利的干预超出了应有的范围，消极作为即公权力在应作为的领域作为不够或根本不作为。私权利与公权力的冲突源于二者之间的差异，主要体现在三个方面：一是主体不同，这是由其概念本身的产生所决定的；二是内容不同，私权利的主要内容是满足个人的利益需求，而公权力的主要内容则是谋求公共利益；三是实现方式不同，私权利的行使具有较大程度的自由，而公权力则需要按照严格的程序来实施。[①]

在中国，私权利与公权力之间的冲突更为常见，其主要原因是公权力相较于私权利过于强大。首先，公权力无所不包、无所不能，干涉面极广，涉及公民日常生活的方方面面，只有依托公权力，整个社会才能正常运行。其次，由于一定的需要，公权力也被赋予了自由裁量权，但是该权力常常成为公权力主体谋取私利的工具。最后，中国的法制尚不完善，缺乏必要的制约制度，公权力的行使具有较大的随意性。基于这些特点，公权力极易被利用和被滥用，对私权利造成了威胁。此外，私权利相较于公权力比较弱小，无力平等地与公权力进行正和博弈，而私权利被公权力侵害时又缺乏相应的制度保护，没有有效的救济途径和畅通的权利表达机制。由此可见，公权力与私权利的冲突终究还是国家法治环境因素综合作用的结果。

① 刘颖莹. 论私权对公权的冲突与限制［J］. 当代教育理论与实践，2011，（10）：164.

### 3. 私权利与公权力的界限

确定公权力与私权利之间的界限是平衡两者、减少冲突的重要途径。作为调整行政权力与个人权利之间关系的法律部门，行政法对于划定公权力的界限具有重要意义。依法行政是行政法的一项基本原则，其具体要求是：行使行政权力的组织和个人必须是依法设立，依法获得权力，任何组织和个人不得非法享有、行使行政权力；行使行政权力在实体上和程序上都必须有合法依据；行使行政权力必须得到法律的监督。简单来说就是：法无授权不得行，法有授权必须为，超越立法目的和法治精神的权力行使无效。由此可见，依法行政原则已经严格划定了公权力的界限。

首先，法无授权不得行，即法无明文规定的权力不得行使。权利是权力之源，对私权利来说，法无明文规定皆可行，但是公权力常常会侵犯到私权利，所以公权力应当要受到更为严格的限制。公权力不可以干涉法律、规章制度等没有明文规定的、涉及私权利的事项，对于法律明确禁止的行为更不得行使，否则就会构成对私权利的侵犯，这样的行政行为是违法行政行为，相对人就应当具有相对的反抗权。

其次，法有授权必须为，即法有明文规定的权力不可以放弃。当公共利益受到私权利的危害时，公权力出面对私权利进行干涉才具有正当性。这也是公权力应有的责任和义务，相关权力主体如果放弃这种干涉的权力，对私权利的纵容也是对私权利的侵害，会导致应当受到保护的公共利益未得到相应保护，从而违背了公民授予权力主体以权力的宗旨。

最后，超越立法目的和法治精神的权力行使无效。法律的制定过程是一个不断完善的过程，具有明显的滞后性，没有绝对理性的人，所以也没有毫无漏洞的法律。因此，任何一部法律都会存在无法适应新现象的情况。但是，自古以来，立法的目的和法治精神的原则都不曾改变。现代行政法是一部控制行政权力，确认和保障私权利的法。因此，所有公权力的行使都应当符合行政立法的本意，注重对合法私权利的保护。

### （二）数据权利的扩散与数据权力的衰退

数据空间的发展就是一个不断压缩时间长度与空间距离的过程。相较于传统的现实空间，数据空间的内容更新、信息传播和客体反馈等都极为迅速。数据权利和数据权力作为传统私权利与公权力在数据空间的延伸，两者间的冲突更为频繁。当前，数据权利与数据权力正处于快速成长期，但从长远来看，数据权利的扩散和数据权力的衰退是两者发展的必然趋势。

#### 1. 数据的权利与权力

与传统私权利和公权力的关系类似，数据权利是数据权力的基础，数据权力是数据权利的保障，主要体现在赋权、控权、确权与保权 4 个层面。

赋权——数据权力由数据权利赋予。“任何国家权力无不是以民众的权力（权利）让渡与公众认可作为前提的。”[①]公民权利

① 卓泽渊. 法治国家论［M］. 北京：中国方正出版社，2001：62.

是国家权力的基础，国家权力是公民权利的保障。权利不是来自国家的恩赐，而是国家权力存在的合法性依据。数据权利是一种典型的公民权利，数据权利的让渡是数据权力得以产生和合法存在的基础。

控权——数据权力受数据权利制约。孟德斯鸠说过，“一切有权力的人都容易滥用权力，这是一条千古不变的经验。有权力的人直到把权力用到极限方可休止”[①]。基于权力对人的腐蚀性和人对权力的滥用性，数据权利可以通过各种方式参与监督数据权力的行使，以实现利用数据权利制约数据权力的目的，促进数据权力行使的公平、公正、公开。

确权——数据权利由数据权力确认。数据权利需要国家、法律和社会的承认与支持以获得力量，因而需要数据权力的确认。在实体内容上，数据权利由国家的法律予以确认并保证其实现；在表现形式上，数据权利以国家的法律规范为载体；在运行方式上，数据权利的产生、存在、发展和实现依赖数据权力的扩张为其提供条件；在价值目标上，维护数据活动的安全、秩序、公平和正义，不是通过剥夺和任意限制数据权利，而是通过广泛承认并充分保障数据权利实现的。

保权——数据权利受数据权力保障。数据权利只有通过立法、执法与司法，在数据权力的保障下才能实现，因为数据权利本身不具有直接强制力，需要借助数据权力的影响。数据权力是

① 孟德斯鸠. 论法的精神：上册［M］. 孙立坚，孙丕强，樊瑞庆，译. 西安：陕西人民出版社，2001：183.

数据权利的后盾，没有数据权力的保障便无从享受数据权利。不受保护的数据权利是无法交易和实施的，不受保护的数据权利等于没有权利。

2. 数据权利的扩散

虽然数据权利是大数据时代才提出的，但其理念早已有之。从广义上看，一切反映事物特征的记录都可以被归为数据。在这一理念下，从认知文明的结绳记事和文字创造到农业文明的竹简刻录与文字印刷，从工业文明的电报通信与磁带存储到信息文明的互联网智能与传感器记录，都可以被看作数据的进化史。从中产生的诸如个体信息、个人隐私、知识规律、商业秘密等传统意义上的数据已经被各国纳入民事权利的范畴。数据权利的提出与保护，既是上述传统民事权利的发展，也是一项新型权利的构建。这是因为数据权利的客体已经扩展到具有普遍意义的数据层面，它不仅仅包含有明确含义的个人信息、知识规律等，还包含无数看似没有关联的数据。利用先进的信息技术对这些数据进行运用和挖掘正是大数据时代的核心要义，而由此产生的权利已经突破了传统民事权利的范畴，需要形成新的权利关系对其加以保护。

在人们的数据保护观念下，数据权利正快速成长。一方面，数据权利虽然还未被相关法律确立为一项基本权利，但随着大数据的发展，其权利理念和内容已经被人们普遍接受，数据权利正快速成长，数据权利的保护已经成为一种全球共识。另一方面，大数据是时代发展的必然而然，其带来的改变涉及最基本的生产要素和思维方式等诸多方面，是一场深刻的社会变革。而数据权利的获得将会使社会在大数据发展上获得变革的原动力，从而推动大数据的快速发展。可以说，大数据的发展催生了数据权利的成长，数据权利的成长促进了大数据的发展，两者相辅相成。

不同于传统私权利的发展，数据权利的发展将会带有明显的扩散性。首先是数据权利客体的扩散。数据权利的客体从知识、秘密、隐私等少部分数据逐步扩散为一切数据，而这些数据也正从传统的电子数据扩散为一切形式的记录，这就使数据权利无处不在。其次是数据权利主体的扩散。这种扩散是类型和数量的双重扩散。在类型上，数据权利的主体从普通的自然人逐步向团体、企业、政府等法人组织或非法人组织扩散。在数量上，只要是数据的拥有者，都具有一定的数据权利诉求，随着大数据深度发展，发出这种诉求的主体必将越来越多。最后是数据权利使用的扩散。随着数据量的激增和其资源属性的明确，数据权利的行使范围会越来越大，使用频率也会越来越高，数据权利的使用呈现明显的扩散性。

3. 数据权力的衰退

数据权力与数据权利是一对孪生兄弟，数据权力既是数据权利的保障，也是数据权利的规范。几乎在数据权利快速成长的同时，数据权力也在加速形成。一方面，大数据发展带来的数据权利诉求的日益增加，要求数据权力的构建作为数据权利的实际性保障，离开了国家权力的数据权利是不存在的。另一方面，大数据作为一项新事物，让其发展不失控是政府的第一原则，这就需要建立相应的数据权力来对其做出一定限制和规范，将数据权利的使用控制在合理范围和合理途径。

数据权力具有天然的自我扩张性。随着数据权力的进一步发展，这种自我扩张性必然出现。数据权力的适当扩张是大数据初期获得快速发展的重要条件，但其不受限制的自我扩张必然会导致数据权利被压缩或被侵害。在大数据发展过程中，如果不对数据权力加以规制，就会出现诸如不作为、乱作为、过分干预等情况，数据权力的实施将会严重受挫，数据权利的保障也无从谈起，无论是对大数据发展还是对社会稳定来说，其危害都是巨大的。

从长远来看，数据权力的扩张是必然，数据权力的衰退也是必然。数据的价值不在于大而在于用，在数据活动日益活跃的今天，数据权力虽然正在不断发展甚至扩张，但到一定阶段后，其必然走向衰退。这是因为在大数据发展初期需要强力的数据权力作为行政支撑和法律支撑，就如同社会主义制度能够集中力量办大事一样，可以在短时间内给大数据提供充足的发展动力。但在大数据行业成熟之后，有些数据权力的存在就成了大数据进一步发展的阻碍，不仅如此，数据权利的诉求也需要数据权力做出让步以获取更大的发展空间，由此带来了数据权力的衰退。但这个衰退并不是消亡，它是在确保国家安全、隐私保护等数据安全的基本原则上进行的权力让渡，这种权力让渡是数据自由流动的特性所决定的，是数据的价值得以充分释放的基础，对未来的社会发展起着极其重要的作用。

### （三）数据共享权：从失衡到均衡

在大数据时代，权利与权力的内涵和外延都发生了巨大的变化，数据权利的扩散与数据权力的衰退是数权发展的必然趋势，是个体差异与群体共享的必然要求。数据权利与数据权力本身就是一对矛盾统一体，只有在限制数据公权的同时适当让渡数据私权，实现两者的权利共享、平衡统一，大数据才能得以充分有序的发展，大数据的价值才能得到最大化释放。

1.数权的失衡

当前，数权失衡是非常普遍的现象，这种失衡表现在两个方面。首先是数权意识的失衡，包括数权意识的缺失和越位。大数据时代已经到来，数权意识却尚未觉醒。随着大数据的发展，人们越来越明白自身数据的重要性，从表面上看，数权意识已经普遍化，但在实际生活中恰恰相反，大部分人并没有树立数权意识。多数情况下，人们还是任由自己的数据被收集和被利用，人们并未真正认识到这一行为会带来的真正危害。对数据使用者来说，他们从数据中获取了利益，但并未意识到这种行为有可能是侵权行为。如果说这两者存在的问题都是数权意识的缺失，那么数据的既得利益群体所存在的问题就是数权意识的越位。许多数据的既得利益者利用大数据获取了巨额的财富，宣扬数权意识只会让他们面临财富受损与法律困扰的难题，因此否定或逃避数权问题便成为其热衷之事，让人诟病的数据交易黑市也因此产生。其次是数权制度的失衡，包括数权制度的缺位和数权制度的激进。一个新领域的诞生和发展最重要的就是建立规则，数权制度就是大数据领域最重要的规则之一。从总体上看，当前数权制度是缺位的。自大数据元年（2013 年）以来，虽然以欧盟《通用数据保护条例》为代表的各国数权制度不断涌现，但主要为统领性法案，完善的数权制度体系尚未形成，且对数据产权、个人数据权利边界等焦点问题尚未形成统一认识，数权制度的探索和建立还处于初级阶段。此外，从个体上看，当前的数权制度较为激进，其能否真正对数权进行正向规制而又利于促进大数据业态的发展还有待实践检验。

2. 数据公权的限制

数权的失衡，归根结底还是数权制度的失衡，构建好数权制度能够有效培育和引导数权意识，实现数权的均衡。在数权制度构建过程中，尤其要注意对数据公权的限制。私权与公权的冲突很大部分体现在公权的扩张与滥用方面。数据公权的扩张和滥用不仅会侵犯数据主体的数据私权，给个人的财产、隐私等带来损害，还会阻碍大数据的应用与发展。只有对数据公权做出相应的规范和限制，防止数据公权滥用，才能真正保护好数据私权。在限制范围上，应注重使用数据公权的内容、主体和程序，确保数据公权不随意使用，不随意扩张。在限制方法上，要遵循“权力法定”的理念，确保数据公权的公信力与权威性；引入社会权力，促进权力制衡和民主监督；完善监督机制，让数据公权回归到私权授权、私权监督和服务私权之中；提高保护标准，加大司法救济的力度，为数据私权提供及时有效的保障。

同时，要在合理范围内限制数据权力主体对自由裁量权的使用。要在承认自由裁量权存在的前提下，尽量限制权力主体使用它。这并不是否定自由裁量权的作用，而是因为在现实生活中，公权的行使和私权的使用的情况是复杂的，而自由裁量权作为一种具有一定主观性和灵活性的权力，很多情况下难以判定其合理性和公共性。所以，应当适当限制自由裁量权的使用，但这绝不是说不能使用，当涉及社会整体的福利、公民的公共利益时，应当合理使用自由裁量权，但需注意在使用的时候要进行严格的监督，尽可能减少公权力越权的可能性。

3. 数据私权的让渡

从传统的信息保护到《通用数据保护条例》，数据私权从弱保护状态进入强保护状态，而无论是弱保护还是强保护，都不利于大数据的发展，都会造成数权的失衡。要实现数权的均衡，在数据公权的限制之外，适当的数据私权让渡显得尤为重要。如果对个人数据实施极其严格的无差别保护，则可能出现两种不利结果。首先，大数据的发展离不开良好的数据环境，而完善和活跃的数据流通是构建良好的数据环境的重要基石，在这种保护模式下，数据流通将严重受阻，大数据的发展也将成为无本之木、无源之水，例如《通用数据保护条例》所带来的巨额GDP（国内生产总值）损失风险。[①]其次，大数据蕴含大价值，在巨大的利益面前，过于严苛的保护反而会增加数据犯罪的风险，使个人数据

① 《通用数据保护条例》在个人数据保护方面十分严格，对于科技金融产业，《通用数据保护条例》的实施将进一步加剧个人获得信贷的难度，据德勤会计师事务所估计，《通用数据保护条例》将令欧盟境内消费信贷下降 19%，给GDP造成每年830 亿欧元的损失，并引发 140 万人失业。

保护陷入越保护越危险、越管理越混乱的恶性循环。数据不应因为被保护而成为稀有资源，相反，数据具有非独占性、非消耗性和可复制性等典型特征，应当是普遍化、日常化、便利化的“用生资源”。数据会越用越多，也会越用越有价值。可见，同数据公权的限制一样，数据私权的部分让渡，也是促进数据私权保护和大数据发展不可或缺的内容。

4. 数权的共享与平衡

无论是数据私权的让渡还是数据公权的限制，其本质都是为了尽可能消除数据壁垒，促进数据流通，从而最大化地释放数据价值。在让渡和限制的中间地带，便是共享。数据共享权不仅是数据自身发展的诉求，也是数权之于物权的本质区别，更是促进数权从失衡到平衡的重要手段。

从资源角度看，数据是典型的“用生资源”。所谓“用生资源”，就是被使用不会对其造成消耗，反而会越用越多的资源，例如数据、技术、知识等。如果说物质资源的使用让人类物种得以生存，那么用生资源的使用则让人类文明得以发展。通过对数据的使用，人类在对世界获得更深认识的同时，也会因为使用行为产生更多数据，从而以此阶段的成果作为下阶段的基础开始文明的迭代。这种迭代带来的变化是指数型的（例如摩尔定律），这也是人类文明发展越来越快的原因。对用生资源来说，被最大化使用是其本质要求，而共享是实现这一要求的最佳途径。

从权利的角度看，共享和占有是数权与物权的本质区别。其原因在于，在物的使用权让渡中，其占有权的存在让物的权利主体的利益不会因此受到损害，权利主体仍旧对该物具有控制权。但数权不同，一旦数据的使用权让渡，获取数据的一方就完整地拥有了数据本身，数据就会脱离初始权利主体的掌控，此时对数据本身的占有权就因此失去了意义。权利主体要使数据产生价值或者价值最大化，就得将数据共享给他人使用，这样一来，数据的使用权必然会与占有权产生冲突。因此，对数据来说，强调数权的共享权与强调物权的占有权一样重要，这是从物尽其用到数尽其用的必然。

# 第八章　数据安全与数据主权

大数据时代，数据主权是国家主权的重要组成部分，是国家主权在数据空间的表现和自然延伸。数据主权是指国家对其政权管辖地域内的数据享有的生成、传播、管理、控制、利用和保护的权力，是各国在大数据时代维护国家主权和独立，反对数据垄断和霸权主义的必然要求。[①]在数据主权实践中，数据霸权主义、数据保护主义、数据资本主义、数据恐怖主义等加剧了国家数据安全的保护难度，同时国家间数据主权的博弈形成了多重管辖权冲突和国家安全困境的无秩序状态。坚持以总体国家安全观思想

---

① 赵刚，王帅，王碰．面向数据主权的大数据治理技术方案探究［J］．网络空间安全，2017（2）：37.

为指导，构建总体国家安全观下的国家数据主权，是有效对抗霸权主义，抵御数据侵略和维护国家总体安全的重要举措。

## 第一节　总体国家安全观

当前，中国的国家安全既面临着政治安全、军事安全、国土安全、经济安全等传统安全问题，又面临着数据安全、数据霸权主义、数据保护主义、数据资本主义和数据恐怖主义等一系列非传统安全问题。面对错综复杂的安全局面，如何维护国家安全就成为一个现实问题。在此背景下，创新安全观念、树立新的国家安全观成为大数据时代维护国家安全的必然选择。总体国家安全观是与大数据时代相契合的新型国家安全观，它的提出是对传统安全观和新安全观的合理继承和大胆创新，是对国家安全内涵与外延的丰富和扩展，其对于正确面对和处理中国新形势下的战略机遇和诸多挑战具有重大的指导价值。

### （一）国家安全与数据安全

数据安全是国家安全的重要基石。随着全球数据革命的爆发，人类社会形态由信息时代转向数据时代，人类进入了一个崭新的社会——数据社会。数据社会的到来，给全球带来了数据技术飞速发展的契机。数据网络系统的建立已逐渐成为社会各个领域必不可少的基础设施，数据已成为社会发展的重要战略资源、决策资源和控制战场的灵魂，数据化水平已成为衡量一个国家现代化程度和综合国力的重要标志。然而，在数据时代，数据对政治、军事、经济、社会、文化等领域产生重大影响，改变了国家赖以生存的安全基础，数据安全开始变成国家安全中的一个重要因素，与其他安全因素之间的联系更为紧密，由此上升为直接影响国家政治稳定、社会安定、经济有序发展。数据安全已成为数据时代国家安全中最突出、最核心的问题，是国家安全的重要基石。

**数据安全风险**。近年来，由于数据在网络空间传播迅速，且当前技术手段和行政手段都无法对其实施有效监管，使得大数据安全问题日益加剧。大数据所引发的数据安全问题，并不在于技术本身，而是在于因数据资源的开放、流通和应用而导致的各类风险和种种危机。[①]一是数据开放安全风险。数据开放让大数据时代的国家主权越来越相对化：一方面，数据的开放性与自由化，大大降低了政府对数据行为的管控能力，影响了各国之间的沟通、交流与合作；另一方面，数据开放使争夺数据主权成为国家战略的制高点，给国家安全带来了严重威胁。二是数据流通安全风险。数据流通安全风险对大数据时代的国家数据安全以及基于数据安全的政治安全、军事安全、经济安全等构成了严重威胁。数据流通中的数据风险包括数据采集、传输、存储过程中的安全问题。在采集阶段，数据面临被损坏、丢失、泄露、窃取等安全问题；在传输阶段，数据面临被窃取、篡改等安全威胁；在存储阶段，数据面临管理权限不确定、访问控制问题以及存储能力不足等安全

---

① 大数据战略重点实验室. 块数据 2.0：大数据时代的范式革命［M］. 北京：中信出版社，2016：269.

风险。三是数据应用安全风险。数据应用中的安全风险主要表现为账户攻击愈演愈烈，漏洞发现和利用的速度越来越快，第三方代码托管平台被攻击，企业信息、个人隐私得不到有效保护等。

**数据安全防御**。防范数据安全风险，切实保障数据安全，需要加大对维护安全所需的物质、技术、装备、人才、法律、机制等方面的能力建设，构筑立体多维的数据安全防御体系，进行数据安全立法，加强关键行业和领域重要数据信息的保护，在涉及国家安全稳定领域采用安全可靠的产品和服务，提升关键信息基础设施的安全可靠水平，健全大数据环境下防攻击、防泄漏、防窃取、防篡改、防非法使用监测预警系统，提高网络空间大数据安全态势感知能力、事件识别能力、安全防护能力、风险控制能力和应急处置能力，建立健全数据安全标准体系和安全评估体系。①（见表 8-1）

**表 8-1　数据安全防御体系**

| 防御重点 | 具体措施 |
| --- | --- |
| 重点领域的数据信息保护 | 建立健全和严格执行更高规格的数据安全等级保护管理制度；对于涉及国家利益、商业秘密、个人隐私、敏感性数据等涉密数据采取特殊保护措施，实行“三确定、四明确”原则 |
| 涉及国家安全稳定领域的产品和服务 | 规划设计具有中国特色、自主可控的下一代互联网，从技术、产品和服务等角度更加重视新一代或者下一代网络融合技术、终端移动、终端接入中的安全问题；在下一代网络核心技术领域竞争中，掌握网络基础理论、云安全、人工智能、交易安全、高速传输安全、网络监控、网络实名、网络犯罪及检测取证等关键技术 |

① 大数据战略重点实验室．重新定义大数据：改变未来的十大驱动力［M］．北京：机械工业出版社，2017：224–234.

（续表）

| 防御重点 | 具体措施 |
|---|---|
| 关键信息基础设施的安全可靠水平 | 从业务连续能力、设备的自主可控、敏感数据安全维护以及关键信息基础设施的主体责任 4 个方面着手，提升关键信息基础设施的安全可靠水平 |
| 数据安全标准体系和安全评估体系 | 重点研究制定数据基础标准、技术标准、应用标准和管理标准；针对个人隐私、电子商务、国家安全等重点领域以及安全问题多发领域，率先研究使用数据安全标准；研究形成覆盖数据采集、存储、传输、挖掘、公开、共享、使用、管理等数据全过程的安全标准体系；针对数据平台和数据服务商等重点对象，做好数据可靠性及安全性测评、应用安全性测评、检测预警和风险评估；完善网络数据安全评估监测体系和实时监测体系，提升对大数据网络攻击威胁的感知、发现和应对能力；加快开展数据跨境流动安全评估，强化数据转移安全检测与评估，确保数据在全球流动中的安全 |
| 数据安全监测预警系统 | 健全大数据环境下防攻击、防泄漏、防窃取、防篡改、防非法使用监测预警系统，建立源头、环节、系统三个管理体系的加密机制和溯源机制，并建立网络安全、应用安全、操作系统安全三位一体的安全技术保障机制 |
| 数据安全保密防护体系 | 将管理与技术手段相结合，从管理层面和技术层面用规范的制度进行约束，全面提升数据安全保密及防护的综合能力 |
| 数据安全能力 | 保障和提升网络与大数据态势感知、事件识别、安全防护、风险控制以及应急处置 5 种能力 |
| 隐私与个人信息管理和保护 | 建立隐私和个人信息保护制度，加强对数据滥用、侵犯个人隐私等行为的管理和惩戒 |
| 审慎监管和保护创新 | 不断提升大数据发展的创新层次；加强大数据发展创新过程的监管；完善大数据发展监管协调机制；加强大数据发展监管的国际合作与区域合作 |
| 数据立法和数据伦理 | 在数据立法中，明确保护公民权益、国家权利、国家安全和公共利益，促进大数据产业发展等基本原则；建立一套普适的数据伦理与数据道德体系 |

资料来源：大数据战略重点实验室. 重新定义大数据：改变未来的十大驱动力［M］. 北京：机械工业出版社，2017.

**数据安全立法。**解决数据安全问题，立法是根本，只有在法治的轨道上才能实现大数据应用与安全的平衡，才能在应用大数据的同时，保证国家、公共利益和个人的安全。然而，目前中国尚无全国统一的大数据安全专项立法，只有一些相关规定散见于各类法律法规当中，无法在推动数据共享开放并防止数据滥用和侵权上提供有效的法律支持。因此，亟须采取有针对性的法律手段，构建大数据安全法律法规体系。由大数据战略重点实验室主任连玉明教授牵头起草的全国首部数据安全领域的地方立法——《贵阳市大数据安全管理条例》，为中国数据安全立法工作提供了宝贵的可借鉴、可复制的经验。如今，随着国家推进数据安全专项立法工作的条件日渐成熟，社会各界对数据安全立法的呼声亦越来越高。近几年，全国两会期间，有多位人大代表、政协委员强烈呼吁出台国家层面的数据安全立法。其中，连玉明委员于 2018 年 3 月针对数据安全立法提交了《关于加快数据安全立法的提案》，并于 2019 年 3 月提交了《关于加快〈数据安全法〉立法进程的提案》。2018 年 9 月，《数据安全法》被正式列入十三届全国人大常委会立法规划，数据安全立法从地方立法上升为国家立法。

### （二）数据霸权主义

霸权是个古老的政治概念，有人说："霸权像人类一样古老。"[①]

① 兹比格涅夫 · 布热津斯基. 大棋局［M］. 中国国际问题研究所，译. 上海：上海人民出版社，1998：4.

其实不然，霸权是人类迈进阶级社会后的产物。[①]在人类历史发展的浩瀚长河中，霸权始终是影响国际关系格局和塑造国际关系面貌的关键力量。国际关系中的霸权通常是指，在军事、政治和经济等方面具有超强实力的国家对别国，甚至包括对整个国际体系的支配，是在国际关系中控制或操纵其他国家的行为。[②]西方学者认为，“霸权是强者对弱者的领导与支配，强国制订和维持国际规则，并且安排着国际进程的轨迹和方向”[③]。从理论上来说，霸权与主权是相对应的。主权原则要求所有国家在国际关系中都应该权利平等。然而，在国际关系中，霸权已经对各国的国家安全与主权以及世界和平构成了严重威胁，一些强国在行使权力时不仅超出一定的限度，而且还把本国的权力扩展到别国主权的范围内。

**从传统霸权到数据霸权。**伴随着网络与通信技术的快速发展，计算机网络在全球范围内得到广泛应用及普及，把人类带入了一个崭新的信息时代。计算机网络改变了人类社会生产和生活的各个领域，给国际社会带来了深刻而又广泛的影响。但与此同时，计算机网络发展酿成的世界性难题也给人类带来了史无前例的挑战。在计算机网络的助推下，传统的霸权有了新的发展，一些大国不仅争夺军事霸权、政治霸权、经济霸权等传统霸权，而且开始谋求信息霸权，推行信息霸权主义——利用人们对信息的

① 蔡金发. 21 世纪：霸权 · 人权 · 主权 · 世界矛盾的焦点——评霸权主义与人权帝国主义［J］. 中共福建省委党校学报，2000（1）：8.

② 常明. 试分析信息霸权对国家主权的影响［D］. 北京：北京语言大学，2007：9.

③ 倪世雄. 当代西方国际关系理论［M］. 上海：复旦大学出版社，2001：292.

依赖性和信息社会的脆弱点，以控制信息为手段，进而实现操纵或控制全球的目的。进入大数据时代之后，世界大部分国家开始由信息社会向数据社会过渡，这一时期，大国争夺霸权又有了新的手段和方法，即利用先进的数据技术和数据优势，进行数据扩张和数据干涉。霸权的表现形式再次突破了传统霸权和信息霸权，出现了数据霸权这一新的形式。

**数据霸权的主要表现形式。**所谓数据霸权，是指数据技术发达的国家为谋求在政治、军事和经济等各领域的利益，凭借数据资源的绝对优势和技术优势，妨碍、限制或压制、干涉数据技术领域相对落后的国家对数据的自由运用，并对其进行数据技术控制、数据资源渗透和数据产品倾销。在大数据的时代背景下，数据霸权具有隐蔽性、侵略性和柔性等特点，其主要表现形式有三个方面。一是通过立法控制访问网络的通道，谋求网络世界的霸权。例如，美国通过相关法律规定，牢牢掌控世界互联网域名的控制权和互联网主干线，任何国家和地区的网络通信都要经过该国的主干网络。二是依仗数据位势差撬开别国数据疆域的大门，攫取别国涉及国家及其社会公民利益的绝密数据。例如，美国借助“反恐”的旗号，开启了“棱镜”等秘密监控项目，监视和偷窥他国政府及公民的隐私数据。三是利用自身在数据技术方面的优势限制，压制别国对数据这种新的生产要素的自由运用，甚至通过垄断数据技术控制他国的经济命脉。

**数据霸权主义是国际安全面临的最大威胁。**国际安全不是抽象的，是以国家安全表现出来的，没有离开国家安全的国际安全，也没有离开国际安全的国家安全，从这个角度来看，国家安全与国际安全是互通的。在这一意义上，看国际社会是否处于安全状态，主要看组成国际社会的主要行为体国家是否存在安全威胁。[①]在大数据时代，数据霸权主义是国际安全面临的最大威胁。数据霸权的争夺决不能保护世界各国在政治、经济、军事、文化等方方面面的安全，它只能引起普遍的数据对抗、数据攻击和数据战争，使大数据时代笼罩在更加沉重的普遍危机之下。当前，数据霸权给中国政治安全、经济安全、军事安全乃至民族文化传统带来了种种严重的冲击、挑战和威胁，我们必须高度警惕，制定科学合理的战略和策略，采取有效措施，保障数据安全，维护世界和平、稳定与国家安全。

### （三）数据保护主义

**跨境数据流动。**互联网作为现代经济基础设施的重要组成部分，正以超乎寻常的增长趋势向经济和社会的各个领域广泛渗透和扩张。全球电子商务网络正在迅速扩张，数字化发展趋势正在日益加强，随之诞生的"数字贸易"这一极具发展潜力的崭新贸易形式已经成为欧美国家的重要议题。在数字贸易环境下，跨境数据流动成为重要的推动因素，它对全球经济的发展起了重要作用。[②]2005—2014 年，全球跨境数据流动规模增长了 45 倍，预

① 胡键．信息霸权与国际安全［J］．华东师范大学学报（哲学社会科学版），2003（4）：35.

② 石月．数字经济环境下的跨境数据流动管理［J］．信息安全与通信保密，2015（10）：101.

计其在未来 10 年内将保持快速增长的发展态势。根据 2016 年麦肯锡全球研究所的一项研究预测，所有类型的全球流动（包括货物、服务、资本和数据的流动）将为全球GDP带来至少 10%的增长（相当于 7.8 万亿美元），其中，互联网数据流动贡献了 2.8 万亿美元。[①]

跨境数据流动带来了全球数字经济总量的增长，成了 21 世纪最有价值的贸易途径。但与此同时，数据的无序流动给国家治理和国家安全提出了新的挑战。

**数据本地化**。尽管数据的跨境流动对于全球经济发展和国际贸易有着如此重要的作用，但各国仍存在不少限制数据跨境流动的措施。特别是在“斯诺登事件”之后，更多国家通过制定严格的数据本地化的管理要求，对跨境数据流动加以限制和禁止，其中以发展中国家最为普遍，且多数是明确的、覆盖广泛的政策。除发展中国家之外，近年来发达国家为限制数据跨境流动也纷纷出台数据本地化政策。[②]数据本地化政策的形式多种多样，包括要求在数据跨境传输之前必须征得数据主体同意，要求在境内存留数据副本，对数据输出进行征税，禁止将数据向境外发送等。迈入大数据时代，数据本地化政策为大多数国家的国家安全以及公民隐私保护提供了法律保障。但与此同时，一些国家为达到某

① 陈咏梅，张姣. 跨境数据流动国际规制新发展：困境与前路［J］. 上海对外经贸大学学报，2017（6）：38.

② 在通常意义上，数据本地化政策的公共政策目的是保障国家安全，维护公共道德或公共秩序，保护个人隐私，提升经济竞争力，平衡监管环境。

种经济目的，开始对本国信息采取极端的数据本地化政策，完全限制或禁止个人数据跨境流动，这种极端的数据本地化的做法带来了过度保护主义的威胁——数据保护主义。

表 8-2　全球主要经济体对数据本地化的规定

| 经济体 | 主要规定 | 法律法规 |
| --- | --- | --- |
| 美国 | 美国主张数字贸易自由化，制定了推广数字贸易规则的战略；美国与澳大利亚、韩国等的自由贸易协定均涉及数字贸易，并规定了贸易自由化原则，如美韩自由贸易协定中禁止新设数字贸易壁垒，特别是本地化要求 | 美国与其他国家签署的自由贸易协定 |
| 欧盟 | 扩大个人数据适用范围，增强处罚力度，强化数据主体权利。禁止以许可方式管理跨境数据流动；增加充分性认定的对象类型；将“有约束力的公司规则”确定为法定的数据跨境流动机制；扩展“标准合同条款”；引入数据跨境流动的新型合作机制 | 《通用数据保护条例》 |
| 日本 | 在获取、使用个人信息时，必须注意使用信息的特定目的，并通知或公布该使用目的，且在该范围内使用；数据保存应遵守安全管理以免泄露，对从业者和委托方进行彻底的安全管理，向外国第三方提供时，需获得数据主体的同意 | 《个人信息保护法》（2017 年实施） |
| 澳大利亚 | 对政府数据添加保护性标识，控制影响国家安全数据跨境；健康数据被禁止跨境流动 | 澳大利亚数据安全框架、《个人控制的电子健康记录法》 |
| 俄罗斯 | 公民个人信息及相关信息和数据库需要在俄罗斯境内存储；数据的处理活动需要在俄罗斯境内；相关信息告知和协助有关部门执法的义务 | 《俄罗斯联邦〈关于信息、信息技术和信息保护法〉修正案及个别互联网信息交流规范的修正案》《就“进一步明确互联网个人数据处理规范”对俄罗斯联邦系列法律的修正案》 |

（续表）

| 经济体 | 主要规定 | 法律法规 |
| --- | --- | --- |
| 印度 | 必要或经数据主体同意是敏感个人数据或信息向境外传输的前提 | 《信息技术法》 |
| 中国 | 个人信息、重要数据应当在境内存储；确需向境外提供的，应当进行安全评估；法律、行政法规另有规定的，依照其规定。中国境内采集的信息的整理、保存和加工，应在境内进行 | 《网络安全法》<br>《征信业管理条例》 |
| 巴西 | 一般在境内存储，存储数据需用户或客户个人同意 | 《数据保护法案》 |

资料来源：毕婧，徐金妮，郜志雄．数据本地化措施及其对贸易的影响［J］．对外经贸，2018（11）．

**数据保护主义的危害。**数据保护主义是指极端的数据跨境流动障碍和壁垒，包括一国以维护国家安全，保护个人隐私为名而实施的极端审查、过滤、本地化措施和监管。随着大数据时代的到来，数据（尤其是个人数据）已经成为创新，构建新商业模式，创造就业岗位等方面的重要驱动力量，数据保护主义会对数据的获取、创新及生产率的提高造成严重的阻碍。换言之，出台极端的数据本地化政策，从而完全限制或禁止数据跨境流动的做法让数据资源无法得到充分利用。企业通过获取更多个人数据来计算消费者的偏好，制订更精准的营销方案，进而提供更优质的产品和服务。数据保护主义不仅会降低企业的运行效率，还迫使企业加大在获取数据上的投入力度，变相提高了生产成本，对中小企业的发展壮大尤为不利。此外，数据保护主义对国际贸易、投资和经济增长会产生不利影响，使国家与全球数据资源库人为隔离，错失发展数据经济的良机。为了在数据经济浪潮中占有一席之地，各国政府应该抛开数据保护主义观念，考虑如何最大化地利用大数据分析、物联网、金融科技等前沿技术。[①]

### （四）数据资本主义

进入大数据时代以来，数据不仅仅是信息的简单记录和保存，更是蕴藏着巨大商业价值的宝藏。通常而言，数据是一种有价值的未知“消息”，人们获取数据是因为看中数据的使用价值，资本主义发展的必然结果导致数据成了资本。数据资本是继货币资本、知识资本之后的一种新兴资本模式。它是指通过一系列手段，特别是大数据技术，将人类、社会、经济、环境、文化等各个领域的数据汇集起来，通过筛选、处理和评估等过程，提取有用数据，并将有用数据转化为资本力量，从而创造利益和价值。[②]数据资本是资本主义发展的必然产物，是数据技术产业垄断资本和金融垄断资本的结合体，其特征是数据垄断。数据垄断将资本增值的速度提升到前所未有的水平，从而形成了资本主义发展的新阶段——数据资本主义。

克里斯托弗·苏达克在《数据新常态》一书中，把数据资本主义界定为资本主义历史的“奇点”。他指出：“我们将从一个以

① 乔舒亚·梅尔策，彼得·洛夫洛克. 如何理解跨境数据流动的重要性［EB/OL］.（2018-04-26）. http://www.sohu.com/a/229588480_481842.

② 赵明步. 马克思资本流通理论视角下的信息资本周转研究［J］. 经济研究导刊，2013（20）：5.

资本为财富和权力基础的世界，步入一个以数据为财富和权力基础的世界……未来 15 年，世界焦点将发生从资本到数据的大变移。”[①]这种对资本主义的“奇点”的预测意味着，数据已成为资本重组的重要资源，并将重塑资本主义。所谓数据资本主义是指，在资本主义进入大数据时代，即云计算、大数据、人工智能、移动互联网等新一代信息技术被广泛应用于社会生活的各个领域后，数据产业的核心技术被极个别发达的资本主义强国的数据寡头垄断之后的一种资本主义形态。它开创了资本主义自进入垄断阶段以来空前的垄断形式，且这种垄断因披着“知识产权”的外衣而变本加厉；作为一种国家形态，它使数据寡头和资产阶级国家的结合达到一个新的高度，在追求资本主义的整体利益方面形成了空前强大的合力。[②]

数据资本主义不能彻底化解资本主义的基本矛盾，这一矛盾在数据社会将变得更加错综复杂。在数据社会，贫富差距和其他社会差别主要来自数据不对称，人的社会地位主要由拥有数据资本的多少决定，故人的发展目标是不断为自己增加数据资本。但资本主义会使部分人数据化，成为数据资本家，而更多的人沦为数据贫困者。因此，它不仅没有克服原有的贫富两极分化，反而产生了新的不平等和不公正，导致了数据资本主义特有的数据鸿沟。数据鸿沟是由大数据架构起来的数据资本主义在连接世界的过程中建立起的一道道阻隔，它使最富有阶层拥有的财富占社会

① 李三虎. 数据社会主义［J］. 山东科技大学学报（社会科学版），2017（6）：1.

② 鄢显俊. 信息资本主义是资本主义发展的新阶段［J］. 发现，2001（6）：9.

总财富的比例越来越高，最富有者和最贫困者之间的差别越来越大，进一步加剧数据和其他资源分配的两极化以及社会贫富阶层之间的隔离，使这个世界上的大多数贫困者仍然被排除在数据革命之外。

### （五）数据恐怖主义

著名作家查尔斯·狄更斯在其传世之作《双城记》的开头说："这是一个最好的时代，这是一个最坏的时代。"用这句话来形容当下的大数据时代可谓恰如其分。[①]因为在这样一个时代，大数据在给人类带来新的创造财富的工具的同时，也带来了新的进行冲突的工具。大数据与恐怖主义的结合使恐怖主义实现了"跨越式"发展，并使恐怖主义活动由物理空间延伸到了数据空间。大数据为恐怖分子提供了新手段与新平台，恐怖分子不仅将大数据用作武器来进行破坏或扰乱，而且还利用大数据招募恐怖分子，筹措恐怖活动经费，策划和实施恐怖主义活动。日益肆虐全球的恐怖主义威胁，借助大数据技术的发展及广泛运用，正逐步化身为比传统恐怖主义、信息恐怖主义和网络恐怖主义的生命力、影响力、破坏力都更为惊人的数据恐怖主义。

数据恐怖主义是网络恐怖主义的高阶形态。数据恐怖主义的产生和蔓延是多重因素相互交织、共同作用的结果，是网络恐怖主义在大数据时代的延续和升级，其行为活动的形式、手段和效

---

① 吴永辉. 网络恐怖主义的演变、发展与治理［J］. 重庆邮电大学学报（社会科学版），2018（2）：55.

果，具有网络恐怖主义的典型特征，但是更加具有渗透性和摧毁力。随着数据的重要地位日益凸显，政府各相关部门、企业均越来越重视对数据资产的管控，高危敏感数据很可能与国家安全、经济稳定息息相关。因此，未来的网络恐怖主义最为可能的攻击目标就是关键敏感数据，用以操控政府机构、关键基础设施和公共安全。如果不加以有效防范，数据恐怖主义将进一步冲击国家主体地位，威胁国家意识形态，从而威胁国家政治安全；甚至还会通过修改重要的财经数据扰乱银行系统，诱导国家做出错误的经济决策，导致国家经济体系的崩塌；抑或入侵国家防御系统，通过使国防关键性杀伤武器自动销毁来削弱国家的军事力量。①

治理数据恐怖主义需要构建系统完备的数据反恐怖立法体系。大数据时代，面对数据恐怖主义的强势来袭，能与之抗衡的重要武器就是法律。建立和完善防范、打击恐怖主义的法律体系，充分发挥法律制度在反恐方面的基础作用已成为一种国际通用做法。从目前来看，我国制定专门反数据恐怖主义法的时机尚不成熟，且在反恐怖主义活动的相关立法中，并未设专章规定反数据恐怖主义活动的具体条款，因而无法完全满足预防和打击数据恐怖主义的现实需求。但我国可以整合打击恐怖主义活动的立法规定，在《反恐怖主义法》中增设“数据恐怖主义”有关章节，建立以刑事法律为主、行政法律和民事法律为辅的打击数据恐怖主义的法制体系，从而增强打击数据恐怖主义的有效性和针

① 大数据战略重点实验室. 块数据 2.0：大数据时代的范式革命［M］. 北京：中信出版社，2016：284.

对性，更好地防范日益严重的数据恐怖主义威胁。[①]

## 第二节　数据主权的主张

随着人类活动空间的拓展，数据空间成了继陆、海、空、天之后的第五大主权领域空间。然而，当前数据空间基本处于事实上的无政府状态，基于国家安全、公民隐私、政府执法和产业发展的需要，数据主权便应运而生。数据主权具有时代性、相对性、相互依赖性和合作性、理论上的平等性和事实上的不平等性等属性，其内容主要包括数据管辖权、数据独立权、数据自卫权、数据平等权。作为国家主权在数据空间的延伸、拓展，数据主权事关国家的安全与主权，在边界模糊的数据空间，数据主权的主张不仅是对大国滥用权力的有效限制，也是国际安全利益的重要体现，更是对和平共处观念的反映。

### （一）主权与数据主权

“主权”[②]这一提法古已有之，早在古希腊和古罗马时期，柏

① 杨森鑫. 信息化时代网络恐怖活动的立法模式及路径选择［J］. 广西社会科学，2016（12）：127.

② 在我国学术界，主权以及国家主权均为外来词汇。有学者认为主权与国家主权应当是两种不同的概念：“国家主权只是主权主体性的表现形式之一……如果不将主权与国家主权区分开来，我们将很难对国家主权的概念内涵有准确的把握。”但是，在一般情况下，人们对主权与国家主权并不做过多的区分，而是用以指代同一个概念。同时，由于就主权概念的现代意义而言，它必然与国家相联系，因此，本书并不区分主权与国家主权概念的不同。

拉图等先哲们就意识到了主权的存在，并对主权概念的内涵进行了相关研究。虽然他们没有明确提出主权这一政治概念，但围绕着国家的产生、功能、政体的类型和国家治理的研究，实质上已经和我们今天所认知的主权十分相似，并为启蒙时期主权概念的明确提出奠定了基础。古希腊哲学家亚里士多德被认为是最早阐释主权思想的先哲，他在著作《政治学》中虽然未明确使用主权概念，但已经对主权的两大属性，即对内最高权与对外独立权有所涉及。现代意义上的主权概念起源于近代欧洲，是 15—16 世纪欧洲经济与文化发展的产物。法国启蒙思想家博丹在其著作《论共和国》中首次明确提出主权的概念并给出了定义，他认为，国家存在的基本要素是共同主权者的存在，主权是“不受法律约束、对公民和臣民进行统治的最高权力，不受时间、法律限制，永恒存在”。①

自博丹以后，著名的荷兰国际法学家、近代国际法学奠基者格劳秀斯在接受博丹的部分思想的基础上对主权内容做了进一步完善，揭示出主权的对内最高权和对外独立权。后来，经过霍布斯、洛克、卢梭等近代政治学家的论证和发展，主权的内容越来越丰富。主权理论形成初期，其内容主要是陆地主权。随着航海技术的发展，17 世纪，国家对海洋的相关权力成为主权的一部分。20 世纪初，航空技术的进步使领空权成了主权的重要组成部分。20 世纪 50 年代，随着人类探索太空活动的增多，主权的范围又

① 鲁传颖. 主权概念的演进及其在网络时代面临的挑战［J］. 国际关系研究，2014（1）：74.

扩展到太空。20 世纪 60 年代末，互联网技术的出现，把人类和国家的各项活动同互联网快速而紧密地联系在一起，主权的范围又拓展到网络空间。20 世纪 90 年代，技术创新改变了传统的信息沟通渠道。一国的信息开始自由地进行跨境传播，信息空间亦成了主权拓展、延伸的重要场域。

进入 21 世纪之后，随着现代通信和网络技术的迅速发展，人类信息存储和传递的能力显著增强，任何信息都可转化成数据，并便捷地传送至世界各地。与此同时，互联网的普及和壮大使海量数据能够随时随地被分享，人类社会步入大数据时代。大数据时代下，已有的信息主权无法适应国家管控海量数据传送和集聚的现象与行为，数据主权应运而生。[①]遗憾的是，迄今为止，数据主权的内涵与外延均不甚清晰，甚至数据主权的概念也没有一个统一的表述或界定。美国塔夫茨大学教授乔尔·特拉赫特曼认为，数据主权的概念可作广义和狭义之分：广义的数据主权包括国家数据主权和个人数据主权；狭义的数据主权指国家数据主权，而个人数据主权则可称为数据权，指用户对其数据的自决权和自我控制权。中国学者曹磊认为，数据主权的主体是国家，是一个国家独立自主地对本国数据进行管理和利用的权力。出于研究需要及对数据与国家关系重要意义的理解，我们采用狭义的数据主权概念，即数据主权仅指国家数据主权，并将数据主权定义为一个国家对本国数据享有的最高排他权利，即独立自主占

① 杜雁芸. 大数据时代国家数据主权问题研究［J］. 国际观察，2016（3）：5.

有、处理和管理本国数据并排除他国和其他组织干预的国家最高权力。

数据主权是国家主权在数据空间中的自然延伸。进入大数据时代，数据从信息的重要载体，逐渐发展成了信息的泉源。形式不一的原始数据，对各国来说，不仅成为一种重要的战略资源，更是一种权力的基础。一个国家无论是政治倾向、人口素质组成、舆论导向、社会动态，还是投机风向、市场变化、前沿动态、科研实力，抑或是军事打击能力、战场的态势等，都已然数据化了。假使对一个国家的关键数据实施及时、有效的监控，并将获取的海量数据进行大数据分析及数据挖掘，就能够非常精准地了解并掌握该国的政治方向、人口素质、市场变化、科研力量甚至是军事打击能力。数据资源基本上覆盖了一个国家的各个领域，掌握一个国家的数据资源，就等于掌握了该国现存实力与发展方向的命脉，数据资源作为国家的基础性战略资源，其重要性显而易见。未经一国同意对其数据进行输入或输出都是对该国自决权的干涉，是对其主权的侵犯。

此外，在国际关系中，国家作为独立个体，其权力的基础就在于本身的支配能力和影响力。国家唯有完全掌握自身和本国数据，才能够充分有效地发挥这种支配能力和影响力。由此可以看见，主权概念自形成之日起，就有着一种对本国资源的独享性质，以及支配、掌控所占有资源的至高无上权力。在大数据时代，主权新的表现方式，就在于对本国数据资源的独享以及掌控的权力。数据主权作为国家主权在数据空间中的自然延伸，正逐渐成为维护国家主权稳定安全，实现国家主权至高无上的重要支撑。[①]

### （二）数据主权的属性

数据主权是大数据时代的产物，数据主权基于数据空间的存在而出现。由于数据空间的特殊性，数据主权除了具有国家主权的普遍特征外，也呈现出了一些自己特有的性质和特点，其中最主要的是时代性、相对性、相互依赖性和合作性、理论上的平等性和事实上的不平等性。

**时代性**。政治主权、经济主权、文化主权等是国家主权不可分割的重要组成部分，自主权诞生之日起便持续存在并延续至今，它们的出现与时代发展的关系不大，只是会随时代的发展而发生一定的变化。数据主权则不同，数据主权是大数据时代的特殊产物，数据主权的概念、内涵、范围、行使、保护等都与数据空间和大数据时代息息相关，这体现出了它十分鲜明的时代性特征。数据主权的时代性决定了它随着大数据时代的到来而产生，伴随大数据时代的存在而一直存在，并随着大数据时代的发展而不断发展。

**相对性**。国家主权具有不可逆的自然法则，既有对内的绝对性，又存在对外的限制性，即相对性。联合国前秘书长布特罗斯·布特罗斯-加利就曾指出："绝对、专属性的主权理论从来

① 贺玉奇. 中国外交战略新因素：数据主权［D］. 北京：外交学院，2015：13–14.

不符合事实。”相对性是国家主权与生俱来的，因而，政治主权、文化主权、经济主权等国家主权的传统内容也具有一定的相对性。比如，通过国际合作进行国际问题的治理时，就可能需要让渡一部分主权，从而使国际治理取得实质性效果。但数据主权的相对性不限于此。数据主权的相对性不仅体现在学界对其概念认识上出现的分歧，还体现在其实际的制约因素上。就目前而言，数据主权的实现还面临纵横两方面的制约因素：横向是指一国数据空间的实力和其他国家之间的权力关系，纵向是指国家和超国家、亚国家甚至个人之间的数据空间权力关系。大数据时代的数据主权必须以必要的妥协为代价，因而是一种相对主权。

**相互依赖性和合作性**。数据主权的绝对独立性是指一国对于本国数据资源能够行使完全的所有权和管辖权。这种独立性是国家主权在数据空间的延伸，体现了一国的主权在数据空间同样独立不受侵犯。但实际上，一国要实现数据主权的绝对独立性根本不可能。坚持数据主权的绝对独立性，往往可能会演变成对数据主权的一种滥用。大数据时代下的数据主权，必然以一种相互依赖的状态持续存在着，即一个国家在全球数据空间中不可能做到完全独立和完全自主。数据主权的实现需要由各国相互协商的法律来支撑，而且还依赖于实现各类管辖权的国际条约和国际组织。根据美国学者阿德诺·阿迪斯的观点，数据主权包括两种相互矛盾的国家使命：全球化和政治特殊性。全球化是各国发展和融入国际社会的重要前提，而政治特殊性是各国安全和利益的重要保障。全球化使各国利益相互牵制，也使各国相关数据相互影响和相互依赖，并对适度合作提出了要求。适度合作是由信息和数据本身的特点决定的。一般情况下，信息和数据被分享后才能实现更高的价值。因此，从全球共同利益出发，在保证国家安全利益的前提下，数据主权具有相互依赖性和合作性。

**理论上的平等性和事实上的不平等**。作为一种诉求，数据主权的平等性是指，不存在除了国际法之外的外部权威来决定主权国家的内部数据事务，相互独立的主权国家彼此承认数据主权的平等性，各自独立地管理国内数据相关事务。数据主权的平等性主要体现在国家对外主权方面。主权对内是一种主权国家政府和下属机构的等级制关系。而主权对外则意味着其他类似国家对这一政治实体的认可，意味着一种正式平等关系，相互之间没有发令和遵从的权利与义务。从理论上来说，各国的数据主权在数据空间中是平等的。然而，现实中，发展中国家和发达国家的数据技术水平差距较大，在全球数据空间中的影响力也大相径庭，再加上某些数据强国存在全球数据空间的霸权行为，因此要实现理论上的平等几乎不可能。大量的发展中国家由于数据处理和解释的能力薄弱，不能安全地存储以及合理利用数据资源，不得不对其存在潜在价值的数据进行转让甚至出售，对某些发达国家的数据霸权行为也不得不忍让、遵从。因此，在现实数据空间中，数据主权面临着事实上的不平等问题，这种事实上的不平等由各国在全球数据空间中的实际力量决定。[①]

---

① 蔡翠红. 云时代数据主权概念及其运用前景［J］. 现代国际关系，2013（12）：59–60.

### （三）数据主权的权能

按照通常说的国家主权理论，国家主权包括对内的最高管理统治权和对外的独立权，包含管辖权、独立权、自卫权、平等权等内容。延伸到大数据时代的数据空间中，数据主权对应设置为：对数据的管辖权，即主权国家管理数据空间的权力；对数据的独立权，即确保本国数据独立运行，不受制于人的权力；对数据的防卫权，即主权国家对外来数据攻击与威胁进行防御的权力；对数据的平等权，即主权国家平等参与全球大数据治理的权力。

**数据管辖权。**所谓数据管辖权，是指国家对本国数据基础设施、数据资源享有管理和利用的权力。国家对本国数据基础设施和数据资源进行管理和利用，是国家主权最基本的内容，也是国家主权对内最高权力的核心体现。进入大数据时代，大数据带来的不同于以往的数据存储和传输方式，使因跨境数据流动而产生的权责关系复杂化。与此同时，由于数据生产者、云服务商和政府之间权利义务关系不明确，数据空间没有物理边界，导致不同国家在数据空间行使数据主权管辖权时会出现冲突。因此，为了避免因管辖而引发更多的主权冲突，各国在数据空间中，应尊重不同的价值观念定位，秉持着互相尊重主权的原则，不侵犯他国的数据主权。

**数据独立权。**所谓数据独立权，是指一国对处于本国范围内的数据基础设施、数据资源拥有独立管理，不受他国干涉的权力。独立权是主权的最基本内容，没有独立权的国家无法被称为主权国家。数据主权是国家主权的重要组成部分，数据的独立权是数据主权的必然要求。具体而言，数据独立权是指国家有独立管理本国范围内的数据基础设施、数据资源，保护本国数据安全，排除他国随意干涉本国数据设施、数据资源的权力。这正是国家主权对外独立权在数据空间的具体表现。

**数据自卫权**。所谓数据自卫权，是指一国可以采取必要的防护和打击手段进行自我防卫，保护本国数据基础设施、数据资源不受攻击或者避免本国数据基础设施、数据资源陷入瘫痪的权利。在大数据时代下，国家有权为保护本国数据空间不受外部侵犯而行使数据自卫权，但需要满足三个条件：一是遭受的数据攻击是其他国家的国家行为；二是遭受数据攻击的严重程度已足以威胁到数据主权安全；三是自卫权的行使方式须有一定的限度，即与遭受的数据攻击相适应。

**数据平等权**。主权平等是国际法的基本原则，作为国家主权在数据空间的自然延伸，数据主权应该平等，其表现之一是在参与数据空间各项活动时的国家地位平等。而由于各国在数据技术水平上的差异，国家在行使数据主权时面临着实际上的不平等，在这种情况下，主张和争取数据主权平等就显得尤为重要。大数据的全球性决定了数据空间全球治理的必要性，平等参与数据空间的全球治理活动，是国家在数据空间作为主权者的一种资格体现，也是国家在数据空间全球治理中主张和维护自身权利的法理基础。数据平等权的实现需要国际社会对大数据利益分配原则进行约定，应该借鉴外太空公约中有关“全人类共同利益原则”的立法理念，让世界各国共同享有数据空间带来的巨大利益，让世界各国在全球大数据治理问题上具有话语权和平等的参与能力，探索平等、共赢的全球治理模式。

## 第三节　数据主权的博弈

人类社会进入大数据时代，数据作为基础性战略资源的地位日益凸显，各国在经济发展、国家建设、社会稳定等方面对数据资源的依赖越来越强，数据资源竞争越发激烈，数据主权成为各方博弈的焦点，各国之间争夺数据信息主导权的竞争不断加剧。在实践中，数据主权的绝对独立性形成多重管辖权冲突现象和国家安全困境，数据主权的博弈对抗最终导致国际社会在数据空间的无秩序状态。在此背景下，欲破解无秩序困境，国际社会应当回归部分数据主权让渡和数据主权合作参与性，对数据空间共有物实施共管共治，以确保全人类共同的安全和发展。

### （一）数据主权的对抗

在通信和网络技术发展的背景下，基于数据跨境流动与存储的日常化和便捷化，各国对数据的管辖权进行了不同的界定，特别是基于数据主权的独立性，各国不断对域外数据主张管辖权。与此同时，数据强国以数据主权独立性为由，对数据及相关技术实施绝对的单边控制。由此可见，强调数据主权的独立性是引发国家间数据主权对抗的主要诱因。在大数据时代，数据在数据空间的跨境流动与存储已突破了传统主权绝对独立性理论，一个独立主权国家既不可能完全自主地对本国数据行使占有权和管辖权，也不可能完全排除任何外来干涉。如果一国强调对数据空间与数据资源拥有绝对自由的权利和权力，将会引发数据主权的自发博弈对抗，并最终导致国际社会在数据空间出现无秩序状态。目前，基于数据主权独立性，数据主权的对抗主要体现在多重管辖权冲突、对数据及相关技术的绝对单边控制、数据主权的归属问题三个方面。

**多重管辖权冲突**。在大数据时代，数据流动至少涉及数据产生者、接收者和使用者，数据的传输地、运输地及目的地，数据基础设施的所在地，数据服务提供商的国籍及经营所在地等。由于数据的完整性和不可分割性特征，任何层面的跨境数据流动都会产生国家管辖权的重叠，这种重叠管辖的情况会对管辖权造成冲击。同时，由于数据空间的特殊性，数据管辖权的划分不能像传统主权那样界限分明，因此数据空间中的多重管辖权冲突难以避免。事实上，无论是跨境数据流动，还是数据空间的特殊性造成的多重管辖权冲突，其本质上都是不同国家的数据主权之间的对抗。

**绝对的单边控制**。大数据时代，由于支持数据技术的数据基础设施多落户于数据强国，强国对数据的不正当使用将会造成对他国数据安全的威胁和利益的损害。因此，基于数据安全考量，理性的国家将以数据主权独立性为由，对数据及相关技术实施绝对的单边控制。最为典型的是对数据中心的选址施加法律限制，要求将数据中心设置在国家控制范围内。这实际上禁止了潜在的国外云服务商向客户提供既有服务，使云计算有了边界，进而也摧毁了数据科技赖以发展的基础——成本优势。从某种程度而言，由于数据本身的无形性与流动的全球性，单个国家已无法凭借一己之力实现对数据及相关技术的绝对单边控制。纵使一国在数据空间中对数据及相关技术实施绝对的单边控制，也做不到数据主权的完全独立和完全自主，反而会使其处于自发博弈的对抗状态。

**数据主权的归属。**随着云技术的发展，数据的存储、处理和传输由传统的硬件设施变为“云”，由网络来为数据的计算和存储提供资源和服务。例如亚马逊、谷歌、苹果、英特尔等跨国公司，阿里巴巴、百度等国内公司都提供了云服务的产品。而这些云计算、云储存之中的数据归属问题引发了国际争议。同时，为满足客户需要和降低成本，数据服务商经常将其提供的服务部分外包，因此，经常会出现这样的结果：不同的国家同时管控同一条数据。例如，A国采集的数据存储在B国C公司的数据中心，B国C公司又将数据服务外包给D国，该数据最终被E国的用户使用。[①]在这种情况下，数据主权的归属容易出现纠纷，并产生国家之间的数据主权对抗。

## （二）数据主权的让渡

在主权概念和理论产生的早期，人们一般认为主权是不可让

① 杜雁芸. 大数据时代国家数据主权问题研究［J］. 国际观察，2016（3）：11.

渡的。然而，随着时代的发展，主权可以让渡的新思潮开始出现，甚至发展成为当今关于主权让渡的主流思潮。主权让渡是全球化与国家主权碰撞的产物，有其合理性和必然性，因此大多数人对主权让渡是持肯定态度的，但主权让渡自产生以来，对于什么是主权让渡一直存在争议。[①]目前，学者们对主权让渡应用得比较混乱，例如“主权转移”“主权转让”“主权否定”“主权放弃”等。[②]任何一个学者都不是价值中立者，所有论点都是为追求本国的国家利益服务。中国学者多从发展中国家的立场出发，在论证全球化过程中主权国家之间的关系时，认为让渡是一种主动、积极、自愿的行为，是一种法律行为和现实状态，表示所有权的让出、转移。它不是让于第三方行使后自身完全丧失所让渡的权力，而是一种积极主动的行为。

主权让渡是一个客观事实，指世界各国在参与经济全球化和世界经济一体化过程中，面对人类社会可持续发展的全球性问题，进行协调和合作，它是渴求共存，避免人类毁灭的唯一必然选择，是各国自行转让对内、对外主权，并建立起新的体制或机制来共同行使新的权力，主权转让者与主权接受者之间形成一种类似复合制国家的中央政府与其成员之间关系的那种权力分享状态。它无论在多大范围内、在何种程度上都是一种自愿互利的合作行为，任何愿意终止和退出这种关系的行为都是完全自由的。[③]

---

① 杨斐. 试析国家主权让渡概念的界定［J］. 国际关系学院学报，2009（2）：13.

② 易善武. 主权让渡新论［J］. 重庆交通大学学报（社会科学版），2006（3）：24.

③ 易善武. 从欧洲一体化看主权让渡［D］. 武汉：华中师范大学，2004：25.

从形式上看，主权国家让渡部分主权是部分主权的丧失，然而从本质上看并非如此。在本质上，国家主权的部分让渡是主权国家行使主权的另一种形式，被让渡的主权仍归成员国所有。以主权权力为例，一定的权力是为一定的利益服务的，权力只是实现利益的手段，利益是权力的目的，主权国家让渡主权权力仍旧达到了维护和促进自身利益的目的，主权国家正是因为国家利益才让渡主权的。况且，主权国家还可以通过退出协议、退出国际组织等方式收回自己让渡的国家主权。因此，主权国家让渡部分主权并不是国家主权的丧失，仅仅是行使国家主权的方式发生变化而已。进一步来说，主权国家通过主权的让渡更好地发展自己的经济，增强自己的综合国力，提高自己在国际上的地位，从而增强自己的主权利益，提升自己的主权地位，保护和巩固自己的国家主权。所以说，主权国家让渡部分主权并不是主权的丧失。

在大数据时代，数据主权是国家主权在数据空间的重要体现。同样，数据主权让渡也是这个时代主权国家在数据空间让渡主权的重要体现。事实上，进入大数据时代，没有任何国家能够占有互联网，支撑互联网运作的信息基础设施、数据交换中心等应被视为“全球共有物”。互联网的开放性自然要求各国在统一的国际框架中维护国家利益。因此，若要完全实现各国的数据主权，就必须通过让渡部分数据主权，由共有的机制或机构享有并行使让渡主权，实现对共有物的管理。

数据主权的部分可让渡分为两个方面，分别是数据所有权的部分可让渡以及数据管辖权的部分可让渡。数据所有权的部分可让渡是指，存储或运算于本国的他国所产生的数据，本国是没有所有权的，即国家应该把存储（可能是长期存储）或运算于本国之上的数据所有权让渡给他国。数据所有权部分让渡的核心就在于，并非留存在我国的数据便可以为我所拥有和支配，因为数据的所有权只属于创造它们的国家，其他国家即使作为数据的存放国，也并不拥有对这些数据的所有权。数据管辖权的部分可让渡是指，一国对产生于本国的数据资源的管辖权可以让渡给遵从于本国数据管理法律法规的公司。这些大型公司拥有相对独立的数据资源管辖权，并且在本国法律法规的约束下，从事有关数据资源的商业活动。它们甚至可以是非本国的境外跨国公司，但必须接受本国的监督和检查。总而言之，这些大型公司所掌握的数据资源，虽根本上属于国家管辖，但实际运营上属于公司自身管辖。只要公司遵守本国数据空间的法律制度，并且不将数据产生国的数据资源恶意流向国外，公司对数据产生国数据资源的正常管理都不算对该国数据主权的侵犯。[①]

### （三）数据主权的合作

在国际社会，每个主权国家都有正当行动的自由和权利。也就是说，只要不违反国际法中的禁止性规范以及国家所承担的具体的条约义务或习惯法义务，国家可以自由地行使主权以实现本国的利益。但是，在一个相互联系日益紧密的国际社会，各国在

---

① 贺玉奇. 中国外交战略新因素：数据主权［D］. 北京：外交学院，2015：13.

合法范围和限度内行使主权和自由行动并不足以应对日益复杂多样的跨国层面的问题。不仅如此，各国各自为政的单独行动和自由交往也会发生相互侵害的问题。[①]事实上，进入大数据时代，任何国家都无法单边地解决所有国际事务。解决主权多重管辖权冲突现象和数据安全困境应通过国家合作途径达成。特别是在无边界的数据空间，一国对数据进行的有效监管和控制更应当通过与其他国家合作来实现。因此，为了能在数据空间建立一个合作性的国际秩序，各国应重视数据主权体现在国际事务中的合作特性和权利，加强数据主权合作，以实现对数据的有效监管和控制。

**数据主权合作的前提是各国拥有对国际事务的参与决策权。**就国际社会而言，开展合作、维护共同安全和利益既是国家的义务也是责任，同时，合作也是行使数据主权的重要途径。在大数据时代，各国均应充分承认他国具有管制域内的数据及相关设施、服务人员的主权，但是片面强调主权的独立性将导致国家对抗的困境。解决跨境问题还应回归到数据主权的概念中，即重视国际事务的参与决策权。不论贫富强弱，各国都有参与和决定国际事务的权利，这是数据主权合作的前提。同时，任何国家都无法单边地解决所有国际事务，因此，唯有主权的合作才能实现管理共有物的目标，主权合作是行使数据主权的必然途径。[②]

① 赵洲. 主权责任论［M］. 北京：法律出版社，2010：153.

② 孙南翔，张晓君. 论数据主权——基于虚拟空间博弈与合作的考察［J］. 太平洋学报，2015（2）：69.

**数据主权合作应坚持公平互利的国际法基本原则。**国家主权平等是《联合国宪章》的基本原则，主权平等是合作的基础，而公平才是构建国际新秩序的重要内容。特别是，当前数据强国利用技术优势对数据进行单边控制，损害其他国家的利益，导致数据安全困境。因此，基于数据主权的合作最重要的是防止在数据空间形成权力导向的格局。合作的目的在于有效管控和利用共同的数据空间，其应体现国家间的互利性，不能以牺牲他国利益为代价来提高本国的利益。基于公平目标，国际社会应为发展中国家和最不发达国家提供技术支持，提升其管辖和控制国内数据的能力，防范外来的数据霸权、数据恐怖行为等数据安全威胁。因此，数据主权合作应坚持公平互利的国际法基本原则。①

**数据主权合作的模式。**大数据时代，欲破解数据主权博弈形成的无秩序困境，国际社会应回归数据主权的合作参与性，以合理界定管辖权为原则，对数据共有物实施共管，并对数据空间犯罪采取集体行动，以确保人类共同的安全和发展。一是合理界定管辖权。数据空间的开放性和虚拟性导致数据能够便捷地进行跨境传送，而不受到实体海关的监管。数据的特质本身是多重管辖权产生的根本原因。因此，要破解数据主权博弈形成的无秩序困境，首先要解决管辖权的冲突问题。对管辖权行使的约束和平衡是数据主权合作的重要内容，其主要思路应是合理界定管辖权的范围。界定管辖权的范围应建立在主权、治权的基础上，并合理

① 孙南翔，张晓君．论数据主权——基于虚拟空间博弈与合作的考察［J］．太平洋学报，2015（2）：69.

界定属人管辖和属地管辖原则。二是共管数据空间共有物。数据运输和存储的场域——数据空间与公海、外太空等属性相似，都是全球共有物或者共有财产。大数据时代，要破解数据主权博弈形成的无秩序困境，还要解决共管数据空间共有物的问题。从某种程度上，支持数据空间构建和运行的关键基础设施不应为某个国家所有，而应当采取一种全球共管的模式。因此，各国应当通过数据主权的合作来实现对数据空间共有物的管理。三是应对数据空间犯罪的集体行动。由于数据空间的虚拟性、无边界性，发展中国家与最不发达国家的通信和网络技术水平有限，其不能有效管辖域内和域外数据，以应对数据空间犯罪行为，特别是数据恐怖主义犯罪。破解此类数据安全困境的方法是，应从以主权让渡为基础而形成的合作出发，在国际社会上探寻集体合作安全机制。①

① 孙南翔，张晓君. 论数据主权——基于虚拟空间博弈与合作的考察［J］. 太平洋学报，2015（2）：69–70.

# 第九章　数据失序与数据秩序

人类社会的永恒变化蕴涵着必然性规律。纵观人类社会的发展过程，就是不断解构与重构的过程。互联网的发展催生了“互联网+”和大数据，重新定义了人类社会中“人”的角色，一切秩序皆将改变，所有的人机物都将作为一种“数据人”而存在。基于“数据人”而衍生的权利被称为数权，基于数权而建构的秩序被称为数权制度，基于数权制度而形成的法律规范被称为数权法，从而建构一个“数权—数权制度—数权法”的理论架构。数权法必将推动构建数据命运共同体。德国哲学家恩斯特·卡西尔曾说：“人不再生活在单纯的物理宇宙之中，而是生活在一个符号宇宙之中。”在这个意义上，大数据为人类提供了一个可能的世界，架构了一个承载人类生命内涵的新世界。未来，人类将生活在一个崭新的世界中，在一种更高的维度体验、感知、思考和生活。

## 第一节　重混与秩序

这是一个重混的时代。人类正在步入一个由互联网、大数据和人工智能三重叠加的数字社会。大数据以前所未有的速度、广度、深度影响社会秩序：一方面，大数据以便捷、高效的方式推动着社会进步；另一方面，大数据的应用造成数据失序等问题，在给社会秩序造成一定冲击的同时，也对社会治理提出了严峻挑战。柏拉图曾言："在社会生活中，明显存在着一种秩序、一贯性和恒长性。如果不存在秩序、一贯性和恒长性的话，则任何人都不可能从事其事业，甚或不可能满足其最基本的需求。"①在大数据时代背景下，与旧的体制和机制相联结的原有秩序在不断被打破，借力大数据以及运用大数据的特性重建一种良好的秩序成为必然选择。

### （一）重混时代

**重混是一股必然而然的改变力量。**②人类是一种群居动物，

① 转引自弗里德利希·冯·哈耶克.自由秩序原理：上［M］.邓正来，译.上海：生活·读书·新知三联书店，1997：199.

② 所谓重混，就是"对已有事物的重新排列和再利用"，融合数据资源创造新价值。凯文·凯利.必然［M］.周峰，董理，金阳，译.北京：电子工业出版社，2016：240.

一方面从来离不开一个井然的秩序，另一方面又从来不是一个安分的存在，似乎总是在努力打破旧秩序，建立新秩序。人类社会一切不论是温和的还是激进的社会运动，以及所有人类社会的科学探索，似乎都与寻求理想的秩序有关。[①]当前，我们正处于，并将长期处于一个重混的时代，人类社会的发展进程来源于一次次重混。秩序状态表现的是“自然界与社会进程运转中存在某种程度的一致性、连续性和确定性；另一方面，无序概念则表明，普遍存在着无序性、无规律性的现象，亦即缺乏可理解的模式”[②]。伴随着文明的不断演进、科技的不断进步以及人类对世界认知的不断增长，世界呈现在人类面前的面貌越来越清晰。然而，随着重混时代的到来，眼前的世界依旧充满着不确定性，时常伴有难以预见的风险与变革，人类仍然在模糊认知中踽踽独行。很多时候我们并不能精准地度量、预测与控制。价值、法律、规则存在不确定性，权利也是如此。这些不确定性意味着复杂与无序，会给人类社会带来混乱与迷茫，给人类的共同生活带来风险与挑战。

**重混即创新。**在一个重混的世界里，跨界随时发生，一个领域的资源跨界与另一个领域的资源重新排列组合，就可能产生创新。重新组合是重混与创新的内在机理。重新组合是未来创造、

① 李永明．规则秩序与建构主义浅议——对哈耶克的规则秩序的理解［J］．经济视角（下旬刊），2013（9）：119.

② E. 博登海默．法理学：法哲学及其方法［M］．邓正来，译．北京：华夏出版社，1987：207.

创新的一个基本方式。乔布斯曾说："创新就是把各种事物整合到一起，有创意的人就是看到了一些联系，然后总能看出各种事物之间的联系，再整合形成新的东西。这就是创新。"因此，创新是把已经建好的各种制度、流程等稳定的结构打破，让它重新变成一个混沌状态，让那些原有的元素进行重新组合。重混是至关重要的颠覆性方式。通过颠覆才能创新，以新的方法进行组合是创造价值强有力的途径。通过重混和匹配资源，可以创造出新价值。重混是创新的本质。在自然界中，最软的石墨和最硬的金刚石，都是由碳原子构成，它们的巨大差异只是因为碳原子的组合方式不同。人类需要重混才能释放个体的智能，重构我们的组织方式、生活方式、创造方式，从而获得群体智慧。简而言之，创新就是打破原有的模式和结构，将资源要素重新组合，进而对原有格局、行业、做法、模式、思想的一种突破和重构，而不是完全从"0"到"1"，从无到有。

**重混对传统秩序的冲击。**秩序是人类社会生存和发展的根本保障，它并不是一成不变的，而是在社会主体及其相互作用的推动下逐渐发展变化的。[①]重混时代，社会秩序涉及社会生活的各个层面，所表现的是社会的政治、经济、生活等各个方面行为有条不紊的状态。亦是说，在重混时代背景下，社会想要正常存在和进步就必须使不同的社会主体之间能够相互作用，进而构成一种规则体系。人类共同生存和生活决定了必须存在起码的社会秩

① 杨梦恺.新媒体时代社会秩序及治理研究［D］.石家庄：河北师范大学，2017：7.

序，其核心是每个社会共同体都需要解决如何利用共同的社会资源或财富以延续发展自身的问题。这要求每个社会选择和确立一个由谁（个人、集体还是其他组织形式）利用和如何利用（享有什么性质的权利等）数权的秩序。这一秩序通常是以权利制度设计为核心的，这便是以数权为核心的权利体系。

**数权是重混时代人类社会的第一秩序。**数权界定数据资源的权属，构建整个社会的资源利用秩序。数权界定个人与个人之间的数权范围，赋予个人独立支配所享有的数据的自主权，因而保障个人免受其他人的奴役和剥削，保障个人平等、自由地生活。数权是社会组织联结的纽带，人类为了生存总是要结合成不同的社会组织体，从以血缘为纽带的家庭，到以经济利益或合同为纽带的合伙组织、公司等其他经济组织，都是为实现各种目的结合而成的社会组织体，并以清晰的数权为基础。社会中的单个主体很难联结为具有共同目的的经济组织。数权维系着一个社会生存共同体的生存边界，每个人都生活在社会共同体中，从自然村落、城镇到国家，都是人类生活的各个层次的共同体。这种地域共同体的边界在未来将延伸至以数权来界定。因为社会的首要秩序是维护个人、家庭和各类社会共同体活动范围的稳定和安全，使其互不侵犯。

### （二）秩序与秩序需求

秩序是人类最基本的需要。人作为一种有生命力的生物体，具有同所有生物一样的自我保存本能。这种自我保存本能导致人与人之间为了获取更多的生存资源而相互竞争、冲突。如果不对人的这种本能给予一定的约束，使人与人之间的竞争具有一定的秩序，人类就会连基本的生存需求也无法得到满足，并将最终在自相残杀中走向毁灭。在人类社会发展进程中，个体自主性与公共秩序性的均衡一直是社会治理所隐含的主题，其具体表现形态依托于生产力的性质，并且与主导技术工具保持同步递进关系。① 人类取得的每一项划时代技术创新都会带来工具跃迁，并将其转化为社会治理形态的演进，而每一种社会治理形态的确立都是个体自主性与公共秩序性的再一次平衡。从这个视角看，人类社会已经经历了农业秩序和工业秩序，正在迈向数据秩序。

**农业秩序：传统的自然秩序。**农业秩序是人类因开发和利用土地资源而形成的农耕生活中，个体在非随机社会模式中的规则体系。早期阶段，不同地域的人群借助手工工具从事初级、简陋和彼此孤立的农业实践，那时的工具仅仅是人手的简单延长，因而社会治理方法是贴近地气且富有价值理性的。在农业社会，组织的形成具有强烈的自发性特征。一般说来，农业社会中的组织属于一种“家元共同体”②，其基础是地缘、血缘等天然纽带。“家元共同体”是包含着伦理内涵的，道德在共同体的维系上发挥着重要作用。从表面看，在农业社会的历史阶段中，存在着对道德

① 何明升. 智慧生活：个体自主性与公共秩序性的新平衡［J］. 探索与争鸣，2018（5）：22.

② “家元共同体”是张康之在《共同体的进化》中为描述农业社会的社会结构而提出的一个概念，它表明农业社会是以家为基本的社会单元，并通过家的一层层扩散而形成一个政治共同体的。

教化的高度重视，特别是在发展得较为完善的中国农业社会，对道德教化的强调达到了无以复加的地步。但是，道德教化的目的是让人们无条件地遵奉某些教条，排斥人们的反思，排斥复杂社会的秩序，排斥人们的创造冲动，因而也就排斥人们认识伦理关系和运用道德规范的自觉性。所以，农业社会的秩序实质上只能被看作一种自然秩序。

**工业秩序：全新的平衡样态。**工业秩序是人类因开发、利用机器和能源而形成的城市生活中，个体在非随机社会模式中的规则体系。工业革命使人类进入机器时代，越来越庞大、复杂的“机器”工具似乎可以把人类之手延长至无限远，其社会治理方式是以“主体性”“工具理性”等所谓的现代性为内核的。起初是划时代的蒸汽机技术给人类带来了工业用具，并且开始了从“传统”走向“现代”的社会转型，使社会治理形态逐渐步入现代文明阶段。到19世纪，电气技术革命极大地提高了工具的自动化程度，人类社会治理形态也因其更高的智慧因素而步入所谓的第二次工业化阶段。在这个阶段，美国被称为“汽车上的国家”，可以通过“汽车+高速公路”的网格式执法来理解美国的社会控制方式。更深层的意义在于，“19世纪不仅是‘伟大的错位、解脱、脱域和根除的世纪，同时也是一个不顾一切地试图重新承负、重新嵌入、重新植根的伟大世纪’。西方在英国和法国革命后，随着自由的成长，建构相应的新秩序便成为不能不完成的主题”[①]。通过一次次社会转型，人类确立了“现代性”的价值取向和社会禀赋，个体自主性与公共秩序性在城市生活方式中找到了一种新的平衡样态。

**数据秩序：大数据时代的再平衡。**秩序对人类的生存与发展而言是不可或缺的核心价值，秩序与平等、自由、效率一样，为人类优良的公共生活所需要。制度学派代表人物哈耶克认为，任何秩序都以规则为基础，无论秩序是“人为地”还是“自生自发地”形成的。[②]在一定意义上，人类公共生活的秩序性具有超越于其他价值之上的价值，是实现其他价值的基础。正在到来的数据秩序，是人类因开发、利用互联网和大数据而形成的智慧生活中，个体在非随机社会模式中的规则体系。如果说，机器时代的百年统治创造了如马克思所言的，“比过去一切世代创造的全部生产力还要多，还要大”的历史奇迹，那么大数据时代在短短几十年内就带来了社会生活范式和人类合作模式的颠覆性变革。这是因为，大数据作为笼罩全球的技术，已不再是人类之手的继续延长，大数据已经大大扩展了人类之脑。从历史形态上说，数据秩序是个体自主性与公共秩序性在网络化和大数据时代的又一次平衡。

---

① 张旅平，赵立玮. 自由与秩序：西方社会管理思想的演进［J］，社会学研究，2012（3）：28.

② 唐俊忠，段迎春. 简述作为基本概念的秩序与规则［J］. 河北师范大学学报（哲学社会科学版），2002（6）：44.

### （三）秩序的解构与重构

秩序是具有某种目的的信息，[①]是动态中的变革、变革中的新生，这种新生在裂变和聚变中解构出更强大的自体。裂变包括两种因果关系：一种是因为外来冲击力太强大，必然导致受撞击的物体产生裂缝，进而产生变化；另一种是原本物体内部就有缝隙，随着内部不断腐化，因而产生分裂变化。聚变是秩序构建的重要环节，其本质上是超越要素间的简单叠加的。具体说来就是，在准备和激活的条件下，有效地抓住新的质，重新构筑新的事物框架结构，完成事物发展的质的飞跃。一部科学史表明，新秩序的构建，往往来源于旧秩序的重构，或在不同秩序之间去发现、寻找其中的共性和联系点，然后加以新的聚合，或将混沌的关系加以聚合，成为有序的、新的秩序体系。

**解构代表着一种自由意志和民主精神。**[②]弗洛伊德将力比多冲动看作人类不断进步的一个本源性动力。解构被用来指代一种本体性内驱力，它存在于结构的等级秩序里，蕴含着极大的颠覆性与创造性。德里达指出，解构“是那种来临并发生的东西，不是大学里限定了的东西，它并不总是需要一个实施某种方法的行动者”[③]。也就是说，解构不是某个外在的东西，而是一直存在于结构内部的一种充盈着勃勃生机的颠覆性力量。只要存在结构性

① 库兹韦尔. 奇点临近［M］. 李庆诚，董振华，田源，译. 北京：机械工业出版社，2011：2.

② 苏勇. 解构的价值与解构主义美学思想［J］. 重庆社会科学，2009（4）：107.

③ 雅克 · 德里达. 多义的记忆：为保罗 · 德曼而作［M］. 蒋梓骅，译. 北京：中央编译出版社，1999：82.

的等级制，只要存在这种系统内部的权力关系，只要存在既隶属于结构又被结构压制的他者，就存在解构。正是这种解构的内驱力推动着一个结构向另一个结构发展，这种发展不只是结构内部秩序的简单翻转，而是结构内部的二元对立项共同完结后的一种崭新结构的重构，解构不参与这种重构，然而一旦重构的结构产生，解构便再次苏醒，展开新一轮颠覆。

**人类文明的本质是秩序的建构。**从法理学角度看，美国法学家E. 博登海默认为，秩序“意指在自然进程和社会进程中都存在着某种程度的一致性、连续性和确定性”。简而言之，秩序就是事物之间关联的状态。亚里士多德在《形而上学》中写道：“世界上所有的事物，鱼、鸟、植物，都以某种方式形成秩序，但不是以相同的方式。对整个系统而言，情形却并非如此，事物与事物之间并不是没有什么关联，而是确确实实地存在着明确的关联。所有事物都是为着一个目的而形成秩序的。”[①]抽象地说，社会秩序表示在社会中存在着某种程度的关系的稳定性、进程的连续性、行为的规则性以及财产和心理的安全性。[②]正如马斯洛所指出的：“我们社会中的大多数成年者，一般都倾向于安全的、有序的、可预见的、合法的和有组织的世界；这种世界是他所能依赖的，而且在他所倾向的这种世界里，出乎意料的、难以控制的、混乱的以及其他诸如此类的危险事情都不会

① 转引自C. I. 巴纳德. 经理人员的职能［M］. 孙耀君，译. 北京：中国社会科学出版社，1997：2.

② 张文显. 法理学［M］. 北京：高等教育出版社、北京大学出版社，2011：260.

发生。”[①]秩序是人类社会的黏合剂，秩序的存在与否与实现的程度如何是衡量社会文明程度的重要价值尺度。纵观人类文明发展进程，对秩序的建构与追求是贯穿始终的主线。秩序是文明的关键词。

**重混时代的秩序：自在与自为的统一。**自在性源于秩序的自组织行为，其结果是不确定的。某一种行为，在经过参与者的相互作用以及不断适应、调节后，会从无序走向有序并最终涌现出独特的整体行为特征。同样，某一种技术治理行为，也会在众多利益相关者的反复博弈、适应、调节后，找到共识和平衡点，那便是重混时代的新秩序。自为性源于社会的控制能力，它的结果是确定的。在生活实践中，人是最活跃的因素，他们一定会把集体意志施加于新生活。同样，政府会以强力手段施政于新秩序，因此秩序的可控性和可预见性也是可以期待的。事实上，自在性与自为性在数据秩序的生成过程中是交织在一起的，二者具有功能上的互补关系，共同促成智慧生活和数据行为的有序化。如安东尼·吉登斯所言，规则“类似于一种程式或程序，一种关于如何行事的想当然的知识”，这种程式既可以是外在的规则内化于行动者的实践意识中的，也可以是行动者在情境中创造的。

① 转引自E. 博登海默. 法理学：法律哲学与法律方法［M］. 邓正来，译. 北京：中国政法大学出版社，2004：239.

## 第二节　数据秩序

随着科学技术的发展，数据的交流、传递和获取比以往任何时代都更加自由和迅速。我们能以前所未有的方式获得新知，交流观点。[①]我们正在步入的世界，数据的价值受到前所未有的广泛重视。与此同时，与人们息息相关的数据，广泛存在于虚拟与现实的世界里，无限度的数据挖掘、数据滥用、数据失控等侵权行为屡屡发生。数据的交流、传递和获取，在解放我们的同时也在束缚着我们。数据保护面临着亘古未见的挑战，因此，我们需要积极构建数据的伦理秩序、道德秩序和法律秩序，形成一种集中、有序、开放的数据新秩序（见图 9–1）。

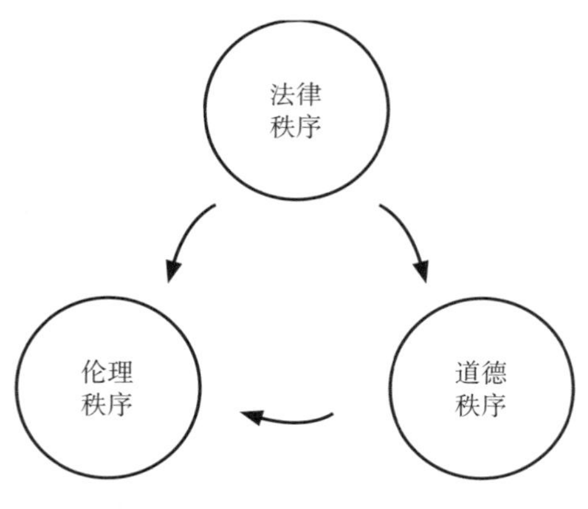


**图 9–1　数据秩序**

① 李媛. 大数据时代个人信息保护研究［D］. 重庆：西南政法大学，2016：212.

## （一）数据的伦理秩序

所谓"伦理"是指在处理人类个体之间、人与社会之间的关系时应遵循的准则、方法和依据的道理，是一种社会行为规范。[①]伦理强调了人类行为的合理性，对待问题要按照规定行事，行为要举止得体、合乎规范。伦理秩序首先表示的是秩序的伦理性。所谓秩序的伦理性是指，人的社会性、关系性存在秩序并不是自然的，而是自由的，这是自由的秩序。[②]数据伦理秩序关注的核心是树立共同的道德信念，勾勒数据采集和使用过程中的关系与准则，追求数据效用的最大化。只有综合考虑价值、利益、情境和时间等多重要素，进而构建数据伦理秩序，才能保障数据采集、研究、分析与应用的合理性、规范性和有效性。

**数据伦理秩序与价值构建。**大数据时代下，数据在人们的应用过程中往往会形成一定的社会伦理关系。这种伦理关系也就体现在实际生活中人与人之间的价值构建问题上。数据伦理关系数据拥有个体和社会公众的共同福祉，其生产、采集、拥有与使用的每个环节均需我们深入思考，进行必要的道德衡量和法理梳理，引导社会大众走向价值趋同，消解数据生命循环过程中可能产生的歧义，促进数据价值一致性的构建和道德信念的树立。数据伦理关系构建的出发点和落脚点是围绕数据的利益相关方的价值冲突和利益冲突，所要解决的根本问题就是消除冲突、协调冲突、规避风险，开展主体与客体之间的价值协调、利益平衡，同

---

① 刘树伟. 关于伦理概念的语义考察研究［J］. 世纪桥，2007（1）：77.

② 高兆明. "伦理秩序"辩［J］. 哲学研究，2006（6）：108.

时，必须要考虑数据生命循环过程的时间和情境特征。数据伦理秩序构建的最大挑战来自数据本身的特性：数据的最终意义是服务于人的发展，而这正是问题复杂性的根源。这种复杂性促使数据伦理关系的构建既需要为数据设立普世道德原则的一阶逻辑思维，也需要善于开展时序化、合理化数据价值思考的二阶逻辑思维。

**数据伦理秩序与数据鸿沟**。技术的进步是为了解放人类。大数据技术的发展在一定程度上造成了“数据鸿沟”，而人和组织将被分为三类：产生数据的人、有办法搜集数据的人、有能力分析数据的人，这就是大数据时代的“数据阶层”。数据被视为一种和衣食住行、安全、教育等同的基本品，应该对公民公正分配。由于数据鸿沟的出现，导致人们无法公平共享先进技术的成果，产生信息“贫富分化”的状况。在大数据时代，我们生活在数据的汪洋大海之中，各种数据都存储在网络中，是一个完全开放的数据海洋，这也要求建立数据伦理秩序。由于数据鸿沟的存在，“富者越富，穷者越穷”的状况必然会有加剧的趋势。换句话说，在大数据时代仍然会出现这样的状况：大数据搜集者和大数据使用者会利用自己手中的技术优势不断获得和利用我们的隐私；我们作为大数据生产者则会不断地生产数据而使隐私不断地被泄露和被利用，但是我们无法也无能力获得和利用大数据搜集者和大数据使用者的隐私。因此，为了保护好人类的隐私，必须构建数据伦理秩序。

**数据伦理秩序与开放共享**。大数据伦理面对的最大难题，是数据的互联互通和开放共享。大数据技术应用的前提是突破单一数据来源，以应对复杂的公共性课题。事实上，任何一种有效的公共治理和复杂的人类行为预测，都需要平行使用多个大型数据库，因而是通过大数据技术展现一种开放共享的伦理理念。如反恐合作、紧急救援、大规模疫情应对、全球金融危机分析、国际性的社会运动预测、全局性经济衰退的影响评估等，都需要开放共享的大数据平台的支持。牛津大学卢西亚诺·弗洛里迪教授认为："人类必须改善现有的社会运营体系，才能充分利用大数据。"一方面，政府需要建立合法程序和合理规制框架，在程序伦理方面有积极的作为和正确的导向，通过创建平台，引导数据开放，平衡数据安全和数据开放之间的张力。另一方面，那些掌握大数据的企业需要建立数据交换体系并让数据交换正常化，在实质伦理方面，它们有责任把数据的价值扩展到更广泛的人群。国家、企业和个人都需要应对大数据开放共享的伦理趋向，前瞻性地看到大数据技术展现的前景。

### （二）数据的道德秩序

道德是以是非善恶的判断形式调整社会主体间关系的行为规范。道德随着人类社会进入文明时代，逐渐从习俗中演化出来，其性质和状况从根本上取决于物质生活的生产和再生产。道德对社会秩序具有塑造功能，在催生新的社会秩序中发挥着不可替代的作用。按照恩格斯的理解，"人们自觉地或不自觉地，归根到底总是从他们阶级地位所依据的实际关系中——从他们进行生产和交换的经济关系中，获得自己的伦理观念”[①]。因此，实质上，道德不过是阶级利益以善恶判断为主要内容的观念性和制度性表达。大数据时代，大数据技术使得众多个体信息汇聚成为可能，而且海量个人数据汇聚使用带来了前所未有的商业价值效用，大数据主体正是这些商业利益的主要获得者，恰好也是大数据道德价值的承载者，数据道德秩序的建立将破解大数据发展过程中出现的诸多问题。

**数据道德秩序与知行合一。**数据的道德秩序在道德知识与道德行为之间架设相通的桥梁。大数据技术内蕴知行合一的价值图式，它鼓励自由、参与、共享、自律、互助、平等、双赢、诚信、独立等积极的行为规范。[②]随着数据抓取能力的增强和处理复杂网络的分析软件的出现，大数据技术能够直接将知识转化为行动，在集体行动、政治选举、公益慈善、公共传播等社会网络构建方面变得更细致、更富于行动力和预测力。人们从事一项有益的事业，不是从因果关系衡量其重要性，而是从相关关系界定个人行为与整体命运之间的关系。大数据并不构造道德知识，而是通过给出具体的图景、分布、现状、需求以及案例，为人们进行相关关系的挖掘提供具有重要价值的指引。这种大数据行为的“正循环模式”，是基于数据行为的自愿性和普遍化，对其价值内核进行凝练，适时内爆为海量数据汇聚。大数据的“大道之行”

① 中共中央马克思恩格斯列宁斯大林著作编译局. 马克思恩格斯选集：第 3 卷［M］. 北京：人民出版社，1995：434.

② 岳瑨. 大数据技术的道德意义与伦理挑战［J］. 马克思主义与现实，2016（5）：94.

本质上是人类行为之事实与价值的融合。在数据驱动的深层，道德知识与道德行为得以联通。数据挖掘因此可破解“有道德知识而无道德行动”的知行难题，通过“知行合一”或“即知即行”的大数据行为，汇聚、改善和提升人们的道德相关行为。

**数据道德秩序与治理创新。**道德既是社会借以治理的手段，也是社会现实的价值反映。[①]美国学者R. 尼布尔在《道德的人与不道德的社会》一书中提出了“群体的道德低于个体的道德”的观点。如果不能充分认识个体道德与群体道德的巨大差异，试图用高尚的个体道德去规范群体行为，建立公共道德秩序，必然会因为高尚的道德要求难以企及而流于形式。这种社会道德个体化的治理思维不仅无助于规范群体行为，反而会加深群体对道德的排斥，进而导致一个处处高扬道德旗帜的社会陷入道德解体的危险。[②]大数据正在对社会道德治理的创新提供新技术支撑，利用大数据，人们能够更为系统全面地揭示社会道德生活的真实面貌、存在的问题及其原因，并能够提供相应的技术支持与应对举措。大数据具有引导公众的行为方式及思想意识的功能特征。人的行为方式及思想意识既受自己的心理行为习惯影响，也受他人或社会的意识及行为左右。在目前的社会治理实践领域，大数据不仅是人们治理社会的技术路径，还是人们治理改造的可能对象，大数据正在毋庸置疑地影响着人们的认知视野，并将进而改

---

① 陈进华. 大数据时代社会道德治理创新的伦理形态［J］. 学术界，2016（1）：78.

② R. 尼布尔. 道德的人与不道德的社会［M］. 蒋庆，阮炜，黄世瑞，等，译. 贵阳：贵州人民出版社，1998：4.

变人们的生活、工作和思维方式。

**数据道德秩序与规范真空。**在传统社会里，经过悠久的文化沉淀，形成了符合传统社会行为准则的道德规范，这股力量在潜移默化之间影响、制约着人们的行为。但是，在新型的大数据时代，人们面对新生事物没有可以参考的道德规范，已有的道德规范对大数据时代无法起到指导和制约作用，社会学中便称这种现象为“规范真空”。规范真空是指在社会转型期间，由于社会结构变动加剧，社会价值观与社会行为方式也会随之发生变化，产生许多新的价值观和行为方式。控制失灵是指在社会转型期，原有的社会规范正在逐渐失去约束力，不再具有引导与制约社会价值观与社会行为的功能，而与新形势相适应的社会规范尚未建立或已经建立但无相应约束力，因而出现社会规范失去控制作用的状况。[①]大数据技术的发展是一个从信息技术领域更新到波及全社会各领域发展的动态过程，是当下最显著的社会变迁力量。大数据时代，在商业、经济以及其他领域中，决策将日益基于数据和分析而做出，而并非基于经验和直觉。数据道德秩序的建立，将从根本上防止规范真空等问题的出现，为大数据的发展营造良好的环境。

### （三）数据的法律秩序

一般而言，法律是由国家强制力保证实施的行为规范。法律

① 李丽丽. 大数据时代个人信息保护的伦理问题研究［D］. 成都：成都理工大学，2017：30.

之所以有秩序塑造功能是法律自身的属性使然。马克思、恩格斯在剖析资产阶级意识形态时指出："你们的观念本身是资产阶级的生产关系和所有制关系的产物，正像你们的法不过是被奉为法律的你们这个阶级的意志一样，而这种意志的内容是由你们这个阶级的物质生活条件来决定的。"[①]因此，法律能否实现其秩序功能，归根到底取决于一定社会发展阶段的物质生活条件，取决于特定历史阶段的阶级关系状况。法律以人们所能接受的道德规范为基础，集中体现人们的利益和愿望。因此，数据的法律秩序之应然是建立在道德之应然基础之上的。法律要真正实现其秩序功能，就必须实现规范与事实、理想与现实的具体的、历史的统一。

**数据法律秩序是法律思维的新挑战。**大数据并不是个新鲜事物，但它从来没有像今天这样如此全息地融入我们的生活，也从来没有像今天这样在全球范围内给各国传统的法律规则带来如此巨大的挑战。当我们回顾大数据自身演变发展的历史，不难看出，它带给传统法律规则的挑战与变革，呈现了一个由局部到全景、由量变到质变的过程。大数据时代是一个崭新的时代，原有时代的法律自然不能完全适应大数据时代。尼葛洛庞帝认为："我觉得我们的法律就仿佛在甲板上吧嗒吧嗒挣扎的鱼一样。这些垂死挣扎的鱼拼命喘着气，因为数字世界是个截然不同的地方。大多数的法律都是为了原子的世界，而不是比特的世界而制

① 中共中央马克思恩格斯列宁斯大林著作编译局．马克思恩格斯选集：第1卷［M］．北京：人民出版社，1995：289.

定的……电脑空间的法律中，没有国家法律的容身之处。”[①]因此，数据法律秩序促使法律思维进一步升华。技术的发展带来了难题，同时也会开出药方。大数据的判断、收集、运用方式的转变和方法的创新不仅能够影响到社会生活的方方面面，同时也会给法律的因果关系思维方式的转换带来新的契机。人类终将受益于技术的发展和进步，在即将到来的智能时代获得更大的自由和解放。大数据技术的出现，将会改变甚至打破现有的秩序和平衡，从而给原有法律制度带来影响和变革。

**数据法律秩序是权利保障的新途径。**在数据的世界中，面对飞速运转的数据流，法律显得手足无措，犹如一个人环绕着一个封闭的城堡，不得其门而入。E. 博登海默指出：“法律的基本作用之一乃是使人类为数众多、种类纷繁、各不相同的行为与关系达致某种合理程度的秩序，并颁布一些适用于某些应予限制的行动或行为的行为规则或行为标准。”[②]法律对数据世界调整的局限性在于，数据天然地受代码的控制，不服从任何脱离代码的人为干预，即使法律宣布数据的归属权，[③]权利人也无法脱离代码将之置于可能的控制之下，这就如同一个人不能透过电脑屏幕将苹果拿出来一样。然而，法律虽然不能从自然规律的层面对技术产生影响，但可以从人的行为角度对技术的具体展现形态发生影响。

---

① 尼葛洛庞帝. 数字化生存［M］. 胡泳，范海燕，译. 海口：海南出版社，1997：278.

② E. 博登海默. 法理学：法律哲学与法律方法［M］. 邓正来，译. 北京：中国政法大学出版社，2004：484.

③ 梅夏英. 数据的法律属性及其民法定位［J］. 中国社会科学，2016（9）：179.

从本质上看，法律对大数据世界可能的调整方式必须着眼于可控的人类行为，以达到建立良性数据秩序的目的。数权的诞生表明在法律上对它进行分开保护，在理论上有充分的依据和可行性。更重要的是，在明晰数权的基础上，设置有关个人数据权利的法律规则，对数据的收集、利用、存储、传送和加工等行为进行规范，从而形成数据保护和利用的良好秩序，既充分保护权利人自身的数据权利，也能有效发挥数据的价值。

**数据法律秩序是利益平衡的新规则**。大数据时代，每一个人既是数据的生产者也是数据的消费者，任何人都不可能离开数据而生存。与此相适应，人类社会中的每一种社会关系都被直接或间接打上了“数据化”的烙印，调整这些社会关系的法律也都应成为“数据化”的法律。个人数据与隐私具有千丝万缕的联系，但由于数据具有人格自由和人格尊严价值、商业价值和公共管理价值等多重价值，对数据的保护与利用的利益再衡量将成为数据法律在理论上的起点和基础。利益平衡是民法精神和社会公德的要求。将利益平衡理论贯穿个人数据法律保护的全过程，达到公平正义、优化资源配置是众望所归。“在大数据时代，数据的采集、存储、处理和传输等各个环节都实现了智能化、网络化。”[①]大数据技术的迅猛发展，使个人数据问题变得纷繁复杂，个人数据中私权和公权的矛盾愈演愈烈。对个人数据的法律保护显得尤为重要。面对多元化和冲突化的各种利益，法律是在无限需求和

① 黄欣荣. 大数据的语义、特征与本质［J］. 长沙理工大学学报（社会科学版），2015（6）：8.

有限资源之间寻求平衡的最佳机制，通过立法利益衡量，实现对不同利益上下位阶的合理安排。

## 第三节　数智未来

人类从远古时期就坚信，数字中蕴藏着世界的全部秘密。“极其数，遂定天下之象。”尽管人类历史上各个阶段都存在大量的数据，但是直到大数据时代，对数据的收集和分析才和哲学与技术的变革紧密结合在一起。大数据背后是一个崭新的世界观和范式体系。这个时代，一切皆为数据，人的情感、意志、态度以及行为都可数据化。大数据正在引领人类走向数据文明新时代。未来，数据将与人类社会融为一体，通过构建数据命运共同体，实现人类对美好生活的构想。

### （一）数据人与数权法

人是什么？这历来是人类反思自身与研究自我的根本问题。“人是试图认识自己独特性的一个独特的存在。他试图认识的不是他的动物性，而是其人性。他并不寻找自己的起源，而是寻找自己的命运。人与非人之间的鸿沟只有从人出发才能理解。”[①]“数据人”假设的提出，不仅是对传统人性假说的超越，而且对于人性的重新定义具有重大的意义。大数据时代所赋予“数据人”的自

① 赫舍尔. 人是谁［M］. 隗仁莲，译. 贵阳：贵州人民出版社，1994：21.

由、平等与多元，不仅仅是一种道德原则和伦理要求，也是“数据人”作为权利的主体所应享有的权利，更是一种深刻的人性需要。这种人性需要为大数据推进社会实现自由、共享、平等、多元提供了动力，也使“数据人”假设有了现实的基础与依据。

**“数据人”假设。**人性假设是以一定的价值取向为基础，对人性这种规定体的表现有选择地抽象的过程。一般来说，人性假设作为一种前提预设，被用于推导和演绎出某种理论体系。人性假设要为这种理论体系服务，而这种理论体系具有一定的价值取向，构建者在选择人性假设时，也必然具有同样的价值取向，才能使某一理论体系前后一致。这种价值取向蕴含于理论体系的全过程，最终体现在实践之中。大数据时代，万物“在线”，一切皆可量化，所有的人机物都将作为一种“数据人”而存在。个人会在各式各样的数据系统中留下“数据脚印”，通过关联分析可以还原一个人的特征，形成“数据人”。从“经济人”、“社会人”到“数据人”，人性假设在不同时代的背景下具有不同的类型，这一点可以从人性假设的各个阶段与不同模式中体现出来。构建者在进行人性假设时，所处的时代背景是其必然考虑到的决定性因素。因此，具有一定的时代性是人性假设一个非常重要的特点。“数据人”不仅仅是人的数据化，所有的物件和部件也将作为一种数据化的个体而存在并交互影响。“数据人”的核心思想是利他主义，是一种将以助益他人利益为行为目标且不求任何回报作为区别善恶标准的伦理观。在利他主义思想的影响下，人们会在内心形成一种希望通过行为活动，在物质上或精神上对其他人产生有利效果的思想意识，最终构建一个更加和谐的社会。

**“数据人”假设是数权法的逻辑起点。**大数据的诞生，带来了生产方式、信息传播方式以及整个社会关系的革命性变化。因此，应根据社会关系的变化和大数据本身的规律，进行整体结构设计。大数据并不能脱离现实社会而存在，大数据背后仍然是现实社会的法律关系。由于立法的相对滞后性，各种新变化往往难以在法律中得到同步体现。如果简单沿用现行法律规范大数据行为，不但会扼杀新生事物，还会模糊权利、义务与责任之间的边界。如果法律对新生事物视而不见，既会破坏法治权威，也不利于大数据持续健康发展。“数据人”假设是信息化时代的必然产物，当前时代的发展无论怎样都无法回避数据的作用。[①]围绕“数据人”会产生相关的法定权利和法律关系，如数据权利、数据权力、数据主权等。[②]当出现新的权利关系，传统的法律关系成为不可逾越的体系障碍时，需要构建新的权利制度，并以数据权利和数据权力为基础形成数权制度体系，数权法应运而生。数权法是保证数据能够在法律框架内正常、健康、有序流转的前提。数权法能够保护权利人的数权，明确数据的权属，为人们构建一个充满活力、规范有序、公平共享的世界。数权法是文明跃迁的产物，也将是人类从工业文明向数据文明变革的新秩序。

**数权制度的建构。**法律制度是社会理想与社会现实之间的协

---

① 孙维维. 领导哲学视域下的“数据人”人性假设分析［J］. 领导科学,2017（9）：36.

② 大数据战略重点实验室. 数权法 1.0：数权的理论基础［M］. 北京：社会科学文献出版社，2018：110.

调者，或者说它处于规范和现实之间难以明确界定的居间区。数权制度更是如此，其意义不仅在于维护和实现正义，还在于创造秩序，即通过数权关系和数权规则结合而成的，且能对数权关系实现有效的组合、调节和保护的制度安排，最大程度降低数据交易费用，提高数据资源配置效率。这就要求我们围绕数权构建一套制度体系与运行规则，包括数权法定制度、数据所有权制度、公益数权制度、用益数权制度和共享制度。这五大维度的核心，则是基于安全、风险防范等价值目标而确立的个人数据保护制度。通过制度对数据进行确权，在保护的前提下充分释放数据的价值变得尤为重要。而数权制度是基于数权而建构的秩序，主要包括数权法定制度、数据所有权制度、用益数权制度、公益数权制度和共享制度。数权法定制度将数权上升为被法律承认的权利；数据所有权制度突破了传统所有权的制度框架，划定了数据所有权的权能；用益数权制度分离了数据所有权的权能，扩展了数据使用价值；公益数权制度对公益数据进行获取、管理、使用和共享，体现了用益数权的让渡；共享制度有助于提高数据的利用效率。数权制度的五个维度各有侧重，构成了一套数权保护和利用的制度体系。随着数权制度的建构，数权必将成为数据文明时代公民的一项基本权利。

## （二）数据文明

整个人类文明史的历史进程就是文明的积累并从量变到质变的历史发展过程。数据文明是一种新型的文明形态。就像工业文明在农业文明土壤中诞生出来之后，最终变革了农业文明一样，数据文明也是在从工业文明中孕育出来之后，成了工业文明时代的颠覆者。大数据时代的到来，数据经济的形成、发展与深化，预示着人类文明正在发生一场划时代的、历史性的飞跃——从以物质资源和物质技术为基础的“物质型文明”向以数据资源和大数据技术为基础的“数据文明”的飞跃。

**从农业文明、工业文明到数据文明。**文明形态的更替史预示着生产力水平的飞跃和技术时代的变迁。人类文明经历了从农业文明到工业文明再到数据文明的演进。托夫勒曾指出：“锄头象征着第一种文明，流水线象征着第二种文明，电脑象征着第三种文明。”①如果说文明是进步的标志，文明的划时代发展就是人类进入一个新的历史阶段，那么数据文明就意味着，人类的这一新的进步状态或新水平的文明成果是由大数据技术的发展这一历史事件或过程导致的。在这个意义上，数据文明是由大数据等新一代信息技术所引导的一种整体性的社会新文明，是社会有机体在历史特征上的总体性改变。数据文明形成的历史标志是，人类社会发展的基础资源从物质资源转变为数据资源，这一转变是人类社会在其历史发展进程中的质变。因此，在人类历史上，一切建立在物质资源基础之上的社会要素和社会矛盾，都将不可避免地发生根本性演化和转变。以大数据等新一代信息技术为基础的数据文明作为一个文明体系，与以农业技术为基础的农业文明和以工

① 阿尔温·托夫勒，海蒂·托夫勒. 创造一个新的文明：第三次浪潮的政治［M］. 陈峰，译. 上海：生活·读书·新知上海三联书店，1996：16.

业技术为基础的工业文明相对应。这一文明形态虽然将数据技术的开发作为其整体建设的起点，但是作为一种文明积累，它贯穿了整个人类文明的历史发展进程。如果说，农业文明向工业文明的过渡，是一种物质型文明取代另一种物质型文明，那么工业文明向数据文明的过渡，则是物质型文明向数据型文明的整体飞跃。这一飞跃比以往的任何一次历史性跨越都更具有划时代的意义。

**数据文明的本质特征：信任与共享。**共享即“共同拥有”“共同分担”，实现共享的核心是信任。共享自古有之，原始社会的共同劳动、平均分配是人类最初级的共享模式，即对财物共同所有的公有制。随着社会的发展，私有制开始出现，社会对所有权的共享机制被瓦解。社会分工和交易的出现，使人们对物权的共享从原来对所有权的共享转变为对使用权的共享。[①]共享在人类社会的发展过程中无时不在、无处不在，成为一种普遍的社会现象，它以不同的形式贯穿于社会发展的各个历史阶段。从整个人类社会发展过程来看，共享使用权比私人占有具有更大的优势。数据具有共享的天然本性。数据的共享本性，不仅意味着它不因共享而损耗，而且还可能随着共享面的扩大激发出更多的数据。随着数据文明的发展，数据的共享本性将使数据资源具有前所未有的共享可能。正是由于数据的共享本性，人类社会将随着数据文明的发展逐渐进入共享发展，甚至由此实现普遍的创造性发展。“共享打开了一个全方位的文化社会视角，在其中，所有人

① 董成惠. 共享经济：理论与现实［J］. 广东财经大学学报，2016（5）：4.

都能进入创造性的、传神的和信息性的工作，并拥有促成他们创造的途径。”[①]这不仅关系到社会的发展，而且与人的发展密切相关。因此，数据的共享本性，意味着人类文明的信息展开所发展出的共享文明涉及拥有关系和使用关系的重要变化。

**数据文明的终极价值是实现人的全面自由发展。**马克思在《共产党宣言》中明确地指出：“代替那存在着阶级和阶级对立的资产阶级旧社会的，将是这样一个联合体，在那里，每个人的自由发展是一切人自由发展的条件。”[②]只有作为个体的所有人都得到了发展，人类才能获得全面的发展。同时，人类个体的发展也是整个人类社会获得发展的方式和手段，“只有在共同体中，个人才能获得全面发展其才能的手段，也就是说，只有在共同体中才可能有个人自由”[③]。因此，个人是社会的基本存在形式，而这种存在形式决定了人的全面发展应包含人类所有个体的发展。在人类文明史上，发展是人类社会永恒的主题。数据文明是一种大系统观、大整体观、大发展观的文明。通过构建数据文明，人类社会这一社会系统与其生存环境共同构成一个宏观整体系统，人类社会在与其自然环境的协调发展中，在这一宏观系统的整体发展中，谋求其自身的发展。这一发展模式便是人类社会所追求的

---

① AIGRAIN P. Sharing: Culture and the Economy in the Internet Age[M]. Amsterdam: Amsterdam University Press, 2012: 50.

② 中共中央马克思恩格斯列宁斯大林著作编译局. 马克思恩格斯文集：第 2 卷［M］. 北京：人民出版社，2009：53.

③ 中共中央马克思恩格斯列宁斯大林著作编译局. 马克思恩格斯文集：第 1 卷［M］. 北京：人民出版社，2009：571.

最高目标——人的全面自由发展。数据与系统的内在联系为人类这一理想的实现提供了有力的理论上的论证，而大数据等现代数据技术的迅速发展，则在社会实践上为这一目标的实现提供了技术基础和现实保证。因此，数据文明是以实现人的全面自由发展为目标的文明。

### （三）数据命运共同体

《道德经》有言："道生一,一生二,二生三。"将这句话拓展到大数据时代，数据之道首先是自由，自由是人类永恒的追求，生产力和科学技术的不断发展，物质财富的不断创造积累，都是追求自由的结果。对自由的渴望催生了人类强大的创造力，即大数据的一。在与世界相连的过程中，人类在不断发展进步的过程中，每个人都希望自己是独一无二的，在人与人之间的互动中保证自身的独立性。每个人都成了中心，人人为我；同时，每个人又都以他人为中心，我为人人。[①]由此形成了"人人为我，我为人人"的二的和谐。二元互动催生了大数据的三要素：融合、秩序、共享。三要素的组合催生了大数据发展的奇迹——数据命运共同体，推动人类进入一个崭新的时代。

**数据命运共同体的基础是连接与融合。**数据命运共同体是以大数据为纽带而形成的。块数据是最大程度发挥大数据价值的一种手段，它的实现可以使人类对世界的探索和认识向新的深度和

① 余晨. 看见未来［M］. 杭州：浙江大学出版社，2015：10.

广度拓展。数据命运共同体是我们欲构建的人类命运共同体的合乎逻辑的延伸。如果说在现实世界中要致力于构建人类命运共同体的话，那么，数据命运共同体应构建于虚拟的数据空间，且有赖于现实社会中的人们的共同努力。一个朴素的真理是："数据空间是虚拟的，但运用数据空间的主体是现实的。"这就决定了我们在虚拟空间中欲构建的数据命运共同体与在现实世界中欲构建的人类命运共同体之间，必然存在着紧密的逻辑联系。融合，在物理意义上，意味着将不同的物熔成一体。数据的融合是指从时间上融合过去、现在及未来的数据资源，从空间上融合不同区域和不同行业领域的数据资源，将信息和数据资源组合形成块数据进行开发利用，以获得更多更大的价值。块数据是数据资源的全面开放、无缝联结、高度集成、即时共享，跨越时空和主体界线，将数据资源组合成一个有机整体。

**数据命运共同体的核心是数权与秩序。**在唯物主义历史观中，人的社会性来源于现实的个人的实践活动，因此，人类全部的社会生活在本质上是实践的。"只有在共同体当中，个体的智能才能得到全方位的挖掘与展示，换言之，只有在共同体中个体才能真正意义上获得自由，进而实现个体的价值。"[①]数据赋权推动秩序转型，而数据赋权的复杂性也使秩序转型变得更加复杂。从数据到数权，这是人类迈向数据文明时代的必然产物。数权是共享数据以实现其价值的最大公约数，包括以个人为中心构建的

① 丘国强. 大数据背景下人类命运共同体理论的时代意义［J］. 中国战略新兴产业，2018（24）：44.

数据权利和以国家为中心构建的数据主权。我们正在进入一个全新的基于共享理念的“使用权时代”，硅谷思想家凯文·凯利旗帜鲜明地提出：“我可以为它们（商品或服务）付费，但我不会拥有它们……在某种程度上，使用权变成了所有权。”[①]数据也是如此，但是，对数权毫无限制的使用与处分将会破坏有序的人类共同生活。继农耕文明、工业文明之后，数权推动人类构建了一个崭新的秩序形态——数据秩序。

**数据命运共同体的未来是利他与共享。**利他，是人类美德的一种体现。利他主义的数据文化是数据文明时代影响整个社会的一种主流文化，为社会的发展提供了源源不断的动力和能量。“数据人”强调人的行为方式和存在方式的利他化。“数据人”的功能在于帮助人类创造一个可以共享的、公共的大数据场域，其工具性价值决定了“数据人”的天然利他特性。大数据带来了共享，共享将带来无限的可能性，高级的秩序将诞生。宇宙的演化，是不断以新的方式涌现出更高秩序连接的历史。从最初无序的世界，到真正有意义世界的诞生，人类进入了文化的新纪元。如今，大数据将全人类连接起来，形成了一个如神经网络般的超级有机体——数据命运共同体。大数据背景下，我们每一个人都是世界大家庭中的一员，每一个人都是数据空间中的自由主体，我们可以在数据空间中遨游，可以发挥自己的智能，共同推动数据技术革命。在社会文明进步的过程中，所面临的不稳定性与不

---

① 戴维·温伯格. 万物皆无序：新数字秩序的革命［M］. 李燕鸣，译. 太原：山西人民出版社，2016：4.

确定性问题逐渐增多，使人类的发展与社会文明的进步面临诸多共同的挑战。构建数据命运共同体是大数据时代人类坚持可持续发展的必然选择和未来战略方向。

未来意味着改变。多数人在想到未来时，总觉得他们所熟知的世界将永远延续下去，他们难以想象自己过一种真正不同的生活，更别说接受一种崭新的文明。但事实是，在我们步入未来的过程中，技术正在赋能个体，文明正在开启新篇章，很多事物将发生改变。在古代神话故事中，普罗米修斯带来的火种象征着科技、知识以及技能——通往美好生活的钥匙。[①]如今，社会发展和技术变革的速度已经越来越快，并不断颠覆我们的想象。在这个变革的时代，原有的平衡和秩序在不断被打破，数据命运共同体将开启一个万物融合的新纪元。在新的世界里，所有的边界都将被逐渐打破，从而产生新的聚合，我们也将因此而进入一个更加复杂却也更加精彩的伟大世界。

① 珍妮弗·温特，良太小野．未来互联网［M］．郑常青，译．北京：电子工业出版社，2018：150.

# 参考文献

[1] 连玉明. 大数据蓝皮书：中国大数据发展报告No.3 [M]. 北京：社会科学文献出版社，2019.

[2] 连玉明. 大数据蓝皮书：中国大数据发展报告No.2 [M]. 北京：社会科学文献出版社，2018.

[3] 大数据战略重点实验室. 数权法 1.0：数权的理论基础 [M]. 北京：社会科学文献出版社，2018.

[4] 大数据战略重点实验室. 块数据 4.0：人工智能时代的激活数据学 [M]. 北京：中信出版社，2018.

[5] 刘志毅. 无界：人工智能时代的认知升级 [M]. 北京：电子工业出版社，2018.

[6] 杜君立. 现代简史：从机器到机器人 [M]. 上海：上海三联书店，2018.

[7] 陈润生，刘夙. 基因的故事：解读生命的密码 [M]. 北京：北京理工大学出版社，2018.

[8] 大数据战略重点实验室. 块数据 3.0：秩序互联网与主权区块链 [M]. 北京：中信出版社，2017.

[9] 大数据战略重点实验室. 重新定义大数据：改变未来的十大驱动力 [M]. 北京：机械工业出版社，2017.

[10] 刘进长，雷瑾亮. 人工智能改变世界：走向社会的机器人 [M]. 北

京：中国水利水电出版社，2017.

[11]腾讯研究院，中国信通院互联网法律研究中心，腾讯AI Lab，等. 人工智能：国家人工智能战略行动抓手［M］. 北京：中国人民大学出版社，2017.

[12]陈永. 当量子理论遇上阳明心学［M］. 广州：中山大学出版社，2017.

[13]王立铭. 上帝的手术刀：基因编辑简史［M］. 杭州：浙江人民出版社，2017.

[14]张玉明. 共享经济学［M］. 北京：科学出版社，2017.

[15]大数据战略重点实验室. 块数据 2.0：大数据时代的范式革命［M］. 北京：中信出版社，2016.

[16]邱泽奇. 迈向数据化社会［C］//信息社会 50 人论坛. 未来已来："互联网+"的重构与创新. 上海：上海远东出版社，2016.

[17]褚君浩，周戟. 迎接智能时代：智慧融物大浪潮［M］. 上海：上海交通大学出版社，2016.

[18]韦康博. 人工智能：比你想象的更具颠覆性的智能革命［M］. 北京：中国出版集团，现代出版社，2016.

[19]史忠植. 人工智能［M］. 北京：机械工业出版社，2016.

[20]周延云，闫秀荣. 数字劳动和卡尔 · 马克思：数字化时代国外马克思劳动价值论研究［M］. 北京：中国社会科学出版社，2016.

[21]大数据战略重点实验室. 块数据：大数据时代真正到来的标志［M］. 北京：中信出版社，2015.

[22]谢文. 大数据经济［M］. 北京：北京联合出版公司，2015.

[23]王汉华，刘兴亮，张小平. 智能爆炸：开启智人新时代［M］. 北京：机械工业出版社，2015.

[24]中国电子学会. 机器人简史［M］. 北京：电子工业出版社，2015.

[25]集智俱乐部. 科学的极致：漫谈人工智能［M］. 北京：人民邮电出版社，2015.

[26]蔡余杰，黄禄金. 共享经济［M］. 北京：企业管理出版社，2015.

[27]余晨. 看见未来[M]. 杭州：浙江大学出版社，2015.
[28]叶展辉. 无处不在的进化[M]. 长沙：湖南科学技术出版社，2013.
[29]管德华，孔小红. 西方价值理论的演进[M]. 北京：中国经济出版社，2013.
[30]王治东. 技术的人性本质探究：马克思生存论的视角、思路与问题[M]. 上海：上海人民出版社，2012.
[31]何明升，白淑英. 虚拟世界与现实社会[M]. 北京：社会科学文献出版社，2011.
[32]张文显. 法理学[M]. 北京：高等教育出版社，北京大学出版社，2011.
[33]赵洲. 主权责任论[M]. 北京：法律出版社，2010.
[34]梁琦. 分工、集聚与增长[M]. 北京：商务印书馆，2009.
[35]中共中央马克思恩格斯列宁斯大林著作编译局. 马克思恩格斯文集：第2卷[M]. 北京：人民出版社，2009.
[36]中共中央马克思恩格斯列宁斯大林著作编译局. 马克思恩格斯文集：第1卷[M]. 北京：人民出版社，2009.
[37]王海明. 伦理学原理[M]. 北京：北京大学出版社，2009.
[38]陈燕. 公平与效率[M]. 北京：中国社会科学出版社，2007.
[39]马费成，靖继鹏. 信息经济分析[M]. 北京：科学技术文献出版社，2005.
[40]林德宏. 科技哲学十五讲[M]. 北京：北京大学出版社，2004.
[41]倪世雄. 当代西方国际关系理论[M]. 上海：复旦大学出版社，2001.
[42]万光侠. 效率与公平[M]. 北京：人民出版社，2000.
[43]陈修斋. 欧洲哲学史上的经验主义和理性主义[M]. 北京：人民出版社，1986.
[44]马克思，恩格斯. 马克思恩格斯全集：第46卷·上[M]. 北京：人

民出版社，1979.
[ 45 ]尤瓦尔 · 赫拉利. 今日简史［M］. 林俊宏，译. 北京：中信出版社，2018.
[ 46 ]迈克斯 · 泰格马克. 生命 3.0：人工智能时代人类的进化与重生［M］. 汪婕舒，译. 杭州：浙江教育出版社，2018.
[ 47 ]布莱恩 · 阿瑟. 技术的本质：技术是什么，它是如何进化的［M］. 曹东溟，王健，译. 杭州：浙江人民出版社，2018.
[ 48 ]阿尔文 · 托夫勒. 权力的转移［M］. 黄锦桂，译. 北京：中信出版社，2018.
[ 49 ]珍妮弗 · 温特，良太小野. 未来互联网［M］. 郑常青，译. 北京：电子工业出版社，2018.
[ 50 ]马克思. 资本论：第一卷［M］. 北京：人民出版社，2018.
[ 51 ]马克思. 资本论：第二卷［M］. 北京：人民出版社，2018.
[ 52 ]马克思. 资本论：第三卷［M］. 北京：人民出版社，2018.
[ 53 ]尤瓦尔 · 赫拉利. 人类简史［M］. 林俊宏，译. 北京：中信出版社，2017.
[ 54 ]皮埃罗 · 斯加鲁菲，牛金霞，闫景立. 人类 2.0：在硅谷探索科技未来［M］. 北京：中信出版社，2017.
[ 55 ]迪帕克 · 乔普拉，鲁道夫 · E. 坦齐. 超级基因：如何改变你的未来［M］. 钱晓京，潘治，译. 北京：人民邮电出版社，2017.
[ 56 ]凯文 · 凯利. 必然［M］. 周峰，董理，金阳，译. 北京：电子工业出版社，2016.
[ 57 ]史蒂芬 · 科特勒. 未来世界：改变人类社会的新技术［M］. 宋丽珏，译. 北京：机械工业出版社，2016.
[ 58 ]戴维 · 温伯格. 万物皆无序：新数字秩序的革命［M］. 李燕鸣，译. 太原：山西人民出版社，2016.
[ 59 ]凯文 · 凯利. 科技想要什么［M］. 严丽娟，译. 北京：电子工业出版社，2016.

[60]尤瓦尔·赫拉利. 未来简史[M]. 林俊宏，译. 北京：中信出版社，2016.

[61]玛蒂娜·罗斯布拉特. 虚拟人[M]. 郭雪，译. 杭州：浙江人民出版社，2016.

[62]罗西·布拉伊多蒂. 后人类[M]. 宋根成，译. 郑州：河南大学出版社，2016.

[63]杰里米·里夫金. 零边际成本社会：一个物联网、合作共赢的新经济时代[M]. 赛迪研究院专家组，译. 北京：中信出版社，2014.

[64]埃里克·布莱恩约弗森，安德鲁·麦卡菲. 第二次机器革命：数字化将如何改变我们的经济与社会[M]. 蒋永军，译. 北京：中信出版社，2014.

[65]库兹韦尔. 奇点临近[M]. 李庆诚，董振华，田源，译. 北京：机械工业出版社，2011.

[66]亚当·斯密. 国富论[M]. 胡长明，译. 南京：江苏人民出版社，2011.

[67]凯文·凯利. 失控[M]. 东西文库，译. 北京：新星出版社，2010.

[68]保罗·萨缪尔森，威廉·诺德豪斯. 经济学：第18版[M]. 萧琛，主译. 北京：人民邮电出版社，2008.

[69]迈克尔·哈特，安东尼奥·奈格里. 帝国：全球化的政治秩序[M]. 杨建国，范一亭，译. 南京：江苏人民出版社，2008.

[70]C. R. 劳. 统计与真理：怎样运用偶然性[M]. 李竹渝，石坚，译. 北京：科学出版社，2004.

[71]维贝·E. 比杰克. 技术的社会历史研究[M]//希拉·贾撒诺夫，杰拉尔德·马克尔，詹姆斯·彼得森，等. 科学技术论手册. 盛晓明，孟强，胡娟，等，译. 北京：北京理工大学出版社，2004.

[72]E. 博登海默. 法理学：法律哲学与法律方法[M]. 邓正来，译. 北京：中国政法大学出版社，2004.

[73]詹姆斯·E. 麦克莱伦第三，哈罗德·多恩. 世界史上的科学技术

[M]. 王鸣阳，译. 上海：上海科技教育出版社，2003.
[74]弗里德利希·冯·哈耶克. 自由秩序原理：上[M]. 邓正来，译. 上海：生活·读书·新知三联书店，1997.
[75]雅·布伦诺斯基. 科学进化史[M]. 李斯，译. 海口：海南出版社，2002.
[76]贝尔纳·斯蒂格勒. 技术与时间[M]. 裴程，译. 南京：译林出版社，2000.
[77]弗朗索瓦·夏特莱. 理性史[M]. 冀可平，钱翰，译. 北京：北京大学出版社，2000.
[78]雅克·德里达. 多义的记忆：为保罗·德曼而作[M]. 蒋梓骅，译. 北京：中央编译出版社，1999.
[79]R. 尼布尔. 道德的人与不道德的社会[M]. 蒋庆，阮炜，黄世瑞，等，译. 贵阳：贵州人民出版社，1998.
[80]兹比格涅夫·布热津斯基. 大棋局[M]. 中国国际问题研究所，译. 上海：上海人民出版社，1998.
[81]C. I. 巴纳德. 经理人员的职能[M]. 孙耀君，译. 北京：中国社会科学出版社，1997.
[82]尼葛洛庞帝. 数字化生存[M]. 胡泳，范海燕，译. 海口：海南出版社，1997.
[83]阿尔文·托夫勒. 未来的冲击[M]. 孟广均，吴宣豪，黄炎林，等，译. 北京：新华出版社，1996.
[84]E. 舒尔曼. 科技文明与人类未来：在哲学深层的挑战[M]. 李小兵，谢京生，张峰，等，译. 北京：东方出版社，1995.
[85]中共中央马克思恩格斯列宁斯大林著作编译局. 马克思恩格斯选集：第 1 卷[M]. 北京：人民出版社，1995.
[86]中共中央马克思恩格斯列宁斯大林著作编译局. 马克思恩格斯选集：第 2 卷[M]. 北京：人民出版社，1995.
[87]阿尔温·托夫勒，海蒂·托夫勒. 创造一个新的文明：第三次浪潮

的政治［M］. 上海：生活 · 读书 · 新知上海三联书店，1996.
［88］赫舍尔. 人是谁［M］. 隗仁莲，译. 贵阳：贵州人民出版社，1994.
［89］恩斯特 · 卡西尔. 人文科学的逻辑［M］. 沉晖，海平，叶舟，译. 北京：中国人民大学出版社，1991.
［90］伽达默尔. 科学时代的理性［M］. 薛华，高地，李河，等，译. 北京：国际文化出版公司，1988.
［91］埃 · 弗洛姆. 为自己的人［M］. 孙依依，译. 北京：生活 · 读书 · 新知三联书店，1988.
［92］E. 博登海默. 法理学：法哲学及其方法［M］. 邓正来，译. 北京：华夏出版社，1987.
［93］恩格斯. 自然辩证法［M］. 于光远，等，译编. 北京：人民出版社，1984.
［94］马克思，恩格斯. 马克思恩格斯全集：第 26 卷［M］. 北京：人民出版社，1972.
［95］马克思，恩格斯. 马克思恩格斯全集：第 23 卷［M］. 北京：人民出版社，1972.
［96］朱阳，黄再胜. 数字劳动异化分析与对策研究［J］. 中共福建省委党校学报，2019（1）.
［97］程广云. 从人机关系到跨人际主体间关系——人工智能的定义和策略［J］. 自然辩证法通讯，2019（1）.
［98］丘国强. 大数据背景下人类命运共同体理论的时代意义［J］. 中国战略新兴产业，2018（24）.
［99］何方，刘国翰. 共享经济与“共享型”社会工作体系［J］. 浙江社会科学，2018（12）.
［100］毕婧，徐金妮，郜志雄. 数据本地化措施及其对贸易的影响［J］. 对外经贸，2018（11）.
［101］董琛婷. 人机共生：未来的经济生态［J］. 南方论刊，2018（10）.
［102］龙荣远，杨官华. 数权、数权制度与数权法研究［J］. 科技与法律，

2018（5）.

［103］陈仕伟. 大数据技术革命的马克思主义哲学基础研究［J］. 贵州省党校学报，2018（5）.

［104］何明升. 智慧生活：个体自主性与公共秩序性的新平衡［J］. 探索与争鸣，2018（5）.

［105］罗健. 论共享发展的内在张力及合理调适［J］. 伦理学研究，2018（5）.

［106］陈姿含. 人的“主体性”的再造——基因信息技术发展对传统人权理论的重大挑战［J］. 中共中央党校学报，2018（3）.

［107］李爱君. 数据权利属性与法律特征［J］. 东方法学，2018（3）.

［108］吴欢，卢黎歌. 数字劳动、数字商品价值及其价格形成机制——大数据社会条件下马克思劳动价值论的再解释［J］. 东北大学学报（社会科学版），2018（3）.

［109］付秀荣，刘蕊萱.“文化共享”何以可能［J］. 中原文化研究，2018（2）.

［110］田信桥，张国清. 通往共享之路——社会主义为什么是对的［J］. 浙江社会科学，2018（2）.

［111］吴永辉. 网络恐怖主义的演变、发展与治理［J］. 重庆邮电大学学报（社会科学版），2018（2）.

［112］张国清. 作为共享的正义——兼论中国社会发展的不平衡问题［J］. 浙江学刊，2018（1）.

［113］马拥军. 大数据与人的发展［J］. 哲学分析，2018（1）.

［114］焦阳. 共享发展的价值基础［J］. 哈尔滨学院学报，2018（1）.

［115］白暴力，董宇坤. 新时代中国特色社会主义生产力布局探讨［J］. 西北工业大学学报（社会科学版），2018（1）.

［116］胡芸迪. 基因人的伦理问题［J］. 经贸实践，2017（18）.

［117］王耀德，王忠诚. 论当代技术与技术的“后现代转向”［J］. 自然辩证法研究，2017（12）.

[118]胡燕玲.大数据交易现状与定价问题研究[J].价格月刊，2017（12）.

[119]邵洪波，王诗桪.共享经济与价值创造——共享经济的经济学分析[J].中国流通经济，2017（10）.

[120]孙维维.领导哲学视域下的“数据人”人性假设分析[J].领导科学，2017（9）.

[121]周博文，张再生.众创哲学：一个基于众创经济的哲学领域[J].自然辩证法研究，2017（9）.

[122]韩晶，裴文.共享理念、共享经济培育与经济体制创新改革[J].上海经济研究，2017（8）.

[123]李雨燕，曾妍，张琼月.论共享经济的伦理意蕴[J].长沙理工大学学报（社会科学版），2017（6）.

[124]肖冬梅，文禹衡.在全球数据洪流中捍卫国家数据主权安全[J].前线，2017（6）.

[125]张玉洁.论人工智能时代的机器人权利及其风险规制[J].东方法学，2017（6）.

[126]黄再胜.数字劳动与马克思劳动价值论的当代阐释[J].湖北经济学院学报，2017（6）.

[127]陈咏梅，张姣.跨境数据流动国际规制新发展：困境与前路[J].上海对外经贸大学学报，2017（6）.

[128]李三虎.数据社会主义[J].山东科技大学学报（社会科学版），2017（6）.

[129]刘根荣.共享经济：传统经济模式的颠覆者[J].经济学家，2017（5）.

[130]孔令全.数字时代的数字劳动和数字治理[J].厦门特区党校学报，2017（4）.

[131]苗瑞丹，代俊远.共享发展的理论内涵与实践路径探究[J].思想教育研究，2017（3）.

[132]赵刚，王帅，王碰．面向数据主权的大数据治理技术方案探究［J］．网络空间安全，2017（2）．
[133]刘敦楠，唐天琦，赵佳伟，等．能源大数据信息服务定价及其在电力市场中的应用［J］．电力建设，2017（2）．
[134]张敏．交易安全视域下我国大数据交易的法律监管［J］．情报杂志，2017（2）．
[135]杨淼鑫．信息化时代网络恐怖活动的立法模式及路径选择［J］．广西社会科学，2016（12）．
[136]吴欢，卢黎歌．数据劳动与大数据社会条件下马克思劳动价值论的继承与创新［J］．学术论坛，2016（12）．
[137]陈永．量子纠缠与阳明心学［J］．科技经济导刊，2016（12）．
[138]张建云．大数据互联网与物质生产方式根本变革［J］．教学与研究，2016（11）．
[139]梅夏英．数据的法律属性及其民法定位［J］．中国社会科学，2016（9）．
[140]王力为，许丽，徐萍，等．面向未来的中国科学院脑科学与类脑智能研究——强化基础研究，推进深度融合［J］．中国科学院院刊，2016（7）．
[141]方滨兴，邹鹏，朱诗兵．网络空间主权研究［J］．中国工程科学，2016（6）．
[142]王琳，朱克西．数据主权立法研究［J］．云南农业大学学报（社会科学），2016（6）．
[143]顾斐泠，柳礼泉．在思想政治教育中融入共享发展理念的探索与实践［J］．思想教育研究，2016（6）．
[144]岳瑨．大数据技术的道德意义与伦理挑战［J］．马克思主义与现实，2016（5）．
[145]董成惠．共享经济：理论与现实［J］．广东财经大学学报，2016（5）．

[146]吴沈括. 数据跨境流动与数据主权研究[J]. 新疆师范大学学报(哲学社会科学版),2016(5).

[147]秦宣. 大数据与社会主义[J]. 教学与研究,2016(5).

[148]杜雁芸. 大数据时代国家数据主权问题研究[J]. 国际观察,2016(3).

[149]齐爱民,祝高峰. 论国家数据主权制度的确立与完善[J]. 苏州大学学报(哲学社会科学版),2016(1).

[150]陈进华. 大数据时代社会道德治理创新的伦理形态[J]. 学术界,2016(1).

[151]刘朝阳. 大数据定价问题分析[J]. 图书情报知识,2016(1).

[152]张俊山,张小瑛. 对生产力与生产关系范畴及其矛盾的再认识[J]. 教学与研究,2015(12).

[153]田先华. 变故鼎新、砥砺前行,构建适应时代发展的价格机制[J]. 价格理论与实践,2015(11).

[154]石月. 数字经济环境下的跨境数据流动管理[J]. 信息安全与通信保密,2015(10).

[155]康均心,虞文梁. 大数据时代网络恐怖主义的法律应对[J]. 中州学刊,2015(10).

[156]肖红军. 共享价值、商业生态圈与企业竞争范式转变[J]. 改革,2015(7).

[157]朱志刚. "大数据·智贵阳"——记全国首家大数据交易所[J]. 产权导刊,2015(6).

[158]冯伟,梅越. 大数据时代,数据主权主沉浮[J]. 信息安全与通信保密,2015(6).

[159]黄欣荣. 大数据的语义、特征与本质[J]. 长沙理工大学学报(社会科学版),2015(6).

[160]易小明,黄立. 人类利他行为的自然基础[J]. 河南师范大学学报(哲学社会科学版),2015(3).

[161]孙南翔，张晓君. 论数据主权——基于虚拟空间博弈与合作的考察［J］. 太平洋学报，2015（2）

[162]齐爱民，盘佳. 数据权、数据主权的确立与大数据保护的基本原则［J］. 苏州大学学报（哲学社会科学版），2015（1）.

[163]刘金燕，洪远朋，叶正茂. 共享价值论初析［J］. 复旦学报（社会科学版），2015（3）.

[164]杨德祥. 浅析马克思主义理论中人与物之间的关系［J］. 人民论坛，2014（32）.

[165]李泊溪. 大数据与生产力［J］. 经济研究参考，2014（10）.

[166]原道谋. 试论大数据时代生产力革命的过渡过程［J］. 经济研究参考，2014（10）.

[167]鲁传颖. 主权概念的演进及其在网络时代面临的挑战［J］. 国际关系研究，2014（1）.

[168]沈国麟. 大数据时代的数据主权和国家数据战略［J］. 南京社会科学，2014（6）.

[169]杜志朝，南玉霞. 网络主权与国家主权的关系探析［J］. 西南石油大学学报（社会科学版），2014（6）.

[170]汪玉凯. 中央网络安全和信息化领导小组的由来及其影响［J］. 中国信息安全，2014（3）.

[171]邱仁宗，黄雯，翟晓梅. 大数据技术的伦理问题［J］. 科学与社会，2014（1）.

[172]赵明步. 马克思资本流通理论视角下的信息资本周转研究［J］. 经济研究导刊，2013（20）.

[173]王成文. 数据力："大数据" PK "小数据"［J］. 中国传媒科技，2013（19）.

[174]蔡翠红. 云时代数据主权概念及其运用前景［J］. 现代国际关系，2013（12）.

[175]程启智. 论马克思生产力理论的两个维度：要素生产力和协作生

产力［J］. 当代经济研究，2013（12）.

［176］李永明. 规则秩序与建构主义浅议——对哈耶克的规则秩序的理解［J］. 经济视角（下旬刊），2013（9）.

［177］孟奎. 经济学三大价值理论的比较［J］. 经济纵横，2013（4）.

［178］唐正东. 非物质劳动与资本主义劳动范式的转型——基于对哈特、奈格里观点的解读［J］. 南京社会科学，2013（5）.

［179］幸小勤. 技术异化的生成及其扬弃［J］. 西南大学学报（社会科学版），2013（3）.

［180］姚修杰，徐景一. 物的依赖性与人的独立性——论现代人的存在方式［J］. 武汉科技大学学报（社会科学版），2012（3）.

［181］张旅平，赵立玮. 自由与秩序：西方社会管理思想的演进［J］，社会学研究，2012（3）.

［182］王竹立. 新建构主义——网络时代的学习理论［J］. 远程教育杂志，2011（2）.

［183］王维杰. 构建和谐社会的两个维度：经济发展与利益共享的辩证思考［J］. 学术交流，2011（8）.

［184］郭良. 论文化共享工程在构建和谐社会中的作用［J］. 科技情报开发与经济，2009（19）.

［185］李建会，项晓乐. 超越自我利益：达尔文的“利他难题”及其解决［J］. 自然辩证法研究，2009（9）.

［186］张鑫. 浅析科技与人的主体性、自然的关系［J］. 世纪桥，2009（9）.

［187］杨斐. 试析国家主权让渡概念的界定［J］. 国际关系学院学报，2009（2）.

［188］李爱民，李非. 分工与合工理论研究——以服务业为例［J］. 现代管理科学，2007（1）.

［189］刘树伟. 关于伦理概念的语义考察研究［J］. 世纪桥，2007（1）.

［190］高兆明. “伦理秩序”辩［J］. 哲学研究，2006（6）.

[191]易善武. 主权让渡新论[J]. 重庆交通大学学报（社会科学版），2006（3）.
[192]李松龄. 生产力与生产关系解读——基于劳动和劳动价值理论的新认识[J]. 山东社会科学，2006（3）.
[193]谭文华. 技术异化与人类自我反思[J]. 中国农业大学学报（社会科学版），2006（1）.
[194]刘鹤玲. 从竞争进化到合作进化：达尔文自然选择学说的新发展[J]. 科学技术与辩证法，2005（1）.
[195]林德宏. 人与技术关系的演变[J]. 科学技术与辩证法，2003（6）.
[196]胡键. 信息霸权与国际安全[J]. 华东师范大学学报（哲学社会科学版），2003（4）.
[197]唐俊忠，段迎春. 简述作为基本概念的秩序与规则[J]. 河北师范大学学报（哲学社会科学版），2002（6）.
[198]张军. 马克思人的发展三形态论析[J]. 社会科学辑刊，2002（1）.
[199]鄢显俊. 信息资本主义是资本主义发展的新阶段[J]. 发现，2001（6）.
[200]鲁品越. 生产关系理论的当代重构[J]. 中国社会科学，2001（1）.
[201]蔡金发. 21 世纪：霸权 · 人权 · 主权 · 世界矛盾的焦点——评霸权主义与人权帝国主义[J]. 中共福建省委党校学报，2000（1）.
[202]童天湘. 从“人机大战”到人机共生[J]. 自然辩证法研究，1997（9）.
[203]迈克尔 · 哈特，安东尼奥 · 耐格里，陈飞扬. 大众的历险[J]. 国外理论动态，2004（8）.
[204]张驰. 数据资产价值分析模型与交易体系研究[D]. 北京：北京交通大学，2018.
[205]李丽丽. 大数据时代个人信息保护的伦理问题研究[D]. 成都：成都理工大学，2017.
[206]李梦园. 跨境数据流动过程中的网络主权研究[D]. 北京：北京

邮电大学，2017.
[ 207 ]王基岩. 国家数据主权制度研究［ D ］. 重庆：重庆大学，2016.
[ 208 ]李媛. 大数据时代个人信息保护研究［ D ］. 重庆：西南政法大学，2016.
[ 209 ]陆俏颖. 遗传、基因和进化：回应来自表观遗传学的挑战［ D ］. 广州：中山大学，2016.
[ 210 ]杨梦恺. 新媒体时代社会秩序及治理研究［ D ］. 石家庄：河北师范大学，2017.
[ 211 ]王英良. 云时代中国数据主权与安全研究［ D ］. 沈阳：辽宁大学，2015.
[ 212 ]贺玉奇. 中国外交战略新因素：数据主权［ D ］. 北京：外交学院，2015.
[ 213 ]孙佳. 中国制造业产业升级研究——基于分工的视角［ D ］. 长春：吉林大学，2011.
[ 214 ]姚洪阳. 试论人机关系的历史发展及其文化考量［ D ］. 长沙：长沙理工大学，2010.
[ 215 ]常明. 试分析信息霸权对国家主权的影响［ D ］. 北京：北京语言大学，2007.
[ 216 ]易善武. 从欧洲一体化看主权让渡［ D ］. 武汉：华中师范大学，2004.
[ 217 ]张军. 人的发展的历史形态及其当代意蕴——“人的依赖”“物的依赖”“能力依赖”［ D ］. 北京：中共中央党校，2002.
[ 218 ]张茉楠. 大数据国家战略推动“数据驱动经济”［ N ］. 南方都市报，2015-11-06.
[ 219 ]朱丽兰. 部署未来，迎接挑战［ N ］. 光明日报，1997-01-01.
[ 220 ]孔伟. 科技发展与人类进化［ EB/OL ］.（2018-01-26）. http://www.cssn.cn/zhx/zx_kxjszx/201801/t20180126_3830583.shtml.
[ 221 ]连玉明委员：加快数据安全立法［ EB/OL ］.（2019-03-14）.

http://sn.people.com.cn/n2/2019/0314/c378287-32736001.html.

[ 222 ]周延云，张宸露. 数字时代资本主义社会的剥削日益严重 [ EB/OL ] .（2018–11–29）. http://www.cssn.cn/mkszy/201811/t20181129_4784384.shtml.

[ 223 ]乔舒亚 · 梅尔策，彼得 · 洛夫洛克. 如何理解跨境数据流动的重要性 [ EB/OL ] .（2018–04–26）. http://www.sohu.com/a/229588480_481842.

[ 224 ]全国政协委员连玉明：建议加快数据安全立法 [ EB/OL ] .（2018–03–07）. https://baijiahao.baidu.com/s?id=1594257577597993797&wfr=spider&for=pc.

[ 225 ]马云. 未来三十年，我们要把机器变成人 [ EB/OL ] .（2017–12–03）. http://wemedia.ifeng.com/39498234/wemedia.shtml.

[ 226 ]辜美惜，郑雪，邱龙虎. 从马克思三大社会形态看我国当前民众心理和谐 [ EB/OL ] .（2009–12–17）. http://theory.people.com.cn/GB/40537/10603889.html.

[ 227 ]AIGRAIN P. Sharing:Culture and the Economy in the Internet Age [M]. Amsterdam: Amsterdam University Press, 2012.

[ 228 ]GLEICK J. The Information: A History, A Theory, A Flood [M]. New York: Pantheon Books, 2011.

[ 229 ]LENK H. Progress, Value and Responsibiliy [J]. PHIL&TECH, 1997（2）.

[ 230 ]POISONER R. Our Domestic Intelligence Crisis [N]. The Washington Post, 2005.

# 术语索引

## F



## G

H



J

K



L

M



N



P



Q



R

## S

## T



## W



## X

## Y



## Z

# 后 记

最前沿的大数据为什么会出现在欠发达的贵阳？这是很多人都想不明白的事情。大数据战略重点实验室主任连玉明教授一语中的："大数据全国人民都在搞，但是把大数据作为一个省、一个城市发展的重大战略的，只有贵州，只有贵阳。"这正是对"大数据"这一命题与众不同的回答，"块数据"应时、应势、应运而生。

大数据战略重点实验室是贵阳市人民政府与北京市科学技术委员会共建的跨学科、专业性、国际化、开放型研究平台，是中国大数据发展新型高端智库。依托北京国际城市发展研究院（GDCC）和贵阳创新驱动发展战略研究院（GDI），建立了大数据战略重点实验室北京研发中心和贵阳研发中心，并建立了贵州省块数据理论与应用创新研究基地、贵州省城市空间决策大数据应用创新研究基地、贵州省文化大数据创新研究基地和中央党校研究基地、全国科学技术名词审定委员会研究基地、浙江大学研究基地、中国政法大学研究基地、中国（绵阳）科技城研究基地，正在推进建立国家标准化管理委员会研究基地和广东外语外贸大学研究基地，构建区域协同创新新体系和新格局。应该说，大数据战略重点实验室围绕大数据开展了一系列理论研究与实践创新，推出了一批有水平、有分量、有影响的研究成果，是京筑两地研发中心和研究基地及全体专家学者共同智慧的结晶。

大数据第一次让贵阳站在了世界的面前，而在这前面的正是标志着大数据时代真正到来的块数据。块数据是贵阳发展大数据的理论创新和实践探索的产物。2015 年，大数据战略重点实验室创造性提出了“块数据”的概念，研究出版了《块数据：大数据时代真正到来的标志》，在业界引起了强烈反响。2016 年，大数据战略重点实验室探索性地提出“块数据理论”，研究出版了《块数据 2.0：大数据时代的范式革命》，指出块数据是大数据发展的高级形态。2017 年，大数据战略重点实验室进一步深化块数据的核心价值，研究出版了《块数据 3.0：秩序互联网与主权区块链》，重构了互联网、大数据、区块链的规则。2018 年，大数据战略重点实验室研究出版了《块数据 4.0：人工智能时代的激活数据学》，提出激活数据学是超数据时代的解决方案。在此基础上，大数据战略重点实验室组织研究的《块数据 5.0：数据社会学理论与方法》，聚焦以人为原点的数据社会学范式，围绕数据进化论、数据资本论、数据博弈论，探讨人与技术、人与经济、人与社会的关系。

本书是大数据战略重点实验室继《块数据》《块数据 2.0》《块数据 3.0》《块数据 4.0》后推出的又一重大理论创新成果。

由大数据战略重点实验室组织大数据领域专家学者、实践者和政策研究者进行讨论交流，深度研究，集中撰写。在本书的研究和写作过程中，连玉明提出了总体思路和核心观点，并对框架体系进行了总体设计。龙荣远、张龙翔细化了提纲和主题思想，连玉明、朱颖慧、宋青、武建忠、张涛、张俊立、宋希贤、龙荣远、张龙翔、邹涛、翟斌、杨官华、沈旭东、陈威、王倩茹负责撰写，龙荣远负责统稿，连玉明负责审稿。在本书写作过程中，陈刚同志多次提出许多前瞻性和指导性建议和意见，进一步丰富了本书的思想体系和理论体系。北京市人大常委会副主任闫傲霜，贵州省委常委、贵阳市委书记赵德明，贵阳市委副书记、贵阳市人民政府市长陈晏，贵阳市委常委、贵阳市人民政府常务副市长徐昊，贵阳市委常委、贵阳市委秘书长刘本立等为本书贡献了大量前瞻性思维和观点。特别是首都经济贸易大学原校长、教授文魁提出了许多专业性建议和意见。此外，中信出版集团前沿社社长蒋永军组织多名编辑精心编校、精心设计，保证了本书如期出版。在此一并表示衷心的感谢！

对块数据的认识和理解，是随着对数据奥秘的探索和对数据价值的发现而不断深入的。至此，我们建构了一个从 1.0 到 5.0 的块数据理论体系，这成为大数据领域一个现象级的话题。《块数据》建构的是以人为原点的数据社会学的理论与方法，块数据理论的学术生命一直延续着，受到众多读者的认同并正被翻译成英文、日文、韩文等多种文字。

《块数据 2.0》英文版指出，这是一场由科技引发的社会变革，它将改变我们的思维方式和生活方式，改变世界上物质与意识的构成，改变我们的世界观、价值观和方法论。块数据带给我们的不仅是新知识、新技术和新视野，而且让我们分享到思想之光、数据之美和未来之梦，开启了我们的新时代、新生活和新未来。人们不得不更多地关注它、研究它和把握它，因为每个人都身在其中。这也是人们必须对块数据肃然起敬，并持续探寻的根本动因。

《块数据 2.0》日文版指出，以色列学者尤瓦尔·赫拉利曾说，“大数据将是人类自由意志的终结”，但是块数据的问世，让我们初次了解到克服数据主义困境的全新范式革命。因为大数据、人工智能、块数据是贯穿第四次产业革命时代本质的战略和解决方案。本书提到的共享社会，是人类社会的全新出发点，能够帮助我们理解第四次产业革命时代的本质。

《块数据 2.0》韩文版指出，该书揭示了大数据时代不得不向块数据时代发展的科学性、哲学性根据，这绝对不是一个轻松的论题。如果说大数据能够对人类社会的未来预测给予帮助的话，块数据则会对社会构造、经济机能、组织形态、价值世界进行再构造。还未见过哪本书能够将第四次产业革命的新可能论述得如此透彻。块数据的核心哲学是对立足于“利他主义思考”的数据进行切实的保护和共享的精神，以此替代数据主义时代的“利己主义思考”。块数据不仅仅是单纯地实现技术升级，而是作为意识形态的巨大变革，将蕴含更大机会的时代赠予我们。

基于块数据理论和方法的探索而形成的新概念、新理论、新模型、新方法，既反映了我们研究块数据的核心观点，也是对未来社会的前瞻研判。我们将继续把块数据理论研究不断推向深入，用“块数据”这把钥匙探索大数据的宝库，让越来越多的人看到“中国数谷”蕴藏着的蓬勃力量和巨大希望。在本书的编著过程中，我们尽力收集最新文献，吸纳最新观点，以丰富本书内容。尽管如此，由于水平有限，学力不逮，书中难免有疏漏差误之处，特别是对引用的文献资料如有挂一漏万，恳请广大读者批评指正。

大数据战略重点实验室

2019 年 4 月 1 日于贵阳